全国高等职业教育规划教材

工程机械液压传动

乔丽霞　主　编　陈建萍　副主编
马秀成　主　审

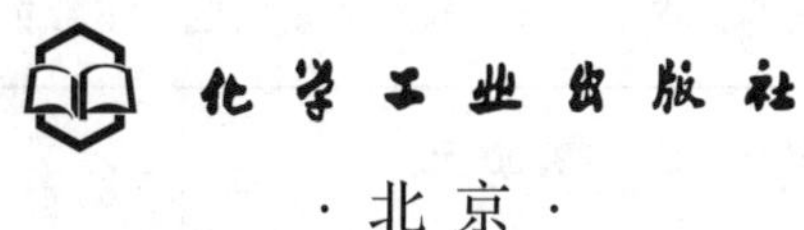

·北京·

本书主要内容包括液压传动基本知识、工程机械液压元件的结构与维修、工程机械液压基本回路、典型工程机械液压回路和液压系统的安装使用及维护等。书中内容以模块教学为主体，以单元导入为引子，系统地介绍了工程机械液压传动技术的发展及液压技术在工程机械领域的应用。其中校企链接介绍企业最新应用实例。本书采用最新标准编写，并配套电子课件、习题参考答案等资源。

本书可作为高职高专院校工程机械类专业的教学教材，也可供机电类与机械工程类学生使用，同时可供相关工程技术人员参考。

图书在版编目（CIP）数据

工程机械液压传动/乔丽霞主编. —北京：化学工业出版社，2015.3（2023.7重印）
全国高等职业教育规划教材
ISBN 978-7-122-23077-5

Ⅰ.①工… Ⅱ.①乔… Ⅲ.①工程机械-液压传动-高等职业教育-教材 Ⅳ.①TH137

中国版本图书馆CIP数据核字（2015）第035581号

责任编辑：韩庆利
责任校对：边　涛　　　　装帧设计：刘剑宁

出版发行：化学工业出版社（北京市东城区青年湖南街13号　邮政编码100011）
印　　装：三河市延风印装有限公司
787mm×1092mm　1/16　印张13　字数331千字　2023年7月北京第1版第6次印刷

购书咨询：010-64518888　　售后服务：010-64518899
网　　址：http://www.cip.com.cn
凡购买本书，如有缺损质量问题，本社销售中心负责调换。

定　　价：29.00元

前　言

本书是为高职高专院校工程机械类专业编写的教学教材，也可供机电类与机械工程类学生使用，同时可供相关工程技术人员参考。

本书依据二十大精神，全面贯彻素质教育思想，以就业为导向，以能力为本位，面向市场、面向社会，体现职业教育的特色。本书在组织编写过程中结合工程机械类专业就业岗位群及学生综合素质提升的要求，遵循学生的认知规律，以培养专业核心能力为主线，以沃尔沃校企合作项目为平台，以模块教学为主体，以单元导入为引子，系统地介绍了工程机械液压传动技术的发展及液压技术在工程机械领域的应用。

本书是作者结合相关院校多年来的教学经验和校企合作经验编写而成的。本书主要内容包括液压传动基本知识、工程机械液压元件的结构与维修、工程机械液压基本回路、典型工程机械液压回路和液压系统的安装使用及维护五个模块，十八个单元。

参加本书编写的有新疆交通职业技术学院陈建萍（单元一至单元四），四川交通职业技术学院王世良（单元五、单元十），湖北交通职业技术学院吴玉文（单元六、单元十六至单元十八），河南交通职业技术学院乔丽霞（单元七、单元八）、河南交通职业技术学院王丽娟（单元九、单元十一至单元十五）。全书由乔丽霞主编，马秀成主审。沃尔沃建筑设备有限公司及其校企合作单位的全体老师对本书的结构和内容提出了许多宝贵的意见和建议，在此致以衷心的感谢。

本书配套电子课件和习题参考答案，可赠送给用书的院校和老师，如果需要，可登陆www.cipedu.com.cn下载。

由于编者的经验和水平所限，书中难免存在疏漏和不当之处，敬请读者批评指正。

编　者

目　录

模块一　液压传动基本知识

模块案例

图 1 所示为典型工程机械。在工作时，挖掘机采用多个液压油缸和液压马达的协调动作完成动臂的升降、上车回转、铲斗挖土、卸土等各种复杂的运动工序，装载机铲斗的翻转举升和转向，摊铺机熨平板的提升、沥青混合料的输送及行走部分也都采用了液压驱动。液压装置不仅使工程机械完成了各种工作，而且提高了机械的工作效率和作业稳定性。这些都是液压传动的突出优点在工程机械上的广泛应用。那么液压传动应用的原理是什么？液压传动系统由哪些部分组成？各组成部分起什么作用？液压传动的工作介质——液压油如何选择并合理使用？液压传动中的主要参数和液体工作时有何力学规律？这些基本规律是如何应用的？

(a) 液压挖掘机　(b) 装载机

(c) 摊铺机

图 1　典型工程机械

模块目标

知 识 目 标	能 力 目 标
熟练掌握液压传动的工作原理、系统的组成和各组成部分的作用	能够分析液压传动系统的组成、各组成部分的作用、工作原理
熟练掌握液压传动参数的含义及意义	能够正确运用液压传动的工作压力与负载、流量与速度间的关系
熟练掌握液压油的选用及使用注意事项	能够正确选用并合理使用液压油
了解液体流动的连续性原理、能量方程和动量方程；了解液体流动流经小孔和缝隙的流量特性；掌握压力损失、液压冲击和气穴的危害及减少危害的措施	能够运用液体流动的连续性原理、能量方程、动量方程分析解决液体流动过程中的实际问题；能够运用液体流动流经小孔和缝隙的流量特性解决液压系统中的节流和泄漏问题；能够采取适当措施减少液流中的压力损失、液压冲击和气穴

单元一　液压传动的工作原理与组成

单元导入

在图 1 所示的典型工程机械中，都使用了液压传动技术。那么液压传动的原理是什么？一个完整的液压系统由哪些部分组成？

一、液压传动的工作原理

一般工程机械都是由动力机构、传动机构、工作机构和控制部分四部分组成的。传动机构是将动力机构（电动机、内燃机等）的输出功率传送给工作机构的一个重要部分。传动机构根据其传动形式的不同，可分为机械传动、电力传动、气压传动、液体传动以及它们的组合形式。用液体作为工作介质进行能量传递的传动方式称为液体传动。按照其工作原理的不同，液体传动又可分为液压传动和液力传动两种形式。液压传动是以液体为工作介质，利用液体的压力能实现动力传递的。

图 1-1　液压千斤顶实物

图 1-1 所示为举升重物的液压千斤顶，是一种简单的液压传动装置，液压传动的工作原理可用其工作原理来说明。

如图 1-2（a）所示，液压千斤顶由油箱、大活塞、小活塞、大油缸、小油缸、止回阀（单向阀）、杠杆手柄、放油阀组成。活塞与油缸之间能实现可靠的密封，小油缸、大油缸、油箱以及它们之间的连接通道构成一个密闭的容器，里面充满液压油。

如图 1-2（b）所示，放油阀关闭，当抬起杠杆手柄时，带动小活塞向上运动，小活塞下腔密封容积增大，形成局部真空，止回阀 2 在负载的作用下处于关闭状态，油箱中的液体

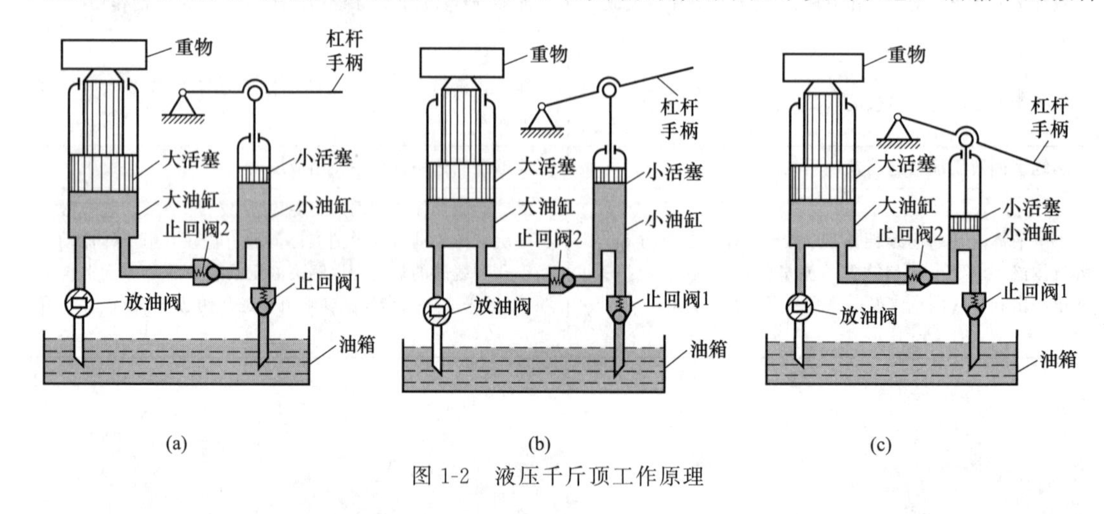

图 1-2　液压千斤顶工作原理

在大气压力的作用下，经过打开的止回阀 1 进入小油缸，实现吸油。

如图 1-2（c）所示，放油阀关闭，当压下杠杆手柄时，小活塞向下运动挤压小油缸下腔的油液，密封容积减小，油压升高，止回阀 1 处于关闭状态，压力油经打开的止回阀 2 进入大油缸内，推动大活塞上移，从而顶起重物，完成压油。再次提起杠杆手柄时，大油缸内的压力油力图倒流入小油缸，此时止回阀 2 自动关闭，使油液不能倒流，保证了重物不致自动落下。

当反复提起和压下手柄时，小油缸不断交替进行着吸油和压油过程，压力油不断进入大油缸，将重物不断顶起，达到起重的目的。当需放下重物时，打开放油阀，大活塞在自重和负载的作用下下移，将大油缸的油液排回油箱。这就是液压千斤顶的工作过程。

由以上分析可知，压下杠杆，小油缸输出压力油，将手动的机械能转换为油液的压力能，压力油进入大油缸，则将油液的压力能转换为顶起重物的机械能。由此可见，液压传动是以液体为工作介质，主要利用液体压力传递和控制能量的传动。

二、液压传动系统的组成

现以图 1-3 所示推土机液压系统简化结构来说明液压传动系统的组成。该系统主要由液压泵 2、换向阀 4、液压油缸 7、安全阀 9 及油箱、油管等组成。液压泵 2 由发动机带动从油箱内吸油，并将压力油输入工作系统管路，即将机械能转换成油液的压力能，成为推动铲刀油缸升降的动力来源。

在换向阀的作用下，铲刀升降油缸可以有以下三种工作状态。

铲刀固定——液压泵输出的油液首先经过油管进入换向阀内，在图 1-3 所示位置时油液进入换向阀后又经过油管流回油箱，换向阀液压油缸两腔的油口被封闭，其内油液无法流动，活塞保持在一个固定位置，此时铲刀高度不变。

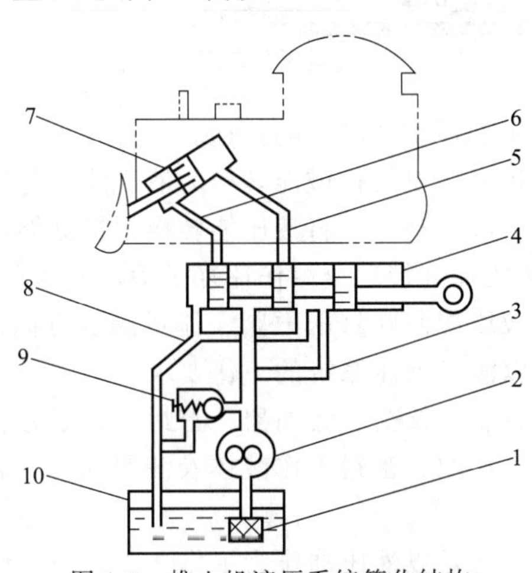

图 1-3　推土机液压系统简化结构

1—滤油器；2—液压泵；3,5,6,8—油管；4—换向阀；7—液压油缸；9—安全阀；10—油箱

铲刀下降——当操纵换向阀右移一个工位时，液压泵输出的油液经换向阀 4、油管 5 进入液压油缸的无杆腔，同时液压油缸有杆腔的油液经油管 6、换向阀及油管 8 流回油箱，此时压力油推动活塞杆外伸，铲刀下降。

铲刀上升——当操纵换向阀向左移至左工位后，液压泵输出的油液经换向阀、油管 6 进入液压油缸有杆腔，同时液压油缸无杆腔的油液经油管 5、换向阀及油管 8 流回油箱，压力油推动活塞杆缩回，铲刀上升。

由此可见，换向阀在液压系统中的作用就是控制油液的流动方向，从而使铲刀处于不同的工作状态。为了限制系统最高压力，防止过载，装设了安全阀9，过载时，压力油克服安全阀弹簧力而将阀口开启，液压泵输出的油液便可经安全阀排回油箱，使系统油压不超过允许值，否则，将因油压不断增加引起系统中各零部件损坏。滤油器1用以滤去油液中的杂质，减少各液压元件的磨损；油箱主要用来储存油液，另外还有散热、排气、排污的作用。

由以上分析可知，液压系统就是按机械的工作要求，用管路将各具特定功能的液压元件以某种方式组合成的整体。通常一个液压系统由以下五部分组成（图1-4）。

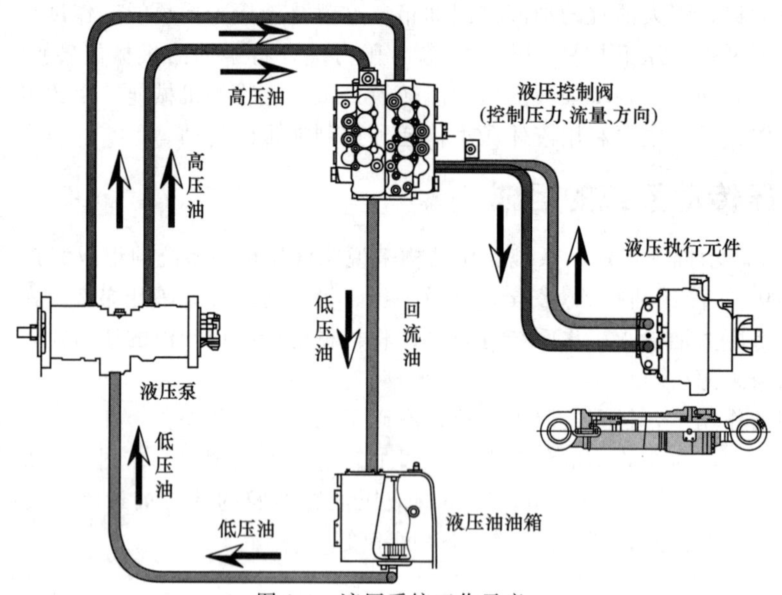

图1-4　液压系统工作示意

工作介质——液压油。实现运动和动力的传递。

动力元件——液压泵。将原动机的机械能转换为液压能，是液压系统的动力源。

执行元件——液压油缸、液压马达。将液压能转换为机械能，在压力油的推动下输出力和速度（或力矩和转速）。液压油缸带动负载作往复运动，液压马达带动负载作回转运动。

控制调节元件——各种液压控制阀（压力阀、流量阀、方向阀）。用以控制液压系统中油液的压力、流量和方向，以满足液压系统的工作要求。

辅助元件——油箱、油管、管接头、滤油器、密封件、压力表、流量表、蓄能器等。用以储油、散热、输油、连接、过滤、密封工作液体及测量压力、流量和消除系统压力波动，保证系统正常工作。

由以上实例可见：液压传动是以液压油作为工作介质，利用动力元件，将发动机的机械能转换为油液的压力能，通过管道、控制元件，借助执行元件，将油液的压力能转换成机械能，驱动负载实现所需的运动（图1-5）。

三、液压传动系统的图形符号

在图1-2、图1-3所示实例的液压系统原理图中，液压元件基本上是用半结构图形画出来的，其特点是较直观、易理解，但图形复杂，元件较多时显得繁琐，绘制困难。为简化液压系统原理图的绘制，把每一个元件都用一种符号来表示，并将各元件的符号用通路连接起

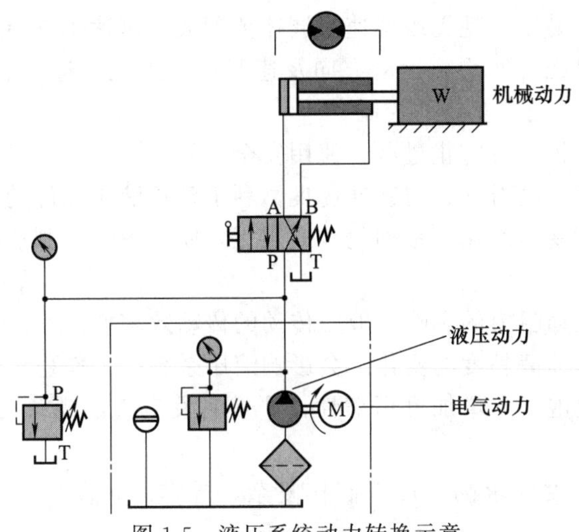

图 1-5 液压系统动力转换示意

来组成液压系统图，以表示液压传动的原理，简单明了，便于阅读、分析和绘制。我国已制定了此种图形符号的国家标准（GB/T 786.1）。图 1-6 所示为用职能符号表示的推土机液压系统原理，可与图 1-3 对照。

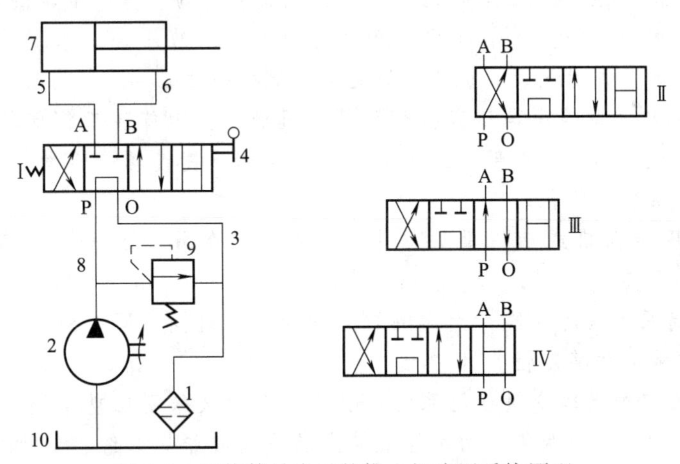

图 1-6 职能符号表示的推土机液压系统原理

（图中序号同图 1-3）

注意：液压系统图中的图形符号只表示元件的功能、连接系统的通路，不表示元件的具体结构、参数、系统管路的具体位置及元件的安装位置；符号通常均以元件的静止位置或零位置表示；符号在系统中的布置除有方向件的元件（油箱、仪表）外，根据具体情况可水平或垂直绘制；当需要标明元件的名称、型号和参数时，一般在系统图的零件表中说明，必要时可标注在元件符号旁边。液压系统图都应按照国家标准制定的图形符号标准绘制，对于标准中没有规定的图形符号或需特殊说明时，允许局部采用结构简图表示。另外，若液压元件无法用图形符号表达时，仍允许采用结构原理图表示。

四、液压传动系统的特点

1. 优点

① 单位质量输出功率大，易获得大的力和转矩。

② 操纵控制方便，易于实现无级调速且调速范围大，可达1000∶1。

③ 可与机、电操纵配合使用，运动方向及速度可以遥控、连续、断续、同时操作，并且由电气信号控制，容易完成复杂的控制。

④ 易于设置过载保护装置防止过载，使用安全可靠。

⑤ 传动介质为油液，润滑性、防锈性优良，利于延长液压元件的使用寿命。

⑥ 液压元件易于实现标准化、系列化和通用化，便于设计、制造、维修和推广使用。

2. 缺点

① 由于受泄漏和流动阻力的影响，液压传动的传动效率低。

② 油温的变化引起油液黏度的变化，会影响液压系统的工作稳定性。

③ 若液压油吸入气泡，会增加可压缩性，严重时发生气蚀现象会损坏液压元件，导致系统发生故障。

④ 液压元件配合精度要求高，加工制作复杂，成本高，发生故障时，不易查找原因，维修也较困难。

校企链接

沃尔沃挖掘机液压系统的特点表现在以下几方面。

① 采用多个液压油缸和液压马达的协调动作完成动臂的升降、上车的回转、铲斗挖土、卸土等各种复杂的运动工序。沃尔沃D系列挖掘机的自动液压控制系统，有动臂优先、斗杆优先、回转优先等多种优先级，机器操纵更加灵活和高效。

② 利用液压系统驱动液压马达直接带动行走机械或其他旋转工作部件作旋转运动，采用液压传动代替机械传动，可以部分或全部省去离合器、变速器、传动轴、差速器等部件，从而在总体设计上实现最优化。

③ 采用全液压转向机或液压助力器来实现转向，使操纵机械大大简化，操纵轻巧、灵便。

④ 固定作业时采用液压支腿，大大缩短了作业准备时间，同时液压支腿采用液压锁锁紧，提高了机械作业时的稳定性。

⑤ 采用双泵回路恒功率变量液压系统，其中大多数又采用恒功率调节器来控制两台液压泵，所有工作机构被分为两组，由手控机械式操作阀或先导系统控制操作阀来完成作业。另外，在斗杆、铲斗、动臂作业时，为提高速度而采用两泵合流。

单元习题

一、填空

1. 液压传动是以__________为工作介质，主要利用____________________传动和控制能量的传动。

2. 液压系统由__________、__________、__________、__________、__________五部分组成。

3. 液压传动装置实质上是一种能量转换装置，它先将______________能转换为便于输送的__________能，然后又将__________能转换为__________能，以驱动工作机构完成所要求的各种动作。

4. 液压传动系统中的执行元件的作用是把__________能转换为__________能。

5. 液压传动系统中的控制调节元件用以控制调节系统的__________、__________和__________。

二、判断

1. 液压传动系统中动力元件的作用是将液压能转换成机械能。（　）
2. 液压传动具有良好自润滑和实现过载保护、保压的特点。（　）
3. 液压传动可实现无级调速，并能迅速换向变速。（　）
4. 与机械传动相比，液压传动的效率低。（　）
5. 液压泵和液压马达都是液压系统的执行元件。（　）
6. 液压传动装置实质上是一种能量转换装置。（　）
7. 液压元件易于实现系列化、标准化、通用化。（　）
8. 辅助部分在液压系统中可有可无。（　）
9. 液压元件的制造精度一般要求较高。（　）
10. 液压元件用图形符号表示绘制的液压系统原理图，方便、清晰。（　）

三、选择

1. 液压传动的特点是（　）。
A. 传动效率高　B. 能在很大范围内实现有级调速
C. 油温变化时，会影响传动机构的工作性能
2. 液压传动装置中，液体压力的大小取决于（　）。
A. 泵输出功率的高低　B. 密封空间密封程度的好坏　C. 负载的大小
3. 液压系统利用液压油的（　）来传递动力。
A. 位能　B. 动能　C. 热能　D. 压力能
4. 液压系统中，液压油缸属于（　），液压泵属于（　）。
A. 动力部分　B. 执行部分　C. 控制部分
5. 下列液压元件中，（　）属于控制部分，（　）属于辅助部分。
A. 油箱　B. 液压马达　C. 单向阀

四、简答

1. 什么是液压传动？液压传动的工作原理是什么？
2. 液压传动系统主要由哪几部分组成？各组成部分的作用是什么？
3. 与其他传动形式相比，液压传动的主要优缺点是什么？
4. 举例说明液压技术在工程机械上的应用。

单元二　液压传动主要参数

单元导入

液压传动要克服负载做功，同时要提高作业效率。那么液压传动是如何克服负载的？作业效率和哪些因素有关？

液压传动的主要参数是压力、流量和功率。

一、压力

液体在单位面积 A 上所受的法向力 F_n 称为压力，通常用 p 表示，即

$$p=\frac{F_n}{A} \tag{2-1}$$

在国际单位制（SI）中，压力的单位是 N/m^2，称为帕斯卡，简称帕（Pa）。由于此单位在工程中使用很不方便，因此常采用其倍数单位千帕（kPa）或兆帕（MPa）。

$$1MPa=10^3kPa=10^6Pa=10^6N/m^2$$

液压系统工作是靠油液压力产生作用力克服外载荷的，那么油液的压力是如何形成的呢？如图 2-1（a）所示，当负载 $F=0$ 时，液压泵输入液压油缸的油液没有遇到任何阻力而只是推着活塞移动，此时油液中不能建立起压力。从理论上讲，$p=F/A$，当 $F=0$ 时，$p=0$。如图 2-1（b）所示，当加上负载 F 时，进入液压油缸的油液遇到了阻力，液压泵连续供油，油液受到不断挤压而建立起压力。负载越大，油液压力就越大。当油压升高到使推力足以克服负载时，就可以推动活塞移动。

由此可见，液压泵并不能自己产生压力，只是创造流体流动的条件，液压系统中的油压只有在有负载（阻力）时才能形成，承受压力的流体总是向阻力小的方向流动。因此，液压传动中油液压力大小取决于负载。

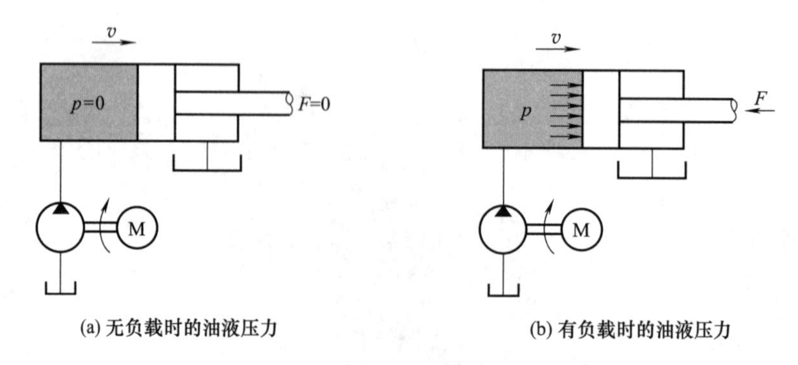

(a) 无负载时的油液压力　　(b) 有负载时的油液压力

图 2-1　油液压力形成示意

二、流量

单位时间内流过管道某一截面的液体的体积称为液体的流量。如图 2-2 所示，若在时间 t 内，流过管道截面的液体体积为 V，则流量 Q 为

$$Q=\frac{V}{t} \tag{2-2}$$

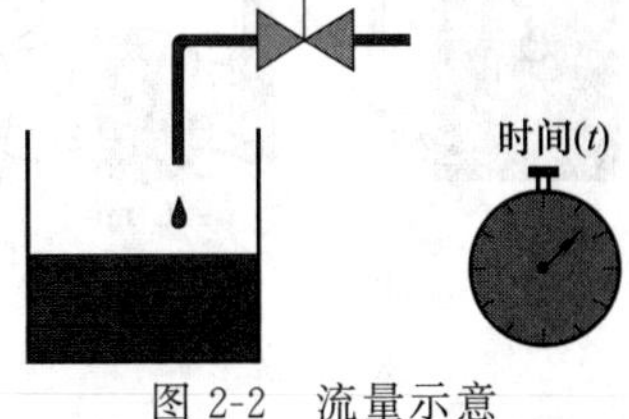

图 2-2　流量示意

在国际单位制（SI）中，流量的单位为 m^3/s，工程中常以 L/min 为单位。它们之间的关系为

$$1m^3/s=60000L/min$$

若管道截面面积为 A，液体在单位时间内流过的距离为 L，液体的流速为 v，则

$$Q=\frac{V}{t}=\frac{AL}{t}=Av$$

即

$$v=\frac{Q}{A}$$

由此可见，速度取决于流量。

三、功、功率和效率

1. 功、功率

物体在力 F 的作用下沿力 F 的方向移动了距离 S，则力 F 对该物体所做的功 W 为

$$W=FS\ (\mathrm{N \cdot m})$$

单位时间内所做的功称为功率 P，则有

$$P=\frac{W}{t}=\frac{FS}{t}=Fv(\mathrm{N \cdot m/s})$$

式中 $S/t=v$ 为物体移动的速度。

下面举例说明液压传动系统中的功和功率。

压力油（具有压力 p、流量 Q）从下端进入液压油缸，在时间 t 内向油缸提供了体积为 V 的液压油，$V=Qt$，这时面积为 A 的活塞将受到一个向上的力 F，以克服外载荷 G 而移动了距离 S，获得速度 v。活塞上受力 F 为

$$F=pA$$

压力油对活塞做的功 W 为

$$W=FS=pAS$$

由于 $V=AS$，所以有

$$W=pV=pQt$$

液压油做功的功率 P 为

$$P=\frac{W}{t}=pQ \tag{2-3}$$

若压力以 MPa 代入，流量以 L/min 代入，则液压功率可用下式计算，即

$$P=\frac{pQ}{60}\ (\mathrm{kW}) \tag{2-4}$$

由此可见，液压传动中的功率等于压力 p 和流量 Q 的乘积。

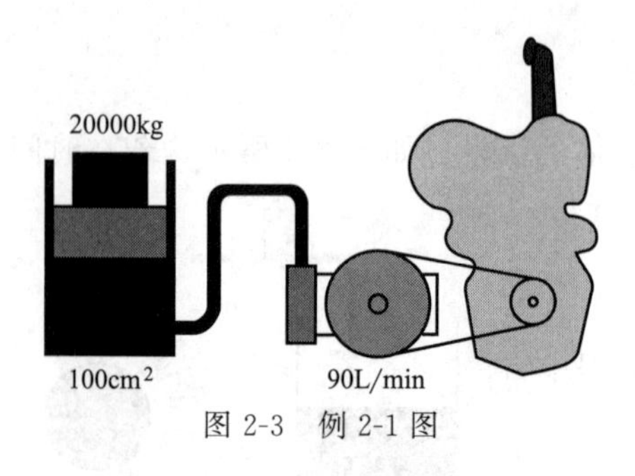

图 2-3 例 2-1 图

综上所述，在液压传动中，作用力是由油液的压力产生的，速度是由压力油的流量提供的，而液压功是靠压力和流量共同传递的。

【例 2-1】 图 2-3 所示流体功率是多少？

解： 压力为

$$p=F/A=\frac{(20000\times 9.8)\mathrm{N}}{(100\times 100)\mathrm{mm}^2}=19.6\mathrm{MPa}$$

功率为

$$P=pQ=\frac{19.6\mathrm{MPa}\times 90\mathrm{L}}{60\mathrm{s}}=29.4\mathrm{kW}$$

2. 效率

液压系统在动力传递过程中存在功率损失，即传动效率问题（图 2-4）。液压传动的效率用下式表示，即

$$效率=\frac{理论动力(输出轴的动力)}{轴动力(供给的动力)}$$

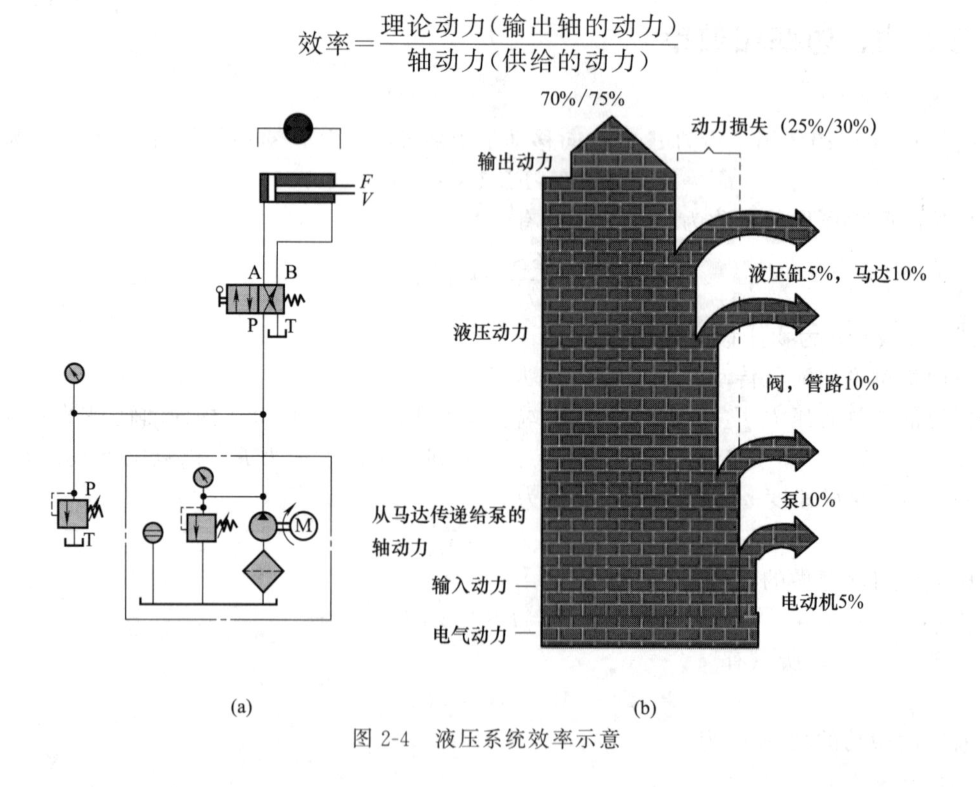

图 2-4 液压系统效率示意

校企链接

如图 2-5 所示，EC700BLC 挖掘机是沃尔沃现有挖掘机系列中吨位最大的一款，设备总重接近 69t，装配 346kW 的沃尔沃 D16E 发动机，斗容范围为 2.48～6.6m³。沃尔沃 EC700BLC 型挖掘机可应用于挖沟、装载沙石和岩石表面剥离等作业。由于该机配备了一流

图 2-5　沃尔沃 EC700BLC 挖掘机

的动力系统和先进的液压系统，具有挖掘动力强劲、搬运速度快、装卸动作平稳等特点，适合各种作业条件，该设备可以配装多种工作装置，能够适合多种地面状况，满足多种工作应用。这款挖掘机在我国山西、内蒙古等地的露天煤矿中被广泛使用。其液压系统参数如下。

主泵类型：变量轴向柱塞泵×2 ＋ 齿轮泵

主泵最大流量（L/min）：436×2 ＋ 27.4

行走液压马达类型：变量轴向柱塞液压马达

回转液压马达类型：定量轴向柱塞液压马达

工作液压油路（MPa）：31.4/34.3

控制液压回路（MPa）：3.9

动臂油缸-个数-缸径×行程（mm）：2-190×1790

斗杆油缸-个数-缸径×行程（mm）：1-215×2070

铲斗油缸-个数-缸径×行程（mm）：1-190×1450

单元习题

一、填空

1. 液压传动中最基本的参数是__________和__________。

2. 液体压力是指液体在__________上所受的__________，其单位为__________。

3. 压力为 p 的油液，作用在面积为 A 的活塞上，产生的推力为 $F=$__________。

4. 当活塞的有效面积一定时，要改变活塞的运动速度，只需改变流入液压油缸中的__________。

5. 液压传动中的功率等于__________和__________的乘积。

二、判断

1. 液压传动系统中的工作压力取决于负载。（　　）

2. 活塞有效作用面积一定时，液压油缸活塞的运动速度取决于液压泵的输出流量。（　　）

3. 作用在活塞上的推力越大，活塞运动越快。（　　）

4. 流量就是流过某一过流断面的液体体积。（　　）

5. 在液压传动中，作用力是由油液的压力产生的，速度是由压力油的流量提供的，而液压功是靠压力和流量共同传递的。（　　）

6. 液压系统在动力传递过程中的功率损失用传动效率表示，传动效率为输入动力与输出动力的百分比。（　　）

单元三　液压油的选择及使用

单元导入

液压油像人体的血液一样流向所有的液压元件，液压装置发生故障的原因有70%是由于液压油使用管理不当所致，由此可见，液压油的正确使用是确保液压系统正常和长期工作的重要前提。那么，如何来正确地使用液压油呢?

一、液压油的作用

工程机械液压系统的工作介质——液压油，主要起动力与信号的传递、润滑与防锈、热传递与冷却作用。

液压油质量的优劣，直接影响液压系统能否可靠有效地工作。因此，为了能够合理选择与正确使用液压油，首先应了解其基本性质、类型与工作性能。

二、液压油的物理性质

1. 密度和重度

单位体积液体的质量称为液体的密度，用符号 ρ 表示。单位体积液体所具有的重力称为重度，用符号 γ 表示。即 $\gamma=G/V$，将 $G=mg$ 代入即可得 γ。

$$\rho=\frac{m}{V}\ (\mathrm{kg/m^3}) \tag{3-1}$$

$$\gamma=\rho g\ (\mathrm{N/m^3}) \tag{3-2}$$

式中　m——液体质量，kg；

V——液体体积，$\mathrm{m^3}$；

g——重力加速度，$\mathrm{m/s^2}$。

液体的密度和重度会随压力和温度的变化而变化，但一般情况下这种变化很小，可以忽略不计，在实际应用中近似认为液压油的密度和重度是不变的。我国采用油温为20℃时的密度为液压油的标准密度，以 ρ_{20} 表示，工程机械常用液压油密度为 $\rho_{20}=880\mathrm{kg/m^3}$ 左右。

2. 可压缩性和热膨胀性

(1) 可压缩性

液体受压力作用后体积减小的性质称为可压缩性。可压缩性的大小用体积压缩系数 β 表示，即单位压力变化下体积的相对变化量（图3-1）。

$$\beta=-\frac{1}{\Delta p}\times\frac{\Delta V}{V} \tag{3-3}$$

式中　Δp——液体压力的变化值，Pa；

ΔV——液体体积在压力变化 Δp 时，其体积的变化量，$\mathrm{m^3}$；

V——液体的初始体积，$\mathrm{m^3}$。

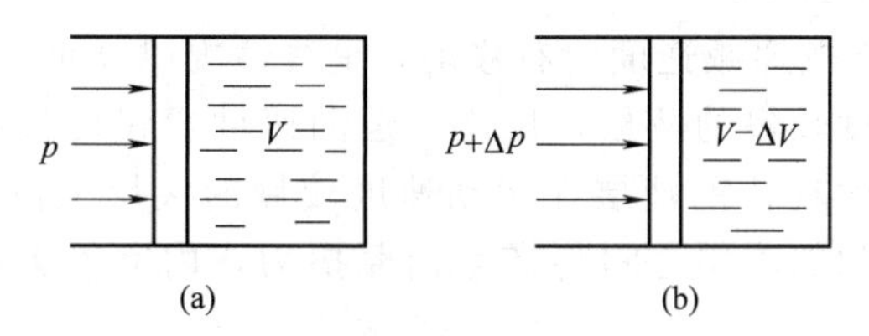

图 3-1　压力升高时液体体积的变化

由于压力增大时液体体积减小，反之则增大，故在式（3-3）中加一负号，使 β 为正值。液体体积压缩系数的倒数，称为体积弹性模量 K，即

$$K=\frac{1}{\beta} \tag{3-4}$$

体积弹性模量表示液体抵抗压缩能力的大小，体积弹性模量越大，液体抵抗压缩的能力越强。常用液压油的体积弹性模量 $K=(1.4\sim2)\times10^3\mathrm{MPa}$，仅为钢的弹性模量的 1.65%，即液体的压缩性约为钢的 100～150 倍。

液压油的体积弹性模量非常小，即可压缩性很小，故在工程机械液压系统压力不高的情况下一般可忽略不计。但在压力变化很大、传动要求较高的高压系统或研究系统动态性能时，在液体由高压到低压突然转换的瞬间，由于液体的可压缩性，使压缩后的液体体积突然膨胀而造成冲击，这种情况下就不能忽略液体的可压缩性。另外，因空气的可压缩性很大，若液压油中混入一定量游离状态的气体，压力的影响明显增大，使液压油实际的压缩性显著增加，从而严重影响液压系统的工作性能。由于油液内的气泡不易完全排除，实际应用中一般选取 $K=(0.7\sim1.4)\times10^3\mathrm{MPa}$，并且在设计和使用时应采取措施防止空气进入或采用排气装置减少油中的气体含量。

液压油的体积弹性模量 K 与温度、压力有关。温度升高时，K 值减小，在液压油正常的工作温度范围内，K 值会有 5%～25%的变化。压力增大时，K 值增大，反之则减小，但这种变化不呈线性关系，当压力大于 3MPa 时，K 值基本上不再增大。

（2）热膨胀性

液体的热膨胀性是指在压力不变的情况下液体因温度升高而体积增大的性质。液体的热膨胀性用液体的膨胀系数 α 表示。其物理意义为：在一定压力下，单位温度升高液体体积的相对变化率，即

$$\alpha=\frac{1}{V}\times\frac{\Delta V}{\Delta t}\ (1/℃) \tag{3-5}$$

式中　V——油液膨胀前的体积，m^3；

ΔV——油液膨胀后的体积增量，m^3；

Δt——温度的增量，℃。

3. 黏性

（1）液体的黏性

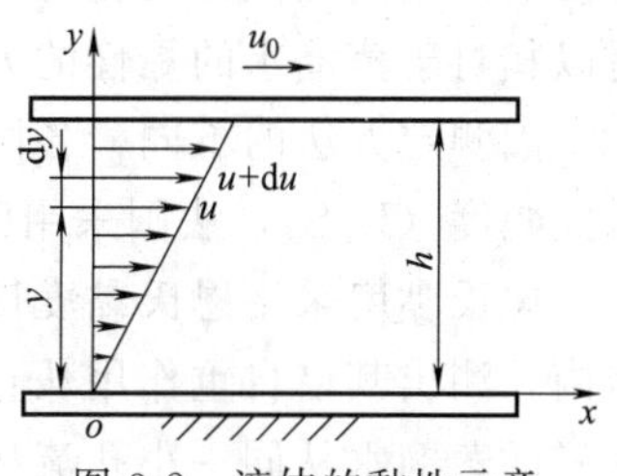

图 3-2　液体的黏性示意

如图 3-2 所示，在两平行平板间充满液体，下平板不动，上平板以速度 u_0 平行于下平板向右运动，两平板间的液体也随之运动。可以把液体流动看成许多无限薄的液体流层，由于液体的附着力和内聚力的作用，黏附于上平板的流层以与上平板相同的速度 u_0 运动，黏附于下平板的流层与下平板一样静止不动。由于液体分子间内聚力的作用，中间各流层的

速度各不相同，从上到下按递减速度向右移动，呈线性规律分布。液体流动中，运动速度较快的液层带动运动速度较慢的液层，反之，运动速度较慢的液层又阻滞运动速度较快的液层。这样，运动速度较快的液层在运动速度较慢的液层上流过时，类似于固体表面之间相对滑动过程，则相邻液层之间将产生内摩擦力，内摩擦力的方向总是与相对运动趋势相反。

液体在外力作用下流动或有流动趋势时，液体分子间的内聚力阻碍分子间的相对运动而产生内摩擦力的性质称为液体的黏性。

经实验和理论研究，牛顿揭示了液体内摩擦定律：液体流动时相邻液层间的内摩擦力 F 与液层接触面积 A、液层相对运动的速度梯度 $\mathrm{d}u/\mathrm{d}y$ 成正比，即

$$F=\mu A\frac{\mathrm{d}u}{\mathrm{d}y} \tag{3-6}$$

式中　μ——动力黏度系数；

$\mathrm{d}u/\mathrm{d}y$——速度梯度，垂直于流动方向上单位长度内的速度变化。

液体流动时相邻液层间单位面积上的内摩擦力 τ 与液体运动时的速度梯度成正比，即

$$\tau=\frac{F}{A}=\mu\frac{\mathrm{d}u}{\mathrm{d}y} \tag{3-7}$$

由式（3-7）可知，静止液体中，速度梯度 $\mathrm{d}u/\mathrm{d}y=0$，其内摩擦力为零，不呈现黏性，液体只在流动时才显示黏性。

（2）黏性的度量——黏度

液体黏性的大小用黏度度量。黏度较低时，液层间内摩擦力较小，油液稀，易流动；反之，油液稠，流动性差。

常用的黏度表示方法有三种：动力黏度、运动黏度和相对黏度。

① 动力黏度 μ　是指液体在单位速度梯度下流动或有流动趋势时，相接触的液层间单位面积上产生的内摩擦力。用动力黏度系数表示，又称为绝对黏度。由式（3-7）得

$$\mu=\frac{\tau}{\mathrm{d}u/\mathrm{d}y} \tag{3-8}$$

② 运动黏度　液体动力黏度与其密度的比值，称为液体的运动黏度，即

$$\nu=\frac{\mu}{\rho} \tag{3-9}$$

运动黏度的单位为 $\mathrm{m^2/s}$，常用的单位为 $\mathrm{mm^2/s}$，称为厘斯（cSt）。

$$1\mathrm{m^2/s}=10^6\mathrm{mm^2/s}=10^6\mathrm{cSt}$$

我国液压油的牌号就是以厘斯（cSt）为单位在温度为 40℃时运动黏度的平均值来标号的。如 L-HV32 号液压油就表示在温度 40℃时平均运动黏度为 32cSt。

③ 相对黏度　由于动力黏度和运动黏度难于直接测量，因此，工程实践中，通常先用简便的方法测定液体的相对黏度，然后再根据关系式换算出运动黏度或动力黏度。相对黏度是以相对于蒸馏水的黏性的大小来表示该液体的黏性的，又称条件黏度。

因测定方法的不同，各国采用的相对黏度各有不同。美国用赛氏黏度（SSU），英国用雷氏黏度（$\mathrm{R_1S}$），法国采用巴氏黏度（°B），我国、前苏联和德国采用恩氏黏度（°E）。

恩氏黏度采用恩氏黏度计测定：将 200mL 温度为 T（℃）的被测油液装入黏度计的容器内，测出其借自重作用从直径为 2.8mm 的小孔流尽所需时间 t_1，再测出同体积、温度为 20℃的蒸馏水从同一小孔流尽所需的时间 t_2，其时间的比值即为被测油液在 T（℃）下的

恩氏黏度，即

$$^{\circ}E=\frac{t_1}{t_2}$$

工业上一般以 20℃、50℃和 100℃作为测定恩氏黏度的标准温度，并相应地以符号 $^{\circ}E_{20}$、$^{\circ}E_{50}$、$^{\circ}E_{100}$ 来表示。

已知恩氏黏度，可用下列经验公式换算成运动黏度：

$$\nu=\left(7.31^{\circ}E-\frac{6.31}{^{\circ}E}\right)\times10^{6} \tag{3-10}$$

(3) 黏度与温度和压力的关系

① 温度对黏度的影响　温度的变化使油液内聚力发生变化，因此，液体的黏度对温度的变化十分敏感：温度升高，分子间的距离增加，内聚力减小，黏度下降，反之，黏度升高。这种油液的黏度随温度变化的性质称为黏温特性。油液黏度的变化会直接影响液压系统的工作性能和泄漏量，因此要求液压油的黏度受温度变化的影响越小越好。不同种类的液压油，它的黏度随温度变化的规律也不同，我国常用黏温图表示油液黏度随温度变化的关系，如图 3-3 所示为部分国产液压油的黏温图。

液压油的黏温特性常用黏度指数 VI 来度量，它表示被测油液的黏度随温度变化的程度与标准液压油的黏度随温度变化的程度之比。黏度指数 VI 越大，说明其黏度受温度变化的影响越小，即黏温特性好，反之则差。

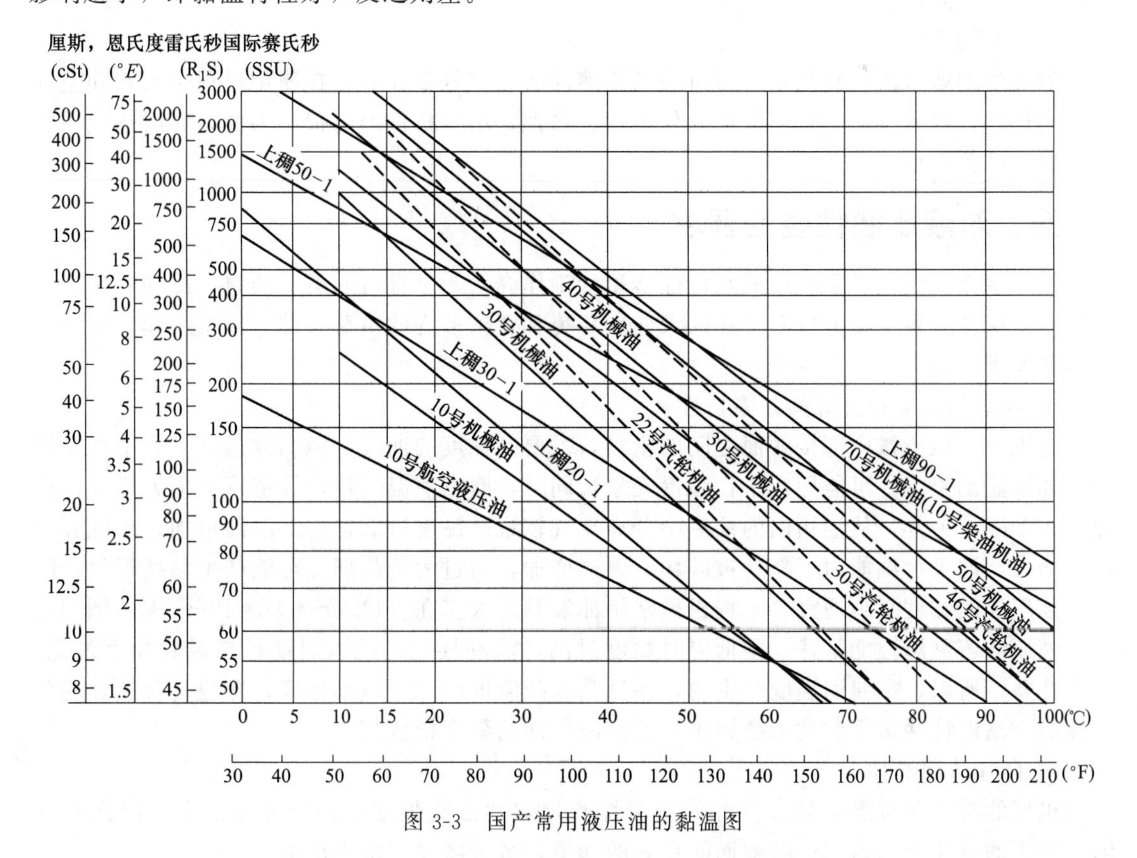

图 3-3　国产常用液压油的黏温图

② 压力对黏度的影响　压力增加时，液体分子间的距离缩小，油液黏度变大，但在一般液压系统的使用压力范围内（小于 20MPa），影响并不明显，黏度增大的数值很小，可以

忽略不计，当压力大于 50MPa 时，其影响才较为显著。因此，当压力较高或压力变化较大时需要考虑压力对黏度的影响。

4. 液压油的其他性质

（1）闪点

闪点是油液由加热逸出的蒸气与空气混合后，接触明火能发生瞬间闪火时的最低温度。闪点高，油液在高温下的安全性好。

（2）凝点

凝点是油液在试验条件下，冷却到失去流动性时的最高温度。液压油的凝点影响其低温流动性，凝点越高，低温流动性越差。一般认为，在凝点以上 10℃时的液压油的流动性是较好的。

（3）化学稳定性和热稳定性

化学稳定性是指油液抵抗与含氧物质特别是与空气起化学反应的能力。油液与空气或其他氧化剂接触会发生氧化反应生成酸性物质，使油变质。此外，油液与密封材料接触，若相容性差，会使密封件溶胀、软化或硬化，使密封失效；或油与混入的水起反应，则可生成油水乳浊液，使油液的润滑性能降低，并加速金属表面生锈和其他腐蚀过程。

热稳定性是指油液在高温时抵抗化学反应的能力。温度升高时，油分子裂化，油液的化学反应将加快，可能产生胶质、沥青状等物质，这些杂质黏附在油路各处，易堵塞液压元件小孔并卡住阀芯，影响系统正常工作。

（4）腐蚀性

液压油中若有硫、硫化物、有机酸及水溶性酸、碱等存在时，在使用过程中因水和空气的共同作用，容易变质，致使液压元件生锈、腐蚀，增加机件的磨损。因此，对所选液压油要求腐蚀试验合格。

三、对液压油性能的要求

液压油在液压传动系统中既是传递能量的工作介质，又具有润滑、防锈、冷却、密封等作用。要保证工程机械液压系统在露天使用环境和复杂多变的负荷条件下正常工作，液压油应具备如下性能。

① 合适的黏度和良好的黏温特性。

为维持液压机械内部接触面之间的密封，需要高黏度的油液，但黏度过高，会增加摩擦力、油液流动阻力，可能导致工作缓慢现象，同时，摩擦使温升快，管道压力损失增大，机械效率下降，另外，从油箱内的油液中分离空气较难。黏度过低，内部漏油增加，系统容积损失增大，油膜承载能力下降易被破坏，磨损增加，对过大负荷部位可能产生黏结现象。因此，液压油的黏度必须适宜。工程机械常用油液黏度大多在 $(11.5\sim60)\times10m^2/s$ 范围内。

液压油若黏温性能不好，则低温时黏度过高，流动性差，难以启动，高温时黏度过低，密封性差。所以，在使用温度范围内，油液黏度随温度的变化越小越好，即应具有良好的黏温性能。黏温特性常用黏度指数评价，通常液压油的黏度指数大于 90。

② 良好的润滑性。

机械的滑动部位需要具有良好的润滑性和足够的油膜强度的液压油来润滑，以便在油温、油压的变化范围内保证摩擦面间良好的润滑，减少磨损，防止烧结。

③ 良好的化学稳定性和热稳定性。

液压油应具有良好的化学稳定性和热稳定性，不会因热氧化老化，在储存和使用过程中不易变质，长期耐用，并能使液压系统稳定工作。

④ 热膨胀系数低、凝点低、闪点和燃点高，以保证一年四季及不同环境下的使用。

⑤ 良好的防锈性和耐腐蚀性。

⑥ 对密封材料良好的适应性。

⑦ 良好的抗泡沫性、抗乳化性和清洁度。

混有气泡的液压油，在传递能量过程中，气泡很容易被压缩，产生振动和噪声。另外，气泡在突然压缩时会放出大量的热，造成局部过热，会加速周围油液的氧化变质。因此，要求液压油具有良好的抗泡沫性，通常可通过加入抗泡沫剂使油液中的气泡易逸出并消除。同时，液压油抗乳化性要好，即油水分离要容易，液压油要求质地纯净，尽可能不含污染物。

单一成分的液压油的自身性能往往很难满足液压系统对油液的各种具体要求，因此需要在基础油液中加入少量含有各种用途的添加剂，如抗氧化剂、防腐剂、防锈剂、抗磨剂、增黏剂、抗泡沫剂等，以改善油液的性能。

四、液压油的种类及工作性能

液压系统的工作液体有三大类型：石油型、乳化型和合成型。工程机械液压系统常采用石油型液压油，如普通液压油、抗磨液压油、低温液压油和拖拉机传动、液压两用油及其他特殊类型液压油。

按国标规定，液压油属于石油类产品 L 类（润滑剂及有关产品）中的 H 组（液压系统用油）。其一般形式为

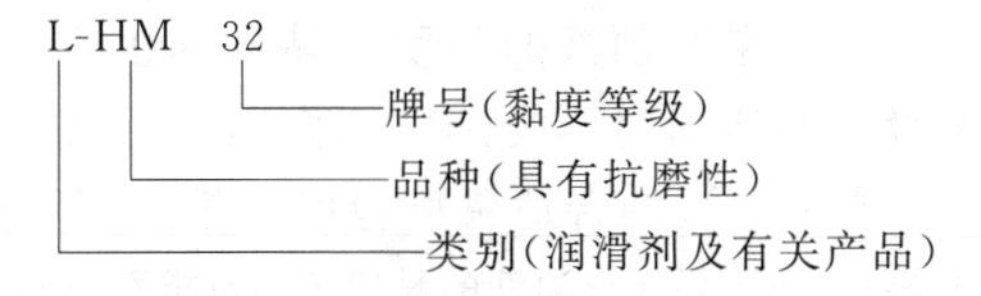

1. L-HL 液压油

L-HL 液压油为普通液压油，它是精制矿物油并在其中添加抗氧化剂、防锈剂和抗泡沫剂等，黏温特性较好，抗氧化安定性好。它适用于环境温度 0℃以上的中高压系统。常用的有 L-HL32、L-HL46、L-HL68。

2. L-HM 液压油

L-HM 液压油为抗磨液压油，它是精制矿物油并添加有抗氧化剂、防锈剂、抗磨剂及抗泡沫剂等，具有良好的抗氧化、防锈和抗磨性能，适用于中、高压工程机械和车辆的液压系统及户外温度不低于－15℃ 的场合。常用的有 L-HM32、L-HM46、L-HM68。

3. L-HV 液压油

L-HV 液压油为低温液压油，具有良好的黏温性能（黏度指数不小于 160）和较低的凝点（不高于－35℃），良好的抗氧化、抗泡、抗磨、防锈和一定的抗剪切性能，适用于寒区（－30℃以上）或温度变化范围较大的野外作业工程机械和车辆的中、高压液压系统。常用的有 L-HV32、L-HV46、L-HV68。

4. 拖拉机传动、液压两用油

此油是由精制的中性油加多种添加剂调制而成，按 40℃ 运动黏度分为 68、100 和 100D 三个牌号。它具有适宜的黏度、良好的黏温性能、较好的抗磨性及较好的抗氧化、抗乳化、抗泡沫和防腐蚀性能和较高的油膜强度，主要用于传动与液压系统同用一个油箱的大、中型拖拉机和工程机械。

五、液压油的选择

正确合理地选择液压油，是液压传动系统正常运转的先决条件。选用液压油时，主要根据液压系统的工作压力、温度、液压元件种类及经济性等因素全面考虑确定其类型和黏度。

1. 液压油的类型选择

液压油类型的选择，一般根据液压装置的使用要求和运转条件、使用压力、油液的品质和价格等因素确定。

2. 液压油的黏度选择

在选择液压油时，黏度是一个重要参数，并以此确定液压油的牌号。选择适当黏度的油液能保证系统正常、高效、可靠地工作，有关黏度的确定一般可作如下考虑。

(1) 工作环境温度

液压系统工作环境温度高时，应选择黏度较高的液压油；反之，宜选用黏度较低的液压油。

(2) 液压系统的工作压力

液压系统压力高时，宜选用黏度较高的液压油，因为高压时的泄漏问题比克服黏性阻力问题更为突出，压力低时选用黏度较低的液压油。

(3) 运动速度

当工作部件运动速度较高时，油液流动速度也较高，能量损失随之增大，而泄漏相对减少，因此宜选用黏度较低的油液；反之，运动速度较低时，宜选用黏度较高的液压油。

(4) 液压泵类型

在液压系统所用元件中，液压泵对油液的黏度和黏温特性较为敏感，它不但压力、转速和温度高，而且液压油被泵吸入和压出时要受到剪切作用，所以应尽可能满足液压泵对油品的要求。表 3-1 为各类液压泵要求油液的合适黏度范围及推荐用油牌号，可供选用时参考。

表 3-1 液压泵要求油液的黏度范围及推荐用油

名称	黏度范围/(mm^2/s)		工作压力/MPa	工作温度/℃	推荐用油
	允许	最佳			
叶片泵(1800r/min)	20～220	25～54	14 以上	5～40	L-HL32、L-HL46 液压油
				40～80	L-HL46、L-HL68 液压油
齿轮泵	4～220	25～54	12.5 以上	5～40	L-HL32、L-HL46 液压油
				40～80	L-HL46、L-HL68 液压油
			10～20	5～40	L-HL46、L-HL68 液压油
				40～80	L-HM46、L-HM68 抗磨液压油
			16～32	5～40	L-HM32、L-HM46 抗磨液压油
				40～80	L-HM46、L-HM68 抗磨液压油
径向柱塞泵	10～65	16～48	14～35	5～40	L-HM32、L-HM46 抗磨液压油
				40～80	L-HM46、L-HM68 抗磨液压油
轴向柱塞泵	4～76	16～47	35 以上	5～40	L-HM32、L-HM46 抗磨液压油
				40～80	L-HM46、L-HM68 抗磨液压油

六、液压油的合理使用

选择合适的液压油是保障液压系统正常工作的先决条件，而要保持液压装置长期高效可靠地运行，则必须合理使用和正确维护液压油，若使用不当，液压系统会出现各种故障。

根据实践经验，使用液压油应注意以下几个方面。

1．防止油液污染

实践证明，液压系统80%的故障是由于液压油污染引起的，因此，工作介质维护的关键是控制污染。

液压油被污染的来源主要有：液压装置组装时残留下来的切屑、毛刺、型砂、磨粒、焊渣、铁锈等污染物；周围环境混入的空气、尘埃、水滴等污染物；工作过程中产生的金属微粒、锈斑、涂料和密封件的剥离片、水分、气泡以及工作介质变质后的胶状生成物等污染物。

为防止液压油污染，工程上常采取如下措施。

① 加强油液库存及现场管理，建立严格的油料管理制度和化验制度。油料要按牌号专桶储存，严禁乱放，切勿露天日晒雨淋或靠近火源。在储存、搬运及加注的各个阶段都应注意清洁，加油前必须过滤油液。

② 防止污染物从外界侵入，保持系统良好的密封性。油箱通气孔要装滤清器以防止灰尘落入，防止运行时尘土、磨料、空气和冷却物侵入系统，经常检查防尘密封件并定期更换。

③ 严格清洗元件和系统。液压元件在加工、装配、检修过程中都应净化，仔细清洗，以清除残留的污染物。液压系统在组装前，先清洗油箱和管道，组装后再进行全面彻底的冲洗。

④ 滤除油液中的杂质。存放在油桶中的液压油所含有的杂质数目是经过滤清器过滤的液压油的三倍，在系统工作中内部会产生杂质，外部也会侵入杂质，因此，在液压系统相关部位设置滤油器，可不断净化油液，同时应注意定期检查、清洗和更换滤芯。

⑤ 合理控制液压油的温度。避免液压油因工作温度过高氧化变质而产生各种生成物。

⑥ 定期检查和更换工作介质并形成制度。对油液定期取样化验，以确定现用液压油的污染度等级是否低于要求值，如发现污染度已超标，必须立即更换，注意在更换新工作介质前整个系统必须先进行清洗。工程机械用液压油主要性能指标的使用界限见表3-2。

表3-2　工程机械液压油主要性能指标的使用界限

指　　标	黏度变化量	闪点变化量	凝点变化量	水分含量	酸值(mgKOH/g)变化量
使用界限	±(10%～15%)	−15%	15%	<0.1%	25%

2．防止工作油温过高

液压系统的工作油温过高，将产生不良影响。如油液黏度降低，泄漏量增加，容积效率降低，润滑性能差变，磨损增加；加速油液的氧化变质；使元件受热膨胀，导致配合间隙减小；使密封圈老化变质，丧失密封性能等。因此，工作油温要适当。油箱理想的温度范围是30～45℃，液压泵入口温度应在55℃以下，油路中局部区段的最高温度不应超过120℃。

防止油温过高可采取强制冷却的方法，同时在使用中还应注意以下几点。

① 经常使油箱中油面处于所要求的高度，使油液有足够的循环冷却条件。

② 防止过载，防止和高温物体接近。

③ 当发现液压系统油温过高时，应停止工作，查找原因及时排除。

3．防止空气进入

① 经常注意油箱内油面高度，保持足够的油量，防止油箱中的空气被油液带入系统中。

② 注意液压泵吸油管路的密封、管接头及液压元件接合面处的紧固螺钉是否拧紧。

③ 及时排除进入液压系统中的空气，排气后再次检查油箱中的油面高度，发现不足时应添加到要求的油位。

校企链接

1．沃尔沃挖掘机液压油的品质

有调查显示，液压系统的半数以上的故障都是由于液压油的选择不当或者是使用了劣质的液压油导致的。

使用优质液压油的好处：可以使挖掘机保持高效率运行，防止各部件的早期磨损、降低油量消耗，延长使用寿命。使用劣质液压油的危害：油品变质快，浪费大，造成挖掘机油泵磨损大，影响挖掘机液压系统正常工作和主要零部件寿命，工作效率降低。

优质液压油有如下三个标准。

(1) 黏温特性好

如图 3-4 所示，通过－40℃的液压油低温特性实验可以看到，油品的低温特性反映油品在低温环境下的流动性，低温特性好的油品即使在超低气温的环境下仍能满足使用要求。通过 140℃的高温加上金属催化剂的作用测试油品的热稳定性，热稳定性好的油品持久耐用，对液压元件的腐蚀性小。

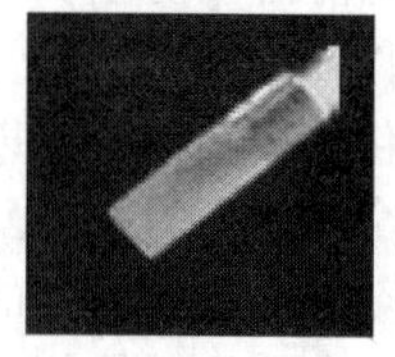

(a) 优质液压油

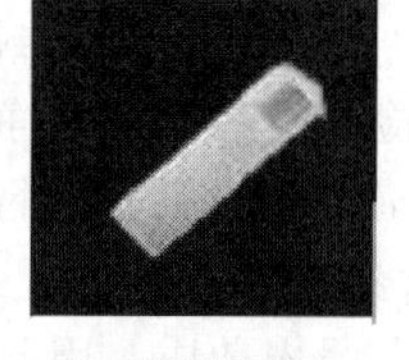

(b) 普通液压油

图 3-4　液压油的低温特性

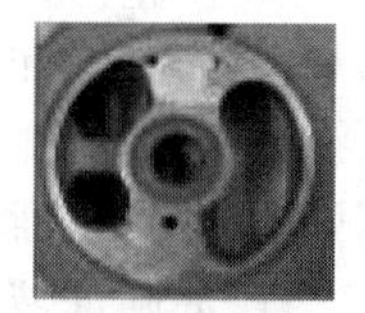

(a) 正常使用优质液压油

(b) 异常剥落使用普通液压油

图 3-5　液压油的腐蚀性

(2) 油泥生成少，高温下使用时间长

图 3-5 所示为 2000h 使用不同的液压油，液压油油泥对挖掘机部件的影响。

(3) 添加了优质抗磨剂

如图 3-6 所示，通过油泵使用 200h 的磨损状态对比可以得出，一般液压油对油泵的磨损情况远大于优质液压油。

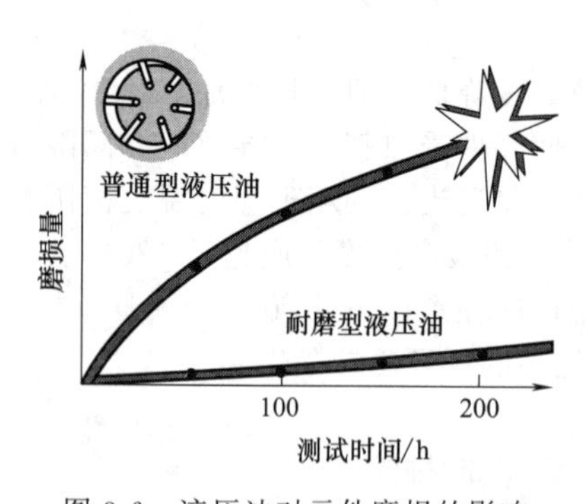

图 3-6　液压油对元件磨损的影响

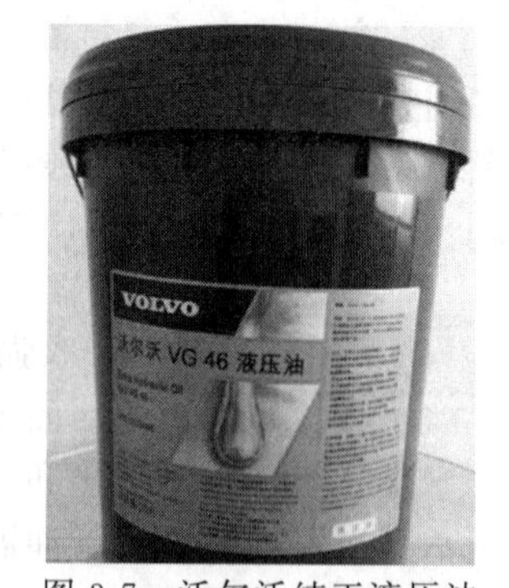

图 3-7　沃尔沃纯正液压油

测试结果表明，非纯正油品的低温特性、热稳定性、耐腐蚀性及润滑性等均不如纯正油，并且非纯正油的颜色受温度、作业工况的影响变化大，油泥生成多，使用寿命短，对挖掘机工作产生不良影响。

沃尔沃纯正液压油（图 3-7）与沃尔沃挖掘机搭配使用，在正常的工况下，作业时间长，降低了出现液压油相关故障的可能，可以发挥更大的工作效率。

2. 沃尔沃挖掘机液压油常见故障原因及排查方法

(1) 液压油有杂质呈浑浊状

① 若液压油出现白色浑浊现象，可排除固态杂质或液态黏稠杂质的可能，只能是水或空气造成的。

② 对液压油取样检测，将油样滴落在热铁板上，若有气泡出现，可判定是液压油中有水，否则是液压油中含有空气。

③ 若是液压油中混有水分造成浑浊现象，将其静置一段时间后，使水沉到液压油箱底部后除去水分即可。若水分含量过高导致液压油乳化，则需更换新的液压油。

④ 如果判定是液压油中混有空气造成浑浊现象，应检查液压系统管路是否漏气，并切断空气的混入源。

(2) 液压油过脏

液压油污浊、过脏，可能是油液因长期使用产生了化学变化，也可能是杂质太多发生了物理变化。在缺乏必要的检测设备、器材的情况下，判断液压油是发生化学变化还是物理变化，比较简单且实用的方法是使用滤纸检测，方法如下：对液压油取样，将油滴到滤纸上，观察其形成的油晕，若油晕出现的分层、分圈现象比较明显（中间较脏，越靠边缘越清），说明液压油变质，必须更换新油；若油晕均匀地摊开，说明液压油杂质含量太多，要及时检查滤油器，更换滤芯，必要时更换新的液压油。

(3) 液压油油温异常升高

按从易到难的顺序诊断故障。

① 先检查液压油箱中的油量，若油箱中油量不足，应及时添加至标准液位，加注时应注意使用牌号相同的液压油，使用前还应进行过滤。

② 若油量合适，则需检查冷却系统是否有阻塞现象，若查出冷却系统阻碍空气流通，应及时清洁，以保证空气正常流通，利于散热。有时风扇皮带过松、打滑，也会导致风扇效率降低，冷却效果不好，应及时检查、调整，必要时更换新皮带。

③ 若油量、冷却系统、风扇皮带都没有问题，可以判定是主安全阀设定压力低于标准值所致，应再次调整主安全阀的压力设定值到标准值。

单元习题

一、填空

1. 在液压系统中，液压油除作为工作介质外，还具有__________、__________、__________和__________等作用。

2. 液体在外力作用下流动或有流动趋势时，液体分子间的内聚力阻碍分子间的相对运动而产生内摩擦力的性质称为液体的__________。

3. 黏性的大小用__________度量，常用黏度的表示方法有__________、__________、__________三种。

4. 我国油液牌号是以__________℃ 时油液的__________黏度的平均值来表示的。

5. 油液黏度随温度升高而__________，因压力增大而__________。

6. 动力黏度的物理意义______________________________________。运动黏度的定义是______________________________。

7. 油液的黏度随温度变化的性质称为__________。

二、判断

1. 液压系统工作环境温度较高时，应选用黏度较小的液压油。　　（　　）

2. 液压系统工作压力较高时，应选用黏度较大的液压油。（　）
3. 只有流动的液体有黏性，静止的液体不具有黏性。（　）
4. L-HV32 号液压油表示在温度 20℃时其平均运动黏度为 32cSt。（　）
5. 液压油的凝点影响其低温流动性，凝点越低，低温流动性越差。（　）
6. 液压油的闪点越高，油液在高温下的安全性越好。（　）
7. 液压油黏度越高，润滑作用越好。（　）

三、选择

1. 选择液压油时，主要考虑油液的（　）。

A. 密度　B. 颗粒度　C. 黏度　D. 颜色

2. 黏度指数高的油，表示该油（　）。

A. 黏度较大　B. 黏度因压力变化而改变较大

C. 黏度因温度变化而改变较小　D. 黏度因温度变化而改变较大

E. 能与不同黏度的油液混合的程度

3. 油液特性的错误提法是（　）。

A. 在液压传动中，油液可近似看作不可压缩

B. 油液的黏度与温度变化有关，油温升高，黏度变大

C. 黏性是油液流动时内部产生摩擦力的性质

D. 低压液压传动中，压力的大小对油液的流动性影响不大，一般不予考虑

4. 当工作部件运动速度较高时，宜选用黏度（　）的油液；反之，运动速度较低时，宜选用黏度（　）的液压油。

A. 较低　B. 较高　C. 与黏度无关

5. 油液黏度较低时，油液（　），流动性（　）；反之，油液（　），流动性（　）。

A. 较稀　B. 较稠　C. 差　D. 好

四、简答

1. 什么是油液的黏性？油液黏度有哪几种表示方法？写出各自的度量单位。
2. 油液的黏度与温度、压力有什么关系？
3. 液压系统对液压油的性能要求是什么？
4. 如何选用、合理使用液压油？

单元四　液体的力学性质分析

单元导入

油液流经各控制元件时，会遵循流体力学的规律。同时油液流动时会产生一定的泄漏和不同程度的压力损失，使液压系统产生振动、冲击和气穴现象。那么怎么样运用液流的规律分析解决油液流动过程中的实际问题？如何运用液流流经小孔和缝隙的流量特性解决液压系统中的节流和泄漏问题？采取什么样的措施能够减小液流中的压力损失、液压冲击和气穴现象呢？

一、静止液体的力学性质

静止液体是指液体内部质点间没有相对运动而处于相对平衡状态的液体。静止液体的力学性质主要是研究静止液体的力学规律及其在工程上的应用。

1. 液体静压力及其特性

(1) 液体静压力

如图 4-1 所示，一密闭液压油缸下腔充满油液，当面积为 A 的活塞上受到外力 F 作用，因油液不可压缩并被封闭，所以处于被挤压状态，从而形成了液体的压力。

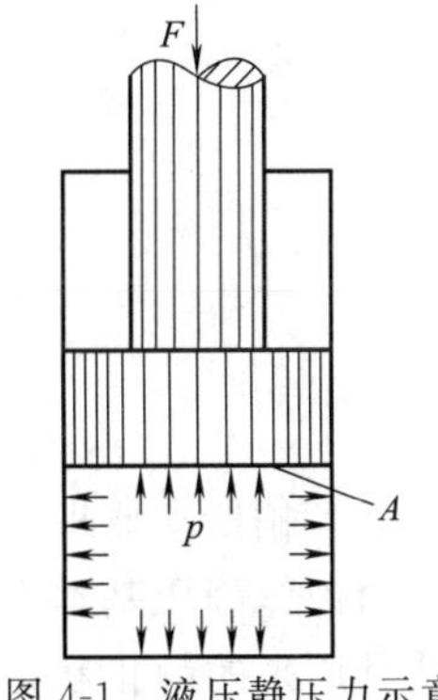

图 4-1　液压静压力示意

静止液体中单位面积上 A 所受的法向作用力称为液体静压力 F，以 p 表示，即

$$p=\frac{F}{A} \tag{4-1}$$

式中　A——液体有效作用面积；

F——液体有效作用面积 A 上所受的法向力。

由式 (4-1) 可知：压力随作用的重量（力）而改变（图 4-2）；压力随作用面积而改变（图 4-3）。

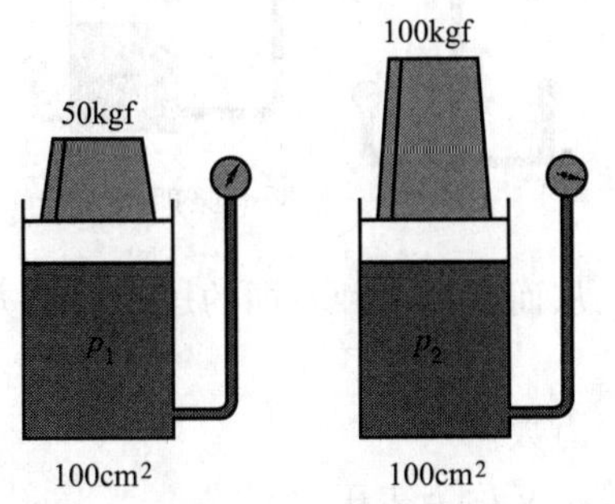

图 4-2　静压力与作用力的关系

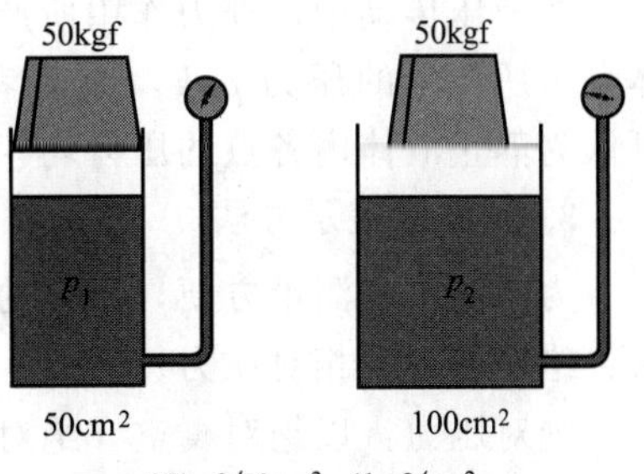

图 4-3　静压力与作用面积的关系

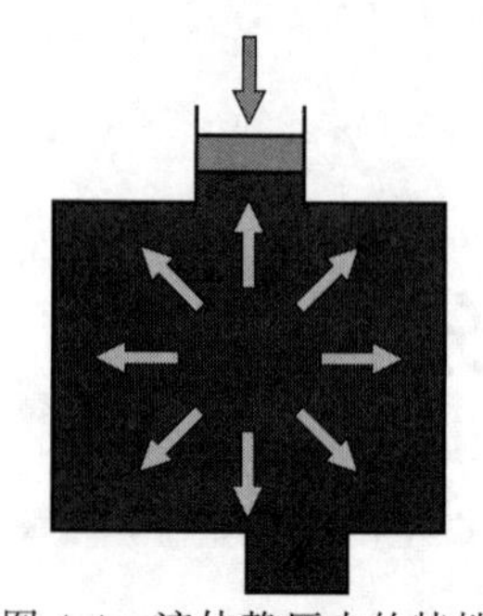
图 4-4 液体静压力的特性

(2) 液体静压力的特性

如图 4-4 所示。

① 液体静压力垂直并指向接触面，即其方向与该面的法线方向一致。

② 静止液体内任意一点的压力大小在各个方向上都相等。

2. 液体静压基本方程与帕斯卡原理

(1) 液体静压基本方程

如图 4-5 所示，在重力作用下，密度为 ρ 的液体在容器内处于静止状态，作用在液面上的压力为 p_0，在距液面的深度为 h 处取一微小面积 ΔA，形成高为 h 的小圆柱体，处于平衡状态，分析作用在小圆柱体上的力，整理可得

$$p=p_0+\rho gh \tag{4-2}$$

式 (4-2) 即为液体静压基本方程。由方程可知：重力作用下的静止液体内任一点处的压力是液面压力 p_0 和液体自重产生的压力 ρgh 之和；静止液体内的压力 p 随液体深度 h 呈线性规律分布；距液面深度相同的各点压力相等。由压力相等的各点组成的面称为等压面，在重力作用下静止液体中的等压面是一个水平面。

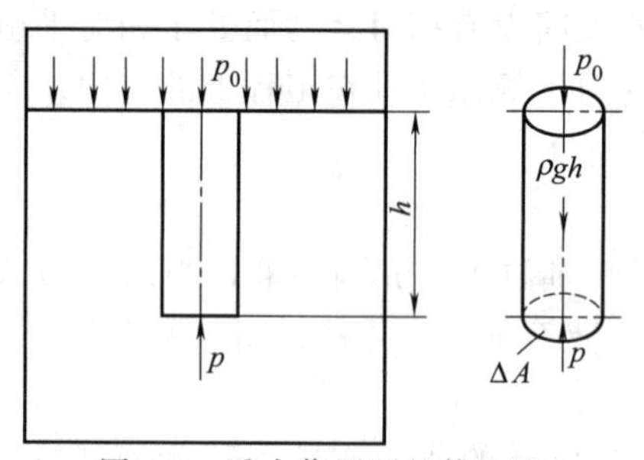

图 4-5 重力作用下的静止液

(2) 帕斯卡原理

由液体静压基本方程 $p=p_0+\rho gh$ 可知：当外力 F 变化引起压力 p_0 变化，只要液体仍保持其原来的静止状态不变，液体中任一点的压力均将发生同样大小的变化。即在密封容器内，施加于静止液体上的压力，能等值地传递到液体中各点，这就是帕斯卡原理，也称为静压传递原理。

在液压传动中，外力作用所产生的压力 p_0 远大于液体自重所产生的压力 ρgh，故后者一般忽略不计，从而可认为静止液体内各点的压力均相等（图 4-6）。

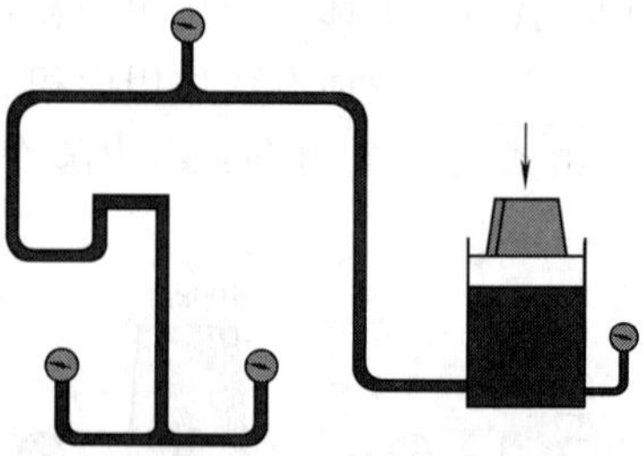

图 4-6 帕斯卡原理

3. 压力的表示方法

为了实用和测量方便，压力的测试有两种不同的基准，从而得到两种不同的压力表示方法：绝对压力和相对压力。

绝对压力：以绝对真空（绝对零压力）为基准计算的压力数。

相对压力：以当地大气压为基准（零点）计算的压力数，又称为表压力。

绝大多数测压仪表因其外部均受大气压力作用，所以仪表指示的压力是相对压力。若不特别指明，液压传动中所提到的压力均为相对压力。

若液体中某点的绝对压力小于大气压力，则称这点上具有真空。

真空度：绝对压力小于大气压力的差值。

相对压力为正值时称为表压力，为负值时称为真空度。

绝对压力、相对压力、大气压力、真空度的关系如下：

绝对压力＝相对压力＋大气压力

真空度＝大气压力－绝对压力＝负的相对压力

图 4-7 所示为绝对压力、相对压力与真空度的关系。

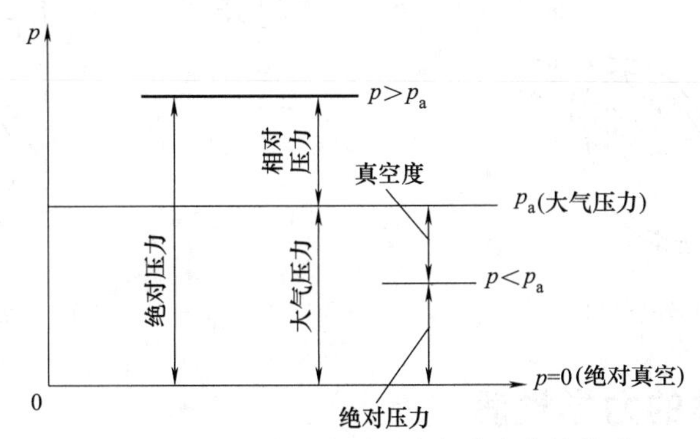

图 4-7　绝对压力、相对压力与真空度的关系

4. 液体作用在固体壁面上的力

在液压系统的设计和分析时，常需确定压力在某一方向的作用力，如液压油缸所受的推力和拉力等。当静止液体和固体壁面相接触时，固体壁面上各点在某一方向上所受静压力的总和，就是液体在该方向上作用于固体壁面上的力。根据前述静压力的特性可知，当不计重力作用时，静止油液中的压力可以认为是处处相等的，因此，可以将作用在液压元件上的液压力看成是均匀分布的压力。

(1) 压力油作用在平面上的力

当固体壁面为一平面时，压力油作用在平面上的力 F 等于静压力 p 与承压面积 A 的乘积，且作用方向垂直于承压表面，即

$$F = pA \tag{4-3}$$

如图 4-8 所示，液压油缸左腔活塞受油液压力 p 的作用，右腔的油液流回油箱。设活塞的直径为 d，则活塞受到的向右的作用力 F 为

$$F = pA = \frac{\pi}{4}d^2 p$$

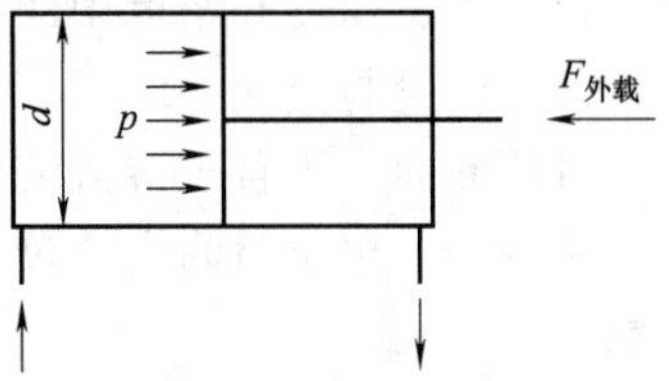

图 4-8　压力油作用在平面上的力

(2) 压力油作用在曲面上的力

若固体壁面为曲面，压力油作用在曲面某一方向上的力等于油液压力与曲面在该方向的垂直平面上的投影面积的乘积。

如图 4-9 所示，一个半径为 r、长度为 l 的液压油缸缸筒，里面充满了压力为 p 的液体，则在 x 方向上压力油作用在液压油缸右半壁上的力 F_x 等于液体压力 p 和右半壁在 x 方向上的垂直面上的投影面积（$2lr$）的乘积，即

$$F_x = 2lrp$$

如图 4-10 所示，溢流阀中钢球在弹簧力的作用下压在阀座孔上，阀座孔与压力油相通，

其直径为 d，油液压力为 p，压力油作用在钢球底部球面上所产生的作用力 F，应等于油压力 p 与承压球面在水平面投影面积的乘积，该投影面积就等于阀座孔的横截面积。因此，压力油所产生的向上作用力 F 为

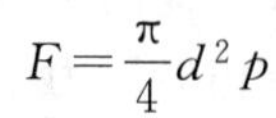

$$F=\frac{\pi}{4}d^2p$$

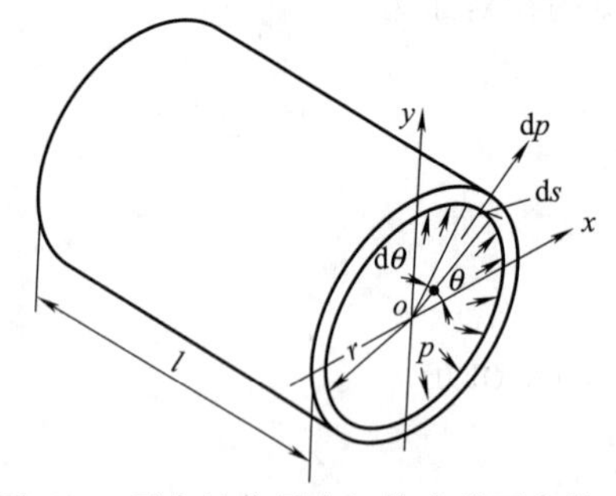

图 4-9　压力油作用在缸体内壁面上的力

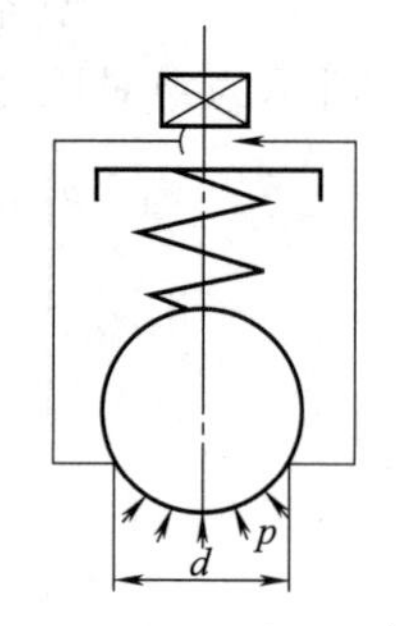

图 4-10　溢流阀钢球受力计算

二、流动液体的力学性质

1. 流动液体的基本概念

（1）理想液体、稳定流动

理想液体：既无黏性又不可压缩的假想液体。

实际液体：实际中既有黏性又有压缩性的液体。

显然，理想液体无黏性、压缩性，便于问题的研究，因此，可先得出理想液体流动的基本规律，再考虑黏性、压缩性作用的影响，对理想结论进行修正或补充，从而得到实际液体的流动规律。

稳定流动（又称恒定流动）：液体中任一点的压力、速度和密度等运动参数都不随时间而变化的液体流动。

若压力、速度和密度中的任一个参数随时间而变化，就称为不稳定流动。

（2）流量与流速

过流断面：垂直于液流流向的液体横断面，其面积用 A 表示（图 4-11 ）。

流量 Q：单位时间内流过管道某一过流断面的液体的体积（参见单元二　液压传动主要参数）。

液体在管中流动时，因液体具有黏性，同一过流断面各点的流速实际上不可能完全相同，其分布规律如图 4-12 所示，所以一般都以平均流速来计算。

平均流速 v：液体质点单位时间流过的距离（参见单元二　液压传动主要参数）。

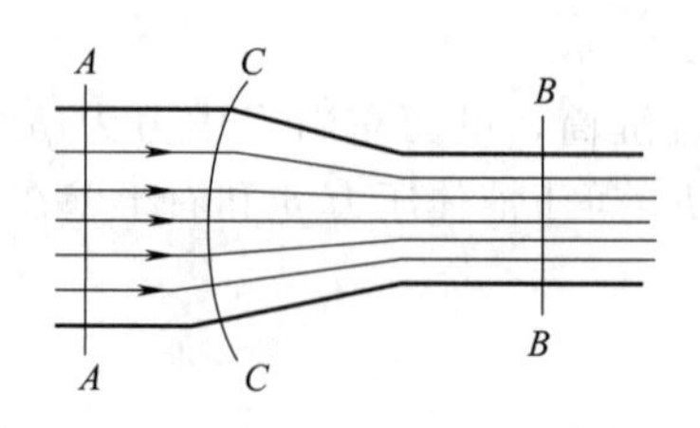

图 4-11　过流断面示意

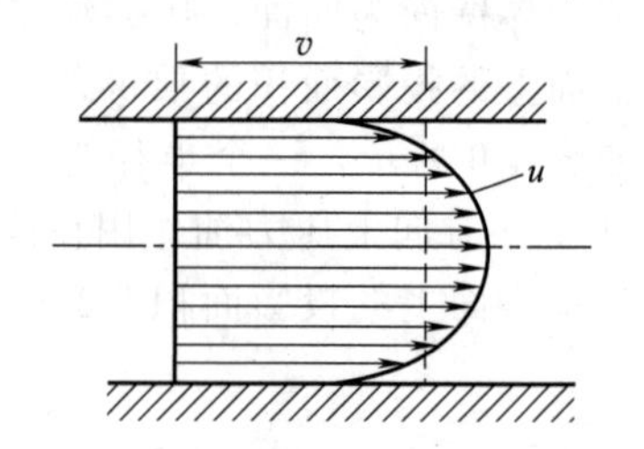

图 4-12　过流断面平均流速示意图

流量 Q、平均流速 v、过流断面面积 A 之间的关系为

$$v=\frac{Q}{A}$$

工程实际中，如液压油缸工作时，活塞的运动速度 v 就等于缸体内液体的平均流速，根据上式可知，当液压油缸有效面积 A 不变时，输入液压油缸的流量 Q 越多，活塞运动速度 v 就越快，反之，则越慢。

2. 流动液体的连续性原理

理想液体在管中稳定流动时，若不可压缩，单位时间内流过管道每一截面的液体质量是相等的，这就是液流的连续性原理。通过质量守恒定律可得连续性方程。

不可压缩性液体稳定流动的连续性方程为

$$Q=Av=\text{常量}$$

它表明不可压缩性液体稳定流动时，液体在单位时间内流经无分支管道的流量是沿程不变的。

如图 4-13 所示，用每一单位时间体积表示的流量，通过截面有变化的管道时，在管道内任何处均相等。

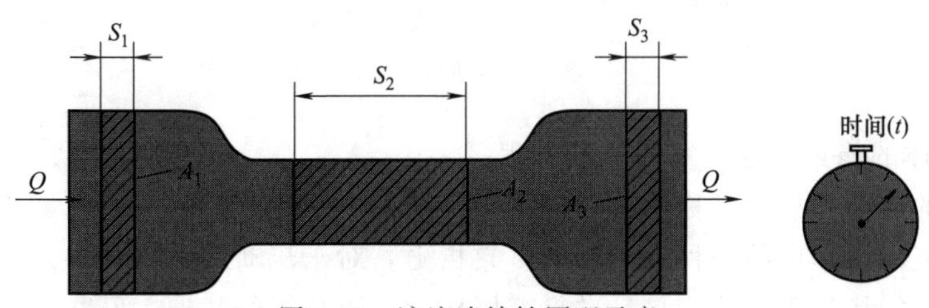

图 4-13　液流连续性原理示意

由连续性方程 $Q=Av$ 可知，液体在无分支管道流动时，单位时间内每一过流断面的流量相等，即管道截面面积与平均流速成反比，即管粗流速慢，管细流速快。如图 4-14 所示，$Q=A_1v_1=A_2v_2$，$A_1>A_2$，$v_1<v_2$。

若液体在有分支管道和汇合管中流动时（图 4-15），则有

$$A_1v_1=A_2v_2+A_3v_3$$

$$Q_1=Q_2+Q_3$$

由此可见，若保证 Q_1 不变，其他两项中任改变一项，另一项相应发生变化，这就是液压传动中节流调速回路应用的原理。

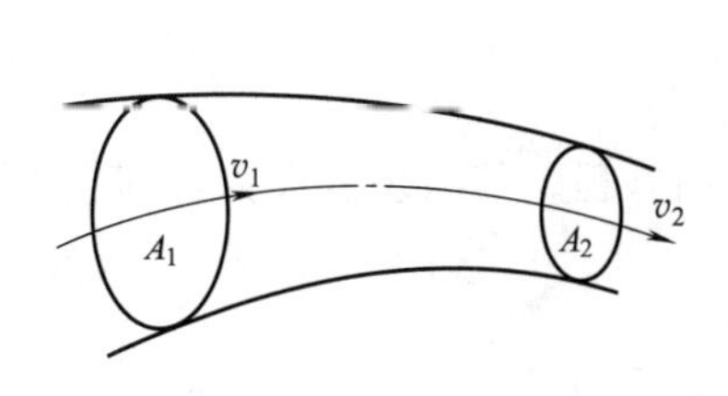

图 4-14　流速与面积的关系

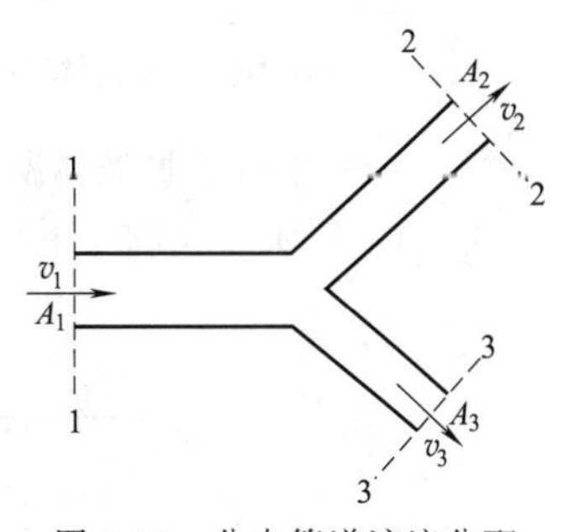

图 4-15　分支管道液流分配

【例 4-1】　如图 4-16 所示，已知 $Q_1=Q_2=60\text{L/min}$，$A_1=100\text{cm}^2$，$A_2=50\text{cm}^2$。分别

求两个液压油缸的速度。

解：液压油缸 1 的速度为

$$v_1=\frac{Q_1}{A_1}=\frac{60\times1000\text{cm}^2/60\text{s}}{100\text{cm}^2}=10\text{cm/s}=0.1\text{m/s}$$

液压油缸 2 的速度为

$$v_2=\frac{Q_2}{A_2}=\frac{60\times1000\text{cm}^2/60\text{s}}{50\text{cm}^2}=20\text{cm/s}=0.2\text{m/s}$$

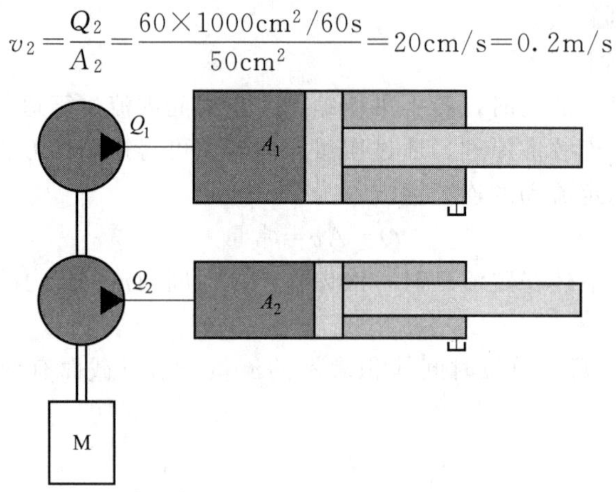

图 4-16　例 4-1 图

3. 流动液体的能量方程——伯努利方程

流动液体的能量方程（又称伯努利方程）揭示了液体流动过程中的能量变化规律，是能量守恒定律在液体力学中的一种表达形式。它指出，对于流动的液体，若无能量的输入和输出，液体内的总能量是不变的。它是进行液压传动系统分析的基础，可以运用它对多种液压问题进行分析研究。

（1）理想液体稳定流动时的伯努利方程

图 4-17 所示为一液流管道，其内理想液体稳定流动，由能量守恒定律分析整理可得

$$\frac{p_1}{\rho g}+\frac{v_1^2}{2g}+h_1=\frac{p_2}{\rho g}+\frac{v_2^2}{2g}+h_2 \tag{4-4}$$

$$\frac{p}{\rho g}+\frac{v^2}{2g}+h=\text{常数} \tag{4-5}$$

式中　$\frac{p}{\rho g}$——单位质量液体所具有的压力能；

$\frac{v^2}{2g}$——单位质量液体所具有的动能；

h——单位质量液体所具有的位置势能。

式（4-4）和式（4-5）称为理想液体稳定流动时的伯努利方程。其物理意义为：理想液

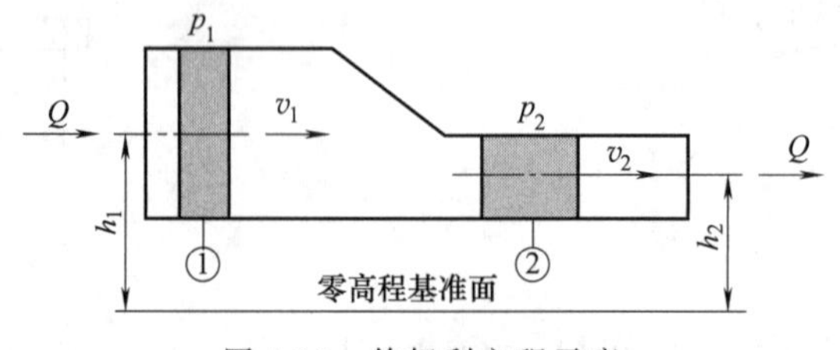

图 4-17　伯努利方程示意

体稳定流动时具有压力能、动能和位置势能，它们之间可以相互转化，但无论怎样转化，在任一处这三种能量的总和是一定的。

由伯努利方程可知：当管道水平放置，管内各截面的位置高度可认为相等或位置高度的影响可以忽略不计时，液体的速度越高，它的压力越低。例如，在粗细不等的管道中流动，在截面较细的地方，液体的流速较高，液体的压力就较低，相反，在截面较粗的部分，则流速较低，而压力较高。

（2）实际液体的伯努利方程

实际液体流动时是有黏性和可压缩性的，存在能量损失，因而将理想液体稳定流动时的伯努利方程应用到实际流体时应进行修正。如果消耗的这部分能量用 $h_{损}$ 表示，则得出实际液体的伯努利方程为

$$\frac{p_1}{\rho g}+\frac{v_1^2}{2g}+h_1=\frac{p_2}{\rho g}+\frac{v_2^2}{2g}+h_2+h_{损} \tag{4-6}$$

式中 $h_{损}$——液流从某一截面到另一截面时单位质量液体的能量损失。

在实际液压传动中，由于油管位置高度所产生的位置势能、油液流速产生的动能变化和压力能相比很小，故当管内压力较高时，这两部分能量通常可以忽略不计，则有

$$\frac{p_1}{\rho g}=\frac{p_2}{\rho g}+h_{损} \tag{4-7}$$

也可写为

$$p_1=p_2+\rho g h_{损}$$

$$p_1=p_2+\Delta p \tag{4-8}$$

式（4-8）说明实际液流在管道中的能量损失转变为压力损失，压力损失越小，传动效率也就越高。

下面举例说明伯努利方程的实际应用。

【例 4-2】 用油管将压力油输送到高 10m 的地方。若已知油液的密度 $\rho=900\text{kg/m}^3$，地面处管内油压力 $p_1=10\text{MPa}$，流速 $v_1=3\text{m/s}$；而在高 10m 处管子截面较细，流速增加到 $v_2=5\text{m/s}$。不计摩擦损失，试求高 10m 处的油管内的压力 p_2 为多少？

解： 此题可用理想液体的伯努利方程求解。为便于计算管内油压力，将方程各项都乘以 ρg，则得

$$p_1+\frac{1}{2}\rho v_1^2+\rho g h_1=p_2+\frac{1}{2}\rho v_2^2+\rho g h_2$$

根据上式计算地面处油管内单位体积的油液所具有的总能量为

$$p_1+\frac{1}{2}\rho v_1^2+\rho g h_1=10\times10^6+\frac{1}{2}\times900\times3^2+0=10004050\text{Pa}$$

在高 10m 处，管内单位体积油液所具有的总能量为

$$p_2+\frac{1}{2}\rho v_2^2+\rho g h_2=p_2+\frac{1}{2}\times900\times5^2+900\times9.8\times10=p^2+99540\text{Pa}$$

由伯努利方程式得

$$10004050\text{Pa}=p_2+99540\text{Pa}$$

$$\begin{aligned}p_2&=10004050-99540=9904510\text{Pa}\\&=9.90451\text{MPa}\\&\approx10\text{MPa}\end{aligned}$$

高 10m 处的油管内的压力 p_2 为 10MPa。

4. 流动液体的动量方程

流动液体的动量方程是研究液体流动时动量的变化与作用在液体上的外力间的关系，可用来求解液体和固体壁面之间的相互作用力。

流动液体的动量定理为：在某一时间间隔内，流出控制容积的液体所具有的动量与流入控制容积的液体所具有的动量之差，应等于同一时间间隔内作用于控制容积液体上外力的冲量。

根据动量定理，对于理想流体稳定流动可推导出动量方程为

$$\sum F=\rho Q(v_2-v_1) \tag{4-9}$$

式中 $\sum F$——作用在控制容积的液体上的合外力；

ρ——流体密度；

v_1、v_2——入、出口平均速度；

Q——流量。

式（4-9）中，F、v_1、v_2 均是矢量，在应用时可根据具体情况将各个矢量分解为所需研究方向的投影值，就可以列出在指定方向上的动量方程，如

$$\sum F_x=\rho Q(v_{2x}-v_{1x})$$

$$\sum F_y=\rho Q(v_{2y}-v_{1y})$$

$$\sum F_z=\rho Q(v_{2z}-v_{1z})$$

下面举例说明流动液体的动量方程的应用。

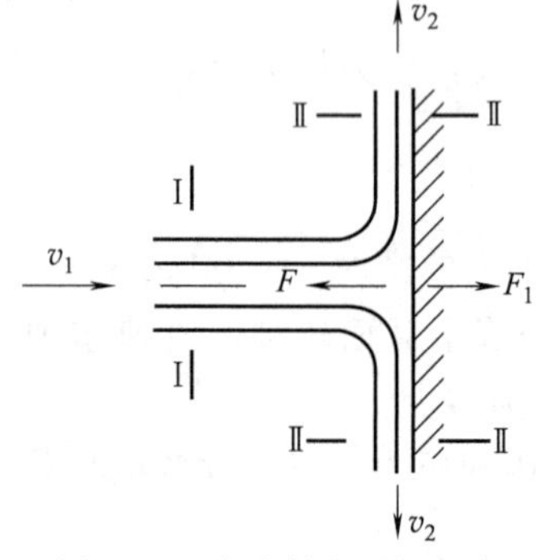

图 4-18 液流射向平板示意

如图 4-18 所示，流量为 Q、初速度为 v_1 的液流垂直射向平板，求平板所承受的作用力。

分析：取截面Ⅰ—Ⅰ和Ⅱ—Ⅱ内液体为控制容积液体。若不计液体与平板间的摩擦力，则平板仅受垂直力的作用。

列出液流沿 v_1 方向上的动量方程，即

$$F=\rho Q(v_2\cos 90°-v_1)=-\rho Q v_1$$

F 为壁面作用于控制容积中液体上的力，液体对壁面的反作用力 F_1 应与 F 大小相等、方向相反，即

$$F_1=-F=\rho Q v_1$$

平板所承受的作用力 F_1 的方向与流速 v_1 的方向一致。

三、液体流动中的压力损失

液体在管道中流动时，克服由液体黏性而产生的管壁与流体的摩擦、流体分子间的摩擦及液体质点碰撞所损耗的能量，主要表现为液体的压力损失。

压力损失可分为沿程压力损失和局部压力损失。沿程压力损失（也称为直管压力损失）是液体在等径直管中流动时因摩擦而产生的压力损失；局部压力损失是液体流经截面形状或大小突然变化的局部装置致使流速发生变化时而引起的因质点碰撞所产生的压力损失。

油液在管道中流动时的压力损失和它的流动状态有关。

1. 流态与雷诺数

（1）层流和紊流

液体流动时，存在两种性质不同的流动状态——层流和紊流，这可以通过雷诺实验证实。

图 4-19（a）所示为雷诺实验装置，大水箱由进水管不断供水，多余的液体从隔板上端溢走，从而保持稳定的实验水位。水箱下部装有玻璃管，出口处用开关来控制管内液体的流速。小水箱中装有红颜色水，将小水箱下部开关打开后，红色水经细导管流入水平玻璃管中。实验时，将出口开关打开少许，使管中水流速度非常缓慢，红色水在玻璃管中呈一条明显的红色直线，与玻璃管中的清水流互不混杂，如图 4-19（b）所示。这说明流速较低时，液体质点只有轴向运动而无径向运动，是以平行而不相混杂的方式流动，这种流动状态称为层流。将出口开关逐渐开大，管中液体流速逐渐增加，红色线条逐渐抖动，开始呈波纹状，层流被逐渐破坏，此时为过渡阶段，如图 4-19（c）所示。继续开大出口开关的开度，当流速增大至一定程度时，红色水与清水流相混，红线便完全消失，如图 4-19（d）所示。这说明流速较高时，液体质点除有轴向运动外还会产生径向运动，液体质点互相混杂、互相碰撞、内部紊乱，这种流动状态称为紊流。在紊流状态下，若将出口开关逐渐关小，使流速降低至一定值时，红色水又重新呈现一条平滑的细直线，水流又重新恢复为层流。

上述实验说明，同一液体、同一管道，由于流速不同可以形成两种完全不同的流动状态。因此，流速是决定流态的一个重要因素。物理学家雷诺又通过采用不同管径的管子和不同的液体进行实验，发现液体在管中的流动状态不仅与管内液体的流速有关，还与管道直径及液体的黏度、密度有关，因此不能仅以流速作为判别流态的标准。

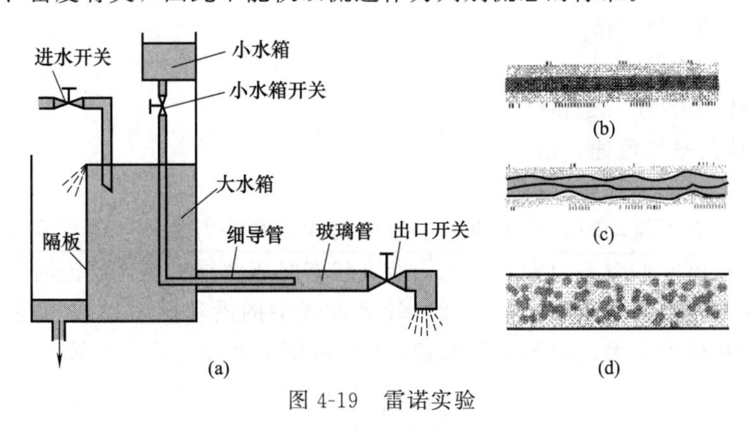

图 4-19　雷诺实验

（2）雷诺数

物理学家雷诺通过实验研究发现，流体在圆形管道中的流动状态取决于平均流速 v、管道直径 d、液体的运动黏度 ν，这三者的无量纲组合称为雷诺数，以 Re 表示

$$Re=\frac{vd}{\nu} \tag{4-10}$$

对于非圆形截面管道，雷诺数用下式表示：

$$Re=\frac{vd_{\mathrm{H}}}{\nu} \tag{4-11}$$

式中　v——平均流速；

d_{H}——水力直径；

ν——运动黏度。

工程中以临界雷诺数 Re_{c}（由紊流变为层流时的雷诺数）作为液流状态判断依据。当油液流动时的实际雷诺数 $Re<Re_{\mathrm{c}}$时，流态为层流；当 $Re>Re_{\mathrm{c}}$时，流态为紊流。常见管道的液流临界雷诺数见表 4-1。

表 4-1 常见管道的液流临界雷诺数

管道的形状	临界雷诺数 Re_c	管道的形状	临界雷诺数 Re_c
光滑的金属圆管	2320	带沉割槽的同心环状缝隙	700
橡胶软管	1600～2000	带沉割槽的偏心环状缝隙	400
光滑的同心环状缝隙	1100	圆柱形滑阀阀口	260
光滑的偏心环状缝隙	1000	锥阀阀口	20～100

2. 沿程压力损失

沿程压力损失主要取决于管道的长度、内径、液体的流速和黏性，液流流态不同，沿程压力损失也不同。

(1) 层流状态时的沿程压力损失

层流时液体质点做有规则的流动，其压力损失可用下式计算：

$$\Delta p_{\lambda}=\lambda\ \frac{l}{d}\times\frac{\rho v^2}{2} \tag{4-12}$$

式中 λ——沿程阻力系数，对于圆管层流，理论值 $\lambda=64/Re$，考虑实际圆管截面变形及靠近管壁的液体可能被冷却等因素，实际计算中对金属管取 $\lambda=75/Re$，橡胶软管取 $\lambda=80/Re$；

l——管子的长度，m；

d——管子的内径，m；

ρ——液体的密度，kg/m³

v——液体的平均流速，m/s。

(2) 紊流状态时的沿程压力损失

液体在紊流状态下流动时，除了克服层流之间的内摩擦力外，还要克服紊流摩擦力，而紊流摩擦力远比层流间的摩擦力大，因此，紊流状态时压力损失要比层流时压力损失大。

紊流状态时的压力损失仍用式（4-12）计算，式中的沿程阻力系数 λ 除与雷诺数有关外，还与管壁的粗糙度有关，对于光滑圆管，λ 值可用下面经验公式计算：

$$\lambda=\frac{0.3164}{\sqrt[4]{Re}} \tag{4-13}$$

3. 局部压力损失

当液流经过管道突变的断面、弯头、阀口及接头等局部装置时，液流速度大小和方向发生急剧变化，形成涡流，使液体质点相互碰撞和摩擦而消耗能量，造成局部压力损失，如图 4-20 所示。

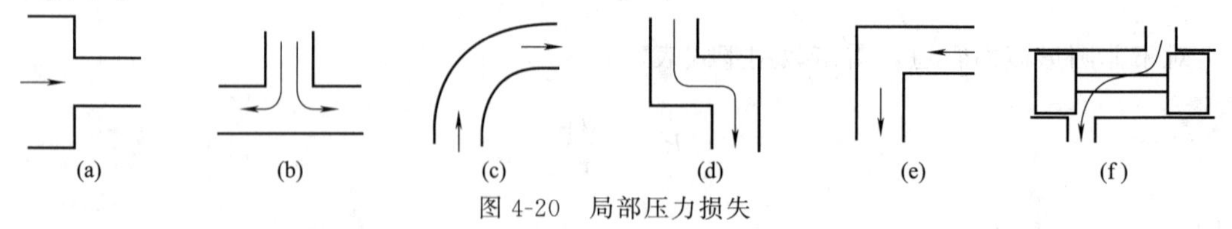

图 4-20 局部压力损失

局部压力损失可由下式确定：

$$\Delta p_{\xi}=\xi\frac{\rho v^2}{2} \tag{4-14}$$

式中 ξ——局部阻力系数；

ρ——液体的密度，kg/m³；

v——液体的流速，m/s。

由于产生局部阻力的过程比较复杂，影响因素很多，因而不同的局部装置的局部阻力系数 ξ 也不相同，一般由实验求得，具体的局部阻力系数值可参考相关的计算手册。

液流通过各种阀类的局部损失也可由式（4-14）计算，但因阀内的通道结构复杂，一般其局部压力损失常用下面的经验公式进行计算：

$$\Delta p=\Delta p_{额}\left(\frac{Q}{Q_{额}}\right)^2 \tag{4-15}$$

式中　$\Delta p_{额}$——阀在额定流量下的压力损失，Pa；

Q——阀的实际流量，m^3/s；

$Q_{额}$——阀的额定流量，m^3/s。

4. 管路系统总的压力损失及压力效率

（1）管路系统总的压力损失

液压系统中管路的总压力损失等于所有沿程压力损失与所有局部压力损失之和，即

$$\Delta p_{总}=\sum\Delta p_{\lambda}+\sum\Delta p_{\xi}=\sum\lambda\frac{l}{d}\times\frac{\rho v^2}{2}+\sum\xi\frac{\rho v^2}{2} \tag{4-16}$$

应当注意，上式仅在两相邻局部压力损失之间的距离 $L>(10\sim20)d$（d 为管道内径）时才是正确的。因为液流经过局部阻力区域后受到很大干扰，要在直管中流过一段距离才能稳定下来，若间距很小，液流还未稳定又流过另一阻力处，它所受到的干扰更为严重，这时阻力系数可能比正常情况大好几倍。

（2）压力效率

油液在液压系统工作过程中所产生的压力损失关系到系统所需要的供油压力、允许流速、管道的尺寸和布置等，因此不能忽略。若液压执行元件所需要的有效工作压力为 $p_{工}$，

则考虑到系统中的压力损失，液压泵输出油液的调整压力 $p_{调}$ 应为

$$p_{调}=p_{工}+\Delta p_{总} \tag{4-17}$$

则管路系统的压力效率 η_p 为

$$\eta_p=\frac{p_{工}}{p_{调}}=\frac{p_{调}-\Delta p_{总}}{p_{调}}=1-\frac{\Delta p_{总}}{p_{调}} \tag{4-18}$$

5. 减少压力损失的措施

液压传动中的压力损失，造成功率损耗，油液发热，泄漏增加，使传动效率降低，影响液压系统的工作性能。所以，在实际使用中一般采取以下措施来减少压力损失。

（1）限制油液流速

由压力损失的计算公式可知，液流流速是对压力损失影响最大的因素，流速越大，压力损失越大，故在不加大结构尺寸的情况下对流速应有一定的限制。在中高压工程机械液压系统中，常取以下流速范围：吸油管道 $v=0.5\sim1.5$m/s；压油管道 $v=3\sim6$m/s；回油管道 $v\leqslant3$m/s；阀口 $v=5\sim8$m/s。

（2）减小液流阻力

在布置管道时采取缩短管道长度，避免不必要的弯头、接头和管道截面突变，降低管壁粗糙度，合理选用阀类元件等措施，以减小液阻，从而减少压力损失。

四、油液流经孔口及缝隙的特性

液压传动中常利用液体流经阀的小孔或缝隙来控制压力和流量，以达到调速和调压的目

的。另外，当缝隙或小孔两端压力不等时，就会有油液通过，形成泄漏。因此，研究液体在孔口和缝隙中的流动规律，了解其影响因素，能够正确地分析液压元件和系统的工作性能。

1. 油液在小孔中的流动

液压技术中常采用节流小孔和阻尼小孔控制流动液体的压力和流量。在液压元件中，根据孔口的长径比不同，一般可将其分为薄壁小孔、短孔（又称厚壁节流孔）和细长小孔三种类型，液体在不同的孔口中的流动特性是不同的。

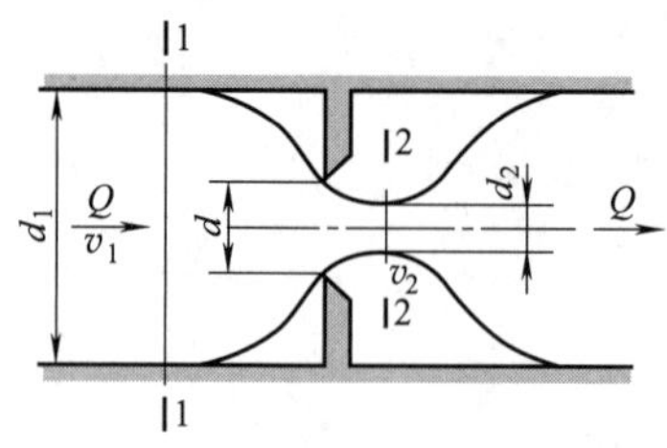

图 4-21　通过薄壁小孔的液流

（1）薄壁小孔

薄壁小孔是指长径比 $l/d \leqslant 0.5$ 的节流孔，一般孔口边缘做成刃口形式，如图 4-21 所示。液流通过孔口时发生收缩现象，由于流体质点具有惯性，液流在孔前开始收缩，在靠近孔口的后方出现收缩最大的通流截面，接着又逐渐扩大至管壁。

应用伯努利方程并综合考虑油液黏性等因素的影响，通过整理得液体流经薄壁小孔的流量公式为

$$Q=C_Q S\sqrt{\frac{2\Delta p}{\rho}}\ (\mathrm{m^3/s}) \tag{4-19}$$

式中　C_Q——流量系数，可由实验确定，一般取 0.60～0.65；

S——孔口节流面积，m^2；

Δp——孔口前后压力差，Pa；

ρ——液体的密度，kg/m^3。

由式（4-19）可知，液体流经薄壁小孔的流量与小孔前后压力差 Δp 的平方根及小孔面积 S 成正比，而与黏度无关，因此薄壁小孔的流量对油温的变化不敏感，且沿程压力损失小，不易堵塞，流量相对稳定，故常被用作液压系统调节流量的节流器。

（2）短孔

长径比 $0.5<l/d\leqslant 4$ 的节流孔称为短孔或厚壁孔，其流量公式与薄壁孔流量计算公式（4-19）相同，式中流量系数 C_Q 取 0.82，短孔比薄壁孔易制，因此常用作固定节流器。

（3）细长小孔

细长孔是指长径比 $l/d>4$ 的节流孔。由于细长小孔的直径较小，液体流经细长孔时，受黏性的作用较大，流速低，一般呈层流状态。细长小孔的流量公式为

$$Q=\frac{\pi d^4}{128\mu l}\Delta p\ (\mathrm{m^3/s}) \tag{4-20}$$

式中　d——细长孔直径，m；

μ——油液的动力黏度，Pa·s；

l——细长孔长度，m；

Δp——孔口前后压力差，Pa。

从式（4-20）可知，液体流经细长孔的流量与小孔前后的压力差成正比，与薄壁小孔相比，细长孔的压力差对流量的影响要大一些。同时，流量还与液体的动力黏度成反比，因而与薄壁孔有所不同，细长孔的流量受温度影响也较大，细长小孔主要用于控制元件中的阻尼孔。

2. 油液在缝隙中的流动

液压元件中只要有相对运动的部位，就必须有适当的配合间隙，有间隙就会有缝隙流

动。缝隙大小对系统的性能影响极大，缝隙可使相对运动的两零件表面之间保存一层油膜，以增加润滑而减小摩擦和磨损；缝隙太小，会使元件卡死，缝隙过大，会造成液体泄漏，使系统效率、传动精度降低，并污染环境；而当缝隙不均匀时，还会使某些零件（如滑阀中的阀芯）受力不均，造成卡紧等现象。因此，需要了解缝隙流动的规律。

液压元件中常见的缝隙有两种：一种是由两平行平面形成的平行平面缝隙；另一种是两个内、外圆柱表面形成的环形缝隙。

(1) 平行平面缝隙流量

如图 4-22 所示，液体流经平行平面缝隙。缝隙长度为 l，宽度为 b，高度为 h，缝隙前后的压力差为 Δp。由于缝隙较小，且油液本身又具有黏性，因此液流在缝隙中的流动速度较低，一般呈层流状态，液流在缝隙中的速度分布为抛物线形。

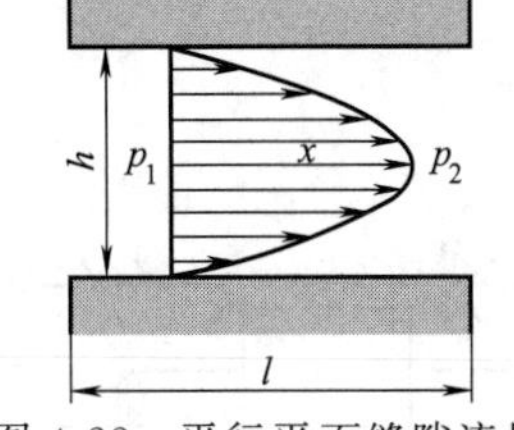

图 4-22　平行平面缝隙流量

① 当平行平板有相对运动时，经理论推导可得流量计算公式为

$$Q=\frac{bh^3}{12\mu l}\Delta p\pm\frac{u_0}{2}bh\ (\mathrm{m^3/s}) \tag{4-21}$$

式中　b——缝隙的宽度，m；

h——缝隙的高度，m；

l——缝隙的长度，m；

μ——油液的动力黏度，Pa·s；

Δp——缝隙前后的压力差，$\Delta p=p_1-p_2$，Pa；

u_0——运动平面的速度，m/s。

当平板运动方向与压差方向相同时取“+”号，方向相反时取“－”号。

② 当平行平板间无相对运动时，流量计算公式为

$$Q=\frac{bh^3}{12\mu l}\Delta p\ (\mathrm{m^3/s}) \tag{4-22}$$

分析式 (4-22) 可知，液压元件内缝隙的大小对其泄漏量的影响是很大的。

a. 缝隙流量 Q 受缝隙高度 h 的影响最大，因此在采用间隙密封的地方，减少泄漏量最有效的办法就是提高配合面加工精度，减小间隙量，但缝隙高度 h 太小，会使液压元件的摩擦增加，因而要选择合适的缝隙高度。

b. 缝隙前后压力差 Δp 增加，缝隙流量 Q（泄漏量）增大，故液压系统压力越高，密封越困难，高压系统对配合面的加工精度要求更高。

c. 缝隙流量 Q 与缝隙宽度 b 成正比，说明宽度增加，泄漏量增加，因此控制泄漏要尽量减少缝隙宽度。

d. 液体黏度 μ 增加可减少泄漏量，因此要严格选择适当黏度的液压油，并控制液压系统的工作温度。

e. 缝隙流量 Q 与缝隙长度 l 成反比，说明增加密封长度，可使泄漏减小，在有些液压元件中为了增加密封长度而采用多级密封。

(2) 环形缝隙流量

液压元件中的液压油缸活塞与缸筒之间、液压阀阀芯和阀孔之间，都存在着环形缝隙，下面分析环形缝隙的流量。

① 同心圆环缝隙流量　如图 4-23 所示，内径为 d、缝隙长度为 l、缝隙为 h 的同心圆

环缝隙，内外表面间相对运动速度为 u_0，其流量公式为

$$Q=\frac{\pi dh^3}{12\mu l}\Delta p\pm\frac{\pi dhu_0}{2}\ (\mathrm{m^3/s}) \tag{4-23}$$

当内外表面间无相对运动（相对运动速度 $u_0=0$）时，同心圆环缝隙流量公式为

$$Q=\frac{\pi dh^3}{12\mu l}\Delta p\ (\mathrm{m^3/s}) \tag{4-24}$$

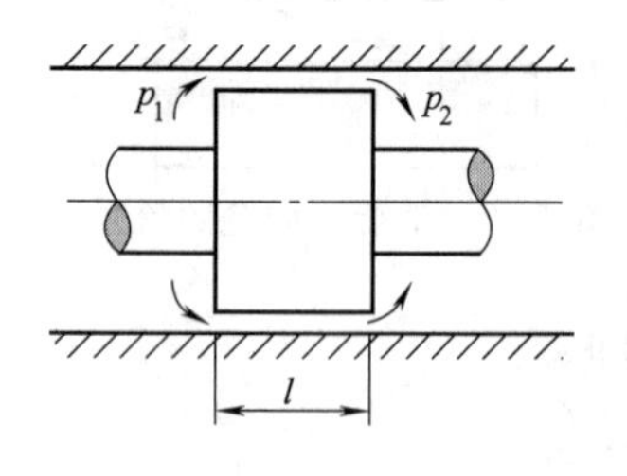

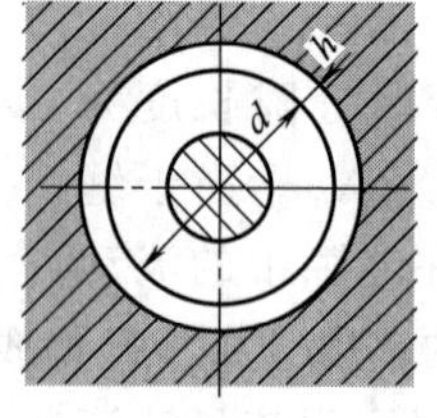

图 4-23　同心圆环缝隙

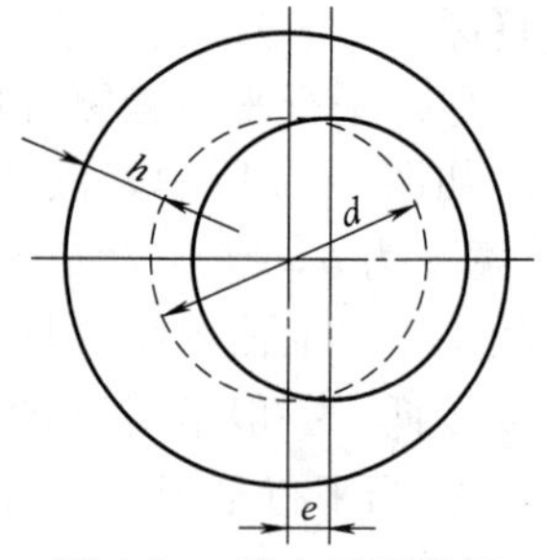

图 4-24　偏心圆环缝隙

② 偏心圆环缝隙流量　由于阀芯自重和制造等原因，往往使孔和圆柱体的配合不易保证同心，而存在一定的偏距，这对液体的流动（即泄漏）是有影响的。

如图 4-24 所示，当两圆柱不同心时，形成偏心圆环缝隙，考虑偏心量 e 对流量的影响，液体流经偏心圆环缝隙时的流量计算公式为

$$Q=\frac{\pi dh^3}{12\mu l}\Delta p(1+1.5\varepsilon^2)\pm\frac{\pi dhu_0}{2}\ (\mathrm{m^3/s}) \tag{4-25}$$

式中　ε——相对偏心率，$\varepsilon=e/h$。

当内外表面间无相对运动（相对运动速度 $u_0=0$）时，偏心圆环缝隙流量公式为

$$Q=\frac{\pi dh^3}{12\mu l}\Delta p(1+1.5\varepsilon^2)\ (\mathrm{m^3/s}) \tag{4-26}$$

由式（4-26）可知，当偏心量 $e=0$ 时，即 $\varepsilon=0$，此式就是同心圆环缝隙的流量公式（4-24）；当偏心量 e 达到最大值时，即 $\varepsilon=1$，可得偏心圆环缝隙的最大流量为

$$Q=\frac{\pi dh^3}{12\mu l}\Delta p(1+1.5)=2.5\frac{\pi dh^3}{12\mu l}\Delta p\ (\mathrm{m^3/s}) \tag{4-27}$$

由式（4-27）可知，环状缝隙由于偏心会使泄漏增加，当偏心最大时，泄漏量增大到 2.5 倍。因此应使液压元件中相互配合的零件尽量处于同心状态，以减小圆环缝隙的泄漏量。

（3）圆环平面缝隙流量

图 4-25 所示为油液流经圆环平面缝隙（轴向柱塞泵中的滑靴就属于此类情况），圆环与平面缝隙间无相对运动，油液经上面的中心孔流入油腔，并经圆环形平面缝隙流出，流经缝隙的流量公式为

$$Q=\frac{\pi h^3}{6\mu\ln\frac{R}{r}}\Delta p\ (\mathrm{m^3/s}) \tag{4-28}$$

式中　R、r——圆环形平面缝隙的大半径、小半径，m；

　　　Δp——缝隙前后的压力差，$\Delta p=p_1-p_2$，Pa。

3. 泄漏和流量损失

液压系统中，由于间隙、压力差等原因，部分液体超过容腔边界流出的现象称为泄漏。

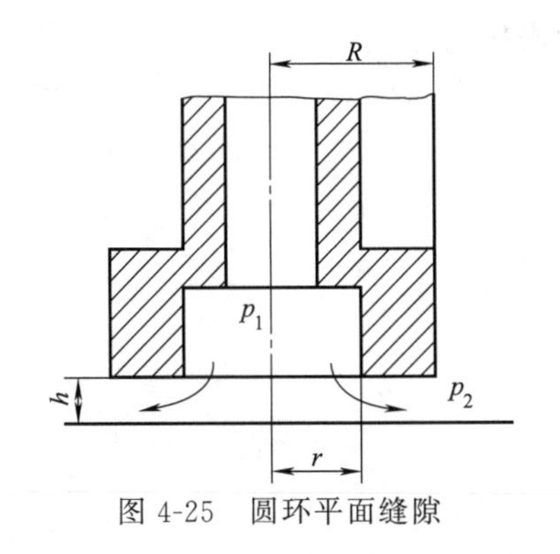

图 4-25　圆环平面缝隙

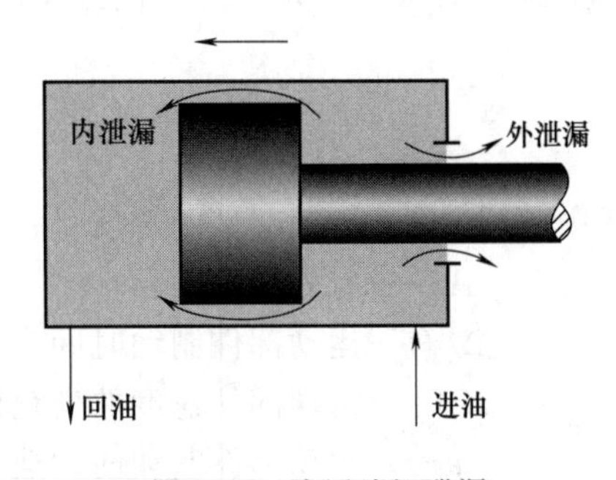

图 4-26　液压油缸泄漏

所有泄漏都是油液从高压区向低压区流动造成的。泄漏分为内泄漏和外泄漏。内泄漏是指液压元件内部有少量液体从高压腔泄漏到低压腔，这种泄漏与配合间隙、封油长度、运动件直径、两端压差、油液黏度、元件加工质量等多种因素有关，如图 4-26 所示的液压油缸两工作腔油液经活塞与缸体之间的间隙形成的内泄漏。外泄漏是指少量液体从系统内部流到系统外部或元件内部向外泄漏，泄漏的主要原因是液压元件连接部位密封不严，如齿轮泵的端面泄漏，液压油管的渗漏，图 4-26 所示的液压油缸右腔油液经活塞杆与缸盖间的间隙形成的外泄漏等。

泄漏引起的流量减少值称流量损失，使液压泵输出的流量不能全部流入执行元件转变成工作机构的动力。泄漏得不到控制，将会造成液压系统压力调不高，执行机构速度不稳定，系统发热，容积效率低，能量、油液浪费，控制失灵，泄漏还会对环境产生危害，油品在水中和沉淀物中降解缓慢，1L 油可以污染上百万升的水。因此，在设计、制造液压系统及设备维护、保养过程中都要注意采取有效措施减少泄漏。

五、液压冲击与气穴现象

1. 液压冲击

在液压系统中，由于某种原因引起油液压力在某一瞬间急剧上升，产生很高的压力峰值，并形成压力波传播于充满油液的管道中的现象称为液压冲击。

液压冲击的现象在日常生活中也常会遇到。例如，打开自来水管阀门后又迅速关闭，有时会听到水在管道中激烈撞击的声音，并伴随有水管的振动。

（1）液压冲击的成因

液压系统中产生液压冲击的原因很多，如液流速度突变或改变液流方向等因素都会引起系统中油液压力的急剧升高而产生液压冲击。在突然关闭、开启阀门或运动部件快速制动等情况下，接触挡壁的液体层停止运动，液体的动能转化为压力能，使压力突然升高形成压力波，此后，压力波又从该端开始反向传递，将压力能转化为动能，使液体又反向流动，在另一端又再次将动能转化为压力能，如此反复进行能量转换，使压力波在充满油液的管道内来回传播振荡。这一振荡过程，由于往复运动产生能量损失，使振荡过程逐渐衰减而趋向稳定，液压冲击将逐步消失。图 4-27 是突然关闭液压油缸出油口时在电子示波器上显示的压力波动情况。

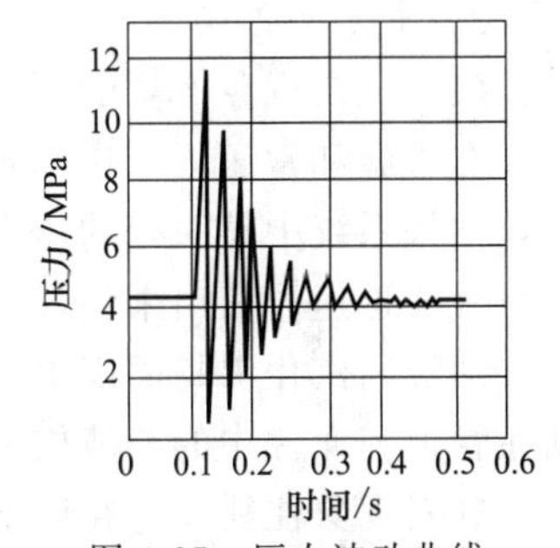

图 4-27　压力波动曲线

产生液压冲击的本质是动量变化。如设总质量为 $\sum m$ 的运动部件在制动时减速时间为

Δt，速度的减小值为 Δv，则根据动量定律可近似地求出冲击压力 Δp。

$$\Delta p A \Delta t = \sum m \Delta v$$

$$\Delta p = \frac{\sum m \Delta v}{A \Delta t} \tag{4-29}$$

式中 $\sum m$——运动部件的总质量；

A——有效工作面积；

Δt——运动部件制动时间；

Δv——运动部件速度的变化值，$\Delta v = v - v'$；

v——运动部件制动前的速度；

v'——运动部件经过 Δt 时间后的速度。

由式（4-29）可知，运动部件在制动时，质量愈大、速度变化愈大、制动时间愈短所造成的液压冲击愈严重。

（2）液压传动系统常见的液压冲击现象

① 液流通道迅速关闭或液流迅速换向，使速度大小和方向突然变化引起的液压冲击。如突然关闭或开启阀门。

② 某些液压元件不灵敏或失灵，使系统压力升高而引起的液压冲击。如系统过载时安全阀不能及时打开或根本打不开，会导致系统压力升高而引起液压冲击。

③ 运动部件突然制动或换向时，因工作部件惯性引起的液压冲击。

（3）液压冲击的危害

当系统产生液压冲击时，瞬时冲击压力峰值有时可高达正常工作压力的好几倍，从而引起振动和噪声，使管接头松动；有时冲击会使某些液压元件（如压力继电器、顺序阀）等产生误动作，影响液压系统工作的稳定性和可靠性；冲击严重时会造成密封装置、油管及液压元件的损坏而造成重大事故。

（4）减小液压冲击的措施

液压冲击的有害影响是多方面的，可采取以下措施来减小液压冲击。

① 适当加大管径，减小管道液流速度。

② 延长阀门关闭和运动部件制动换向的时间。

③ 尽量缩短管路长度，减少管路弯曲，采用橡胶软管利用其弹性吸收液压冲击。

④ 在易产生液压冲击的部位，设置限制压力升高的安全阀或吸收冲击压力的蓄能器。

2. 气穴现象

（1）气穴现象产生的原因

在常温和常压下，矿物油中可溶解容积比为 6%～12%的空气。当油液在系统中流动时，如果系统中某一处的压力低于空气分离压（空气从油中分离的压力），则溶解于油液中的空气便迅速分离出来而形成气泡；如果该处压力继续降低至低于当时温度下的饱和蒸气压时，油液则汽化沸腾而产生大量微小气泡，并聚合长大，这些气泡混杂在油液中，使原来充满在管道和元件中的油液成为不连续状态，这种现象称为气穴现象。

气穴现象往往发生在以下工作状态：在液压泵的吸油过程中，如果泵的吸油管太细、滤网堵塞而使吸油阻力太大，泵安装位置过高而使吸油面过低，泵的转速过快使吸油腔中油液不能充满全部空间等，致使吸油管中真空度过大，其吸油腔的压力低于工作温度下的空气分离压，从而产生气穴。另外，当油液通过节流小孔、阀口缝隙等部位时，由于流速很高致使油液的压力降得很低（根据能量方程），若其压力低于液体工作温度下的空气分离压，也会出现气穴现象。

(2) 气穴现象的危害

① 引起液压冲击，使系统产生振动和噪声，冲击压力较大时可能造成零件的损坏。

② 产生汽蚀。如图 4-28 所示，当液压系统出现气穴现象时（表压低于−0.03MPa，促进空气的分离，产生气泡），带有气泡的液流进入高压区时，气泡受到高压的作用被压破，周围液体质点以极大速度来填补这一空间，质点相互碰撞而产生局部高温和高压，接触气穴区的管壁和液压元件表面因反复受到液压冲击和高温的作用及油液中逸出气体较强的酸化作用，零件表面将产生腐蚀。这种因气穴而对金属表面产生腐蚀的现象称为汽蚀。通常在以下状况下易产生汽蚀：液压泵和液压油箱之间的管路过长或过于狭小；回路中有太多不合适的弯头或阀，尤其在吸油侧；滤清器堵塞；液压油黏度过高；吸油管路存在漏气，产生不完全气穴。汽蚀会严重损伤元件表面质量，大大缩短其使用寿命，因而必须加以防范。

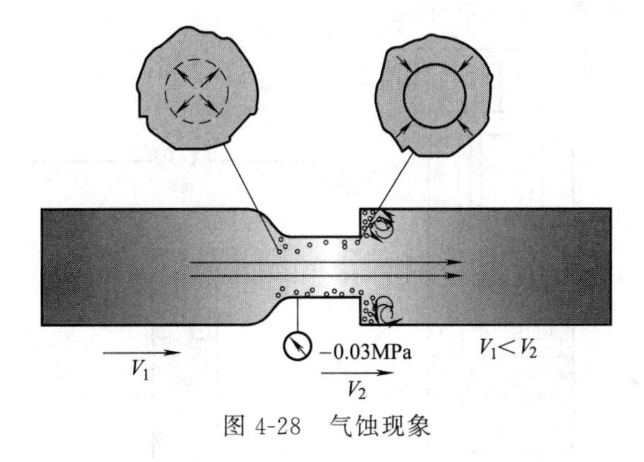

图 4-28　气蚀现象

③ 气穴现象分离出来的气泡有时聚集在管道的最高处或流道狭窄处形成气塞，使油液不通畅甚至堵塞，使系统不能正常工作。

④ 液压泵发生气穴现象时除产生振动、噪声外，还会降低泵的吸油能力，增加泵的压力和流量的脉动，使其零件受到冲击载荷，降低工作寿命。

(3) 防止气穴现象的措施

气穴是液压系统中常见的故障现象，危害较大，使用中应注意以下几点。

① 避免系统压力极端降低，减小阀孔前后压差，一般阀孔前后压力比 $p_1/p_2<3.5$。

② 液压系统各元部件的连接处，管路要密封可靠，严防空气侵入，当发现系统中有空气时，应及时排气。

③ 选用适当的吸油滤油器，并要经常检查，及时清洗或更换滤芯，避免因阻塞造成油泵吸油腔产生过大的阻力。

④ 对于液压泵，应适当限制转速并注意吸油高度，尽量避免吸油管道狭窄和弯曲，以减少吸油管路中的阻力。

⑤ 采用耐腐蚀能力强的金属材料，提高零件的机械强度，降低零件表面粗糙度值，均可不同程度地提高零件的抗汽蚀能力。

校企链接

1. 静压传递原理的应用——液压千斤顶

如图 4-29 所示的液压千斤顶，设大、小活塞面积分别为 A_2、A_1，且自重不计。大活

塞上放置重物 G，当压下杠杆时，在小活塞上加作用力 F_1，挤压油液，油液受大活塞的阻碍，由“前阻后推”的作用而产生的压力 $p=F_1/A_1$。

由帕斯卡原理可知，压力 p 将等值传到容器中液体各点，故压力 p 也作用于大活塞有效作用面积 A_2 上，产生向上的液压推力 $F_2=pA_2$，则有 $p=F_2/A_2$，即

$$\frac{F_1}{A_1}=\frac{F_2}{A_2}$$

可得

$$F_2=F_1\frac{A_2}{A_1}$$

由上式可知，当两活塞的面积比 A_2/A_1 足够大时，只需在小活塞上加不大的力就可以在大活塞上得到很大的推力将重物举起，从而体现了液压有关装置的力的放大作用，用液压千斤顶举起几吨重的重物的原理就在于此。

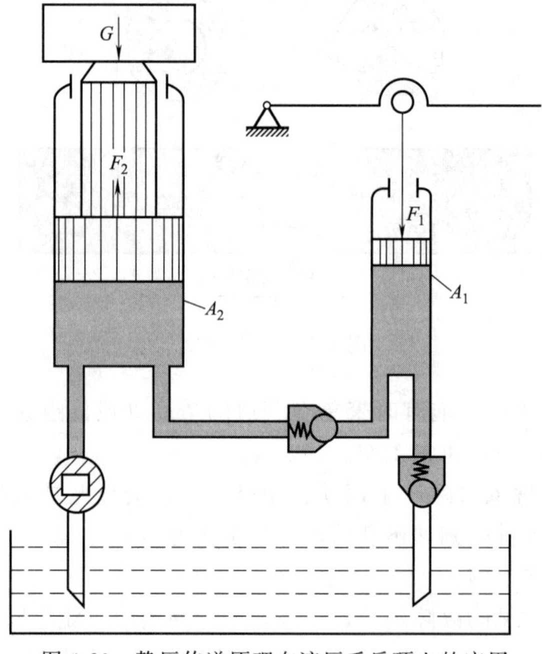

图 4-29　静压传递原理在液压千斤顶上的应用

2. 流动液体的动量方程的应用——液流作用在滑阀上的液动力

在液压传动中常用滑阀和锥阀来控制油液的压力、流量和流动方向，当液流流经阀腔和阀口时，由于液流速度的大小和方向发生变化，将有液流作用力作用在阀芯上，这个力称为液动力，可用流动液体的动量方程求得。

如图 4-30 所示，油液流经滑阀，流动方向相反，现确定阀芯所受到的液流作用力。

分析：取阀芯与阀体形成的容积中的液体为研究对象，由于阀口对称，所以径向作用于液体的力自相平衡而不必计算，对控制容积中的液体列出沿轴向上的动量方程，以 F 代表液流在轴向上所受到的外力。

① 液流方向如图 4-30 (a) 所示时，液流在轴向上所受到的外力 F 为

$$F=\rho Q(v_2\cos 90^\circ-v_1\cos\theta)=-\rho Qv_1\cos\theta$$

液流对阀芯的轴向液动力 F_1 与 F 大小相等、方向相反，即

$$F_1=-F=\rho Qv_1\cos\theta$$

由上式可见，液动力 F_1 的方向与 $v_1\cos\theta$ 的方向一致，使阀口趋于关闭。

② 液流方向如图 4-30（b）所示时，液流在轴向上所受到的外力 F 为

$$F=\rho Q(v_2\cos\theta-v_1\cos 90°)=\rho Q v_2\cos\theta$$

液流对阀芯的轴向液动力 F_1 为

$$F_1=-F=-\rho Q v_2\cos\theta$$

液动力 F_1 的方向与 $v_2\cos\theta$ 的方向相反，也使阀口趋于关闭。

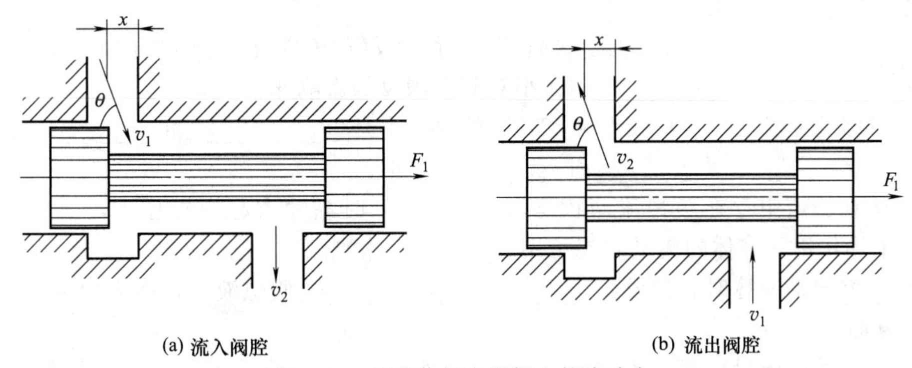

图 4-30　液流作用在滑阀上的液动力

从以上分析可以看出，只要阀口处于开启状态，不论液流方向如何，都会产生液动力使阀口有关闭的趋势。通常因阀口流速很高，则此力往往很大，尤其对高压下工作的大流量阀此力更大。因此，轴向液动力增加了移动滑阀所需的操纵力，降低了其工作的灵敏度，有时还会引起系统振动，对液压系统的工作性能是不利的。所以，在工作性能要求较高的液压系统中，往往采取一定的措施以消除轴向液动力的影响，如对大流量的换向阀采用液动或电-液动操纵控制。

3. 沃尔沃 EC460B 型挖掘机工作中的气穴危害

案例：沃尔沃 EC460B 型挖掘机液压油变黑，彻底更换液压油，一个月后检查又变黑了，经检查油质没有问题，液压油箱密封良好，冷却系统良好，液压油变黑是什么原因？

分析：在排除液压油质量、液压油箱密封及冷却系统的故障原因后，经检查发现油泵的配油盘发蓝，很有可能系统内曾出现油温高于液压油的燃点，当油泵吸空时，在液压油内产生从油中分离出来的空气形成的气泡，出现气穴现象，液压油中始终包含空气，在配油盘的死区中（过渡到出油口）时，气泡受到挤压，油液与空气的混合物会自燃，产生高压点燃（很像柴油机的压燃）现象，称为狄塞尔现象，导致液压油变黑。此现象可从改善吸油管设计及在油箱内的吸油口上加防气旋盖板来解决。

4. 沃尔沃挖掘机工作中主泵间隙过大导致压力偏低现象

挖掘机采用双联斜盘式轴向变量柱塞泵，正常情况下，主泵输出油压不小于 30MPa。若主泵的柱塞与缸体之间或缸体端面与配油盘之间的磨损量超过标准（柱塞与缸体间的间隙应小于 0.02mm，缸体端面与配油盘之间的接触面积应不低于 90%），导致泄漏过大，造成主泵输出压力偏低，反映到机械的工作装置，就会出现整机工作无力现象。

单元习题

一、填空

1. 液体静压力的两个特性是__________________、__________________。

2. 液体流动时的能量损失主要表现为________，可分为________损失和________损失两类。

3. 静压传递原理描述的是：在密闭的容器内，施加于静止液体上的压力可以________传递到液体内各点。

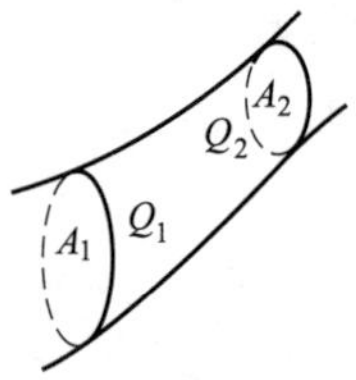

4. 如图4-31所示，油液流经无分支管道时，流过截面 A_1 和截面 A_2 的流量 Q_1 ________ Q_2；截面 A_1 处和截面 A_2 处的平均流速 v_1 ________ v_2。

图4-31　填空题4图

5. 由通过固定平行平板缝隙的流量公式可知，液压元件内________的大小对其泄漏量的影响非常大。

6. 泄漏产生的原因是________和________，分为________和________两类。

7. 液体在管道中存在两种流动状态，________时黏性力起主导作用，________时惯性力起主导作用，液体的流动状态可用________来判断。

8. 在研究流动液体时，把既________又________的假想液体，称为理想液体。

二、判断

1. 流经缝隙的流量随缝隙值的增加而成倍增加。（　）

2. 理想流体伯努力方程的物理意义是：在管内作稳定流动的理想流体在任一截面上的压力能、势能、动能可以互相转换，但其总和不变。（　）

3. 液体流动时，其流量连续性方程是能量守恒定律在流体力学中的一种表达形式。（　）

4. 雷诺数是判断层流和紊流的判据。（　）

5. 薄壁小孔因其通流量与油液的黏度无关，即对油温的变化不敏感，因此常用作调节流量的节流器。（　）

6. 流体在管道中作稳定流动时，同一时间内流过管道每一截面的质量相等。（　）

7. 静止液体内的压力随深度线性增加。（　）

8. 沿程压力损失的大小与流速的平方成正比。（　）

9. 液体在圆管中流动时，紊流状态下的流速分布要比层流状态下的更加均匀。（　）

10. 液压系统中，运动部件的质量越大，速度变化越大，制动时产生的冲击压力也越大（　）

11. 液体在变径管中流动时，其管道截面越小，则流速越高。（　）

三、选择

1. 在（　）工作的液压系统容易发生汽蚀现象。

A. 洼地　　B. 高原　　C. 平原

2. 流量连续性方程是（　）在流体力学中的表达形式，而伯努利方程是（　）在流体力学中的表达形式。

A. 能量守恒定律　　B. 动量定理　　C. 质量守恒定律　　D. 其他

3. 液体流经薄壁小孔的流量与孔口面积的（　）和小孔前后压力差的（　）成正比。

A. 一次方　　B. 1/2次方　　C. 二次方　　D. 三次方

4. 流经固定平行平板缝隙的流量与缝隙值的（　）和缝隙前后压力差的（　）成正比。

A. 一次方　B. 1/2 次方　C. 二次方　D. 三次方

5. 液压系统中，大多压力表的读数是（　　）。

A. 绝对压力　B. 相对压力　C. 大气压力　D. 零压力

6.（　　）是以大气压力为基准表示的压力，（　　）是以绝对真空为基准表示的压力。

A. 绝对压力　B. 相对压力　C. 表压力　D. 真空度

7. 在液体流动中，因某点处的压力低于空气分离压而产生大量气泡的现象，称为（　　）。

A. 层流　B. 液压冲击　C. 空穴现象　D. 紊流

8. 下面（　　）状态是层流？

A. $Re < Re_{临界}$　B. $Re = Re_{临界}$　C. $Re > Re_{临界}$

9. 真空度的计算式为（　　）

A. 真空度＝大气压力－绝对压力　B. 真空度＝绝对压力－大气压力

C. 真空度＝大气压力＋绝对压力　D. 真空度＝绝对压力－表压力

四、简答

1. 液压系统的压力是怎样形成的？

2. 写出液体静压力基本方程并说明其物理意义。

3. 什么是帕斯卡原理？举例说明帕斯卡原理的应用。

4. 什么是绝对压力、相对压力、真空度？它们之间有何关系？

5. 压力油作用在平面上的力等于什么？压力油作用在曲面某一方向上的力等于什么？

6. 试述液流的连续性原理。举例说明这一原理的应用。

7. 伯努利方程的物理意义是什么？该方程的理论式与实际式有何区别？举例说明该方程的应用。

8. 什么是液流的动量定理？举例说明动量方程的应用。

9. 什么是层流、紊流？如何判别液体的流动状态？

10. 液体在管路中流动的压力损失有哪几种？

11. 压力损失造成哪些不良影响？怎样尽量减少系统的压力损失？

12. 通过公式说明油液流经薄壁小孔和细长小孔有何不同特点？

13. 什么是液压冲击？产生的原因有哪些？造成哪些危害？采取哪些措施可减小液压冲击？

14. 什么是气穴现象？造成哪些不良影响？可采取哪些措施预防气穴现象？

五、计算

1. 如图 4-32 所示，已知溢流阀压力 300kgf/cm^2，液压油缸大腔截面面积 $A=100\text{cm}^2$，液压油缸小腔截面面积 $B=50\text{cm}^2$。

计算：(1) 液压油缸大腔截面面积 A 的作用力 F；

(2) B 腔压力 p。

2. 如图 4-33 所示，已知溢流阀压力为 300kgf/cm^2，液压油缸大腔截面面积 $A=100\text{cm}^2$，液压油缸小腔截面面积 $B=50\text{cm}^2$。

计算：(1) 作用在液压油缸大腔截面面积 A 的作用力 F；

(2) 当在能输出 30000kgf 作用力的液压油缸上作用 20000kgf 负荷时，作用于 B 腔的压力是多少？

3. 如图 4-34 所示，已知溢流阀压力为 300kgf/cm^2，液压油缸大腔截面面积 $A=100\text{cm}^2$，液压油缸小腔截面面积 $B=50\text{cm}^2$。

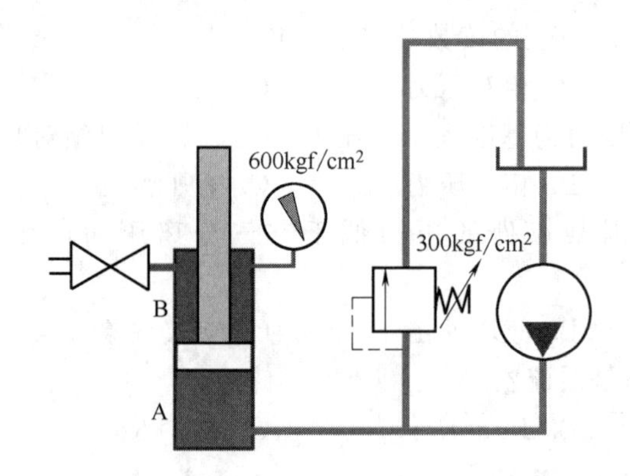

图 4-32　计算题 1 图

（1kgf/cm²≈0.1MPa）

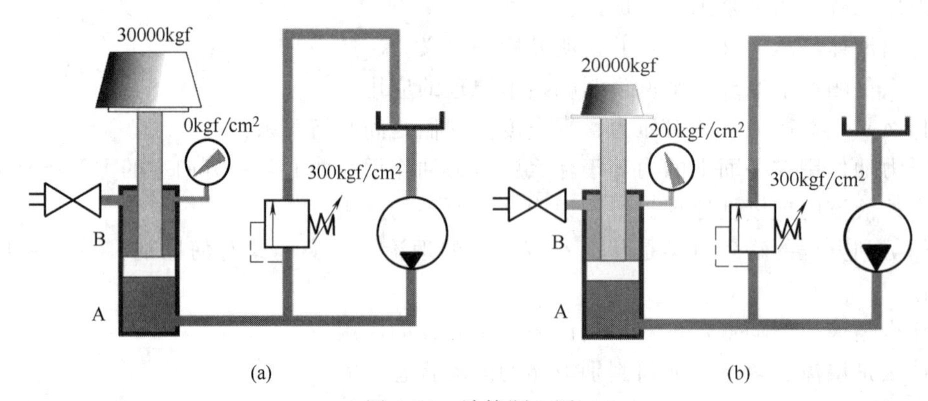

图 4-33　计算题 2 图

（1kgf/cm²≈0.1MPa）

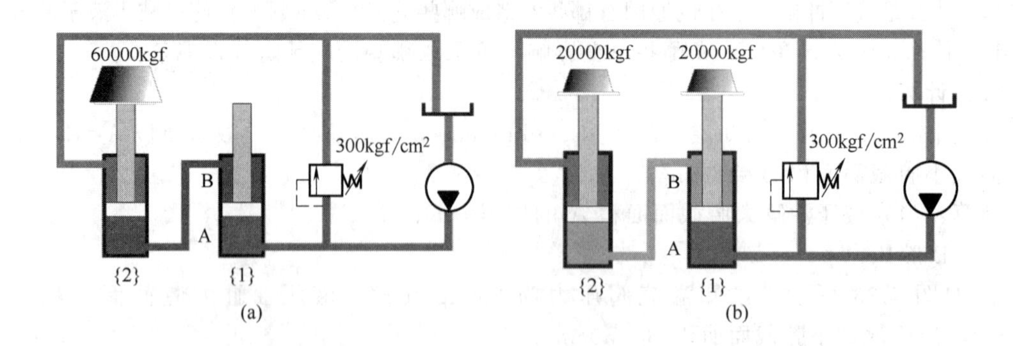

图 4-34　计算题 3 图

（1kgf/cm²≈0.1MPa）

计算：(1) 液压油缸 {1} 的有效作用力；

(2) 液压油缸 {2} 的有效作用力。

4. 如图 4-35 所示，已知溢流阀压力为 300kgf/cm^2，液压油缸大腔截面面积 $A=100cm^2$，液压油缸小腔截面面积 $B=50cm^2$。

计算：(1) 作用于液压油缸截面面积 A 的作用力 F；

(2) 当在能给出 30000kgf 作用力的液压油缸上作用 25000kgf 负荷时，作用于 B 腔的压力是多少？

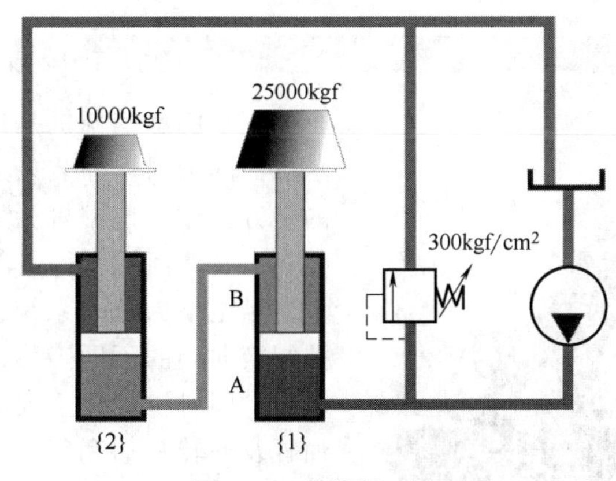

图 4-35　计算题 4 图

(1kgf/cm^2≈0.1MPa)

5. 某段钢管，公称直径 40mm，长为 1m，已知通过运动黏度 $\nu=0.4cm^2/s$ 的液压油，流量为 $Q=400L/min$。试求流过此管段的压力损失。

6. 已知两条油管的内径分别为 $d_1=20mm$，$d_2=25mm$，长度 $L_1=10m$，$L_2=15m$；压力油的运动黏度 $\nu=0.4cm^2/s$，密度 $\rho=900kg/m^3$，流量为 $Q=100L/min$。求压力油通过每一条油管时的压力损失。

模块二　工程机械液压元件的结构与维修

模块案例

图 2　液压挖掘机

图 2 所示挖掘机是用铲斗挖掘高于或低于承机面的物料，并装入运输车辆或卸至堆料场的土方机械。挖掘机为了完成动臂升降、斗杆收放、铲斗回转、行走等动作，一般会使用两个变量主泵为整个系统供油，一个齿轮先导泵控制换向阀的不同工位以实现各种不同方向的动作，同时挖掘机上安装了大斗杆油缸、铲斗油缸及回转马达和行走马达等执行元件。那么这些元件各有什么特点？实际工作中到底怎样选择？各适用于什么场合？使用和拆装时应注意哪些问题？工作中出现问题应如何检查和维修？

液压系统中液压辅件在液压系统中数量多、分布广、影响大。如果选择或者使用不当，将影响液压系统的工作性能，甚至使系统无法工作。怎样合理选择液压辅件？使用时应注意哪些问题？

模块目标

知识目标	能力目标
熟练掌握液压泵和液压马达的类型、工作原理、图形符号和应用	能够分析液压泵和液压马达的工作原理和应用；能够正确选用并合理使用液压泵和液压马达
熟练掌握液压油缸的类型、工作原理、图形符号和应用	能够正确使用液压油缸
熟练掌握方向控制阀、压力控制阀和流量控制阀类型、工作原理、图形符号和应用	能够合理选用及使用方向控制阀、压力控制阀、流量控制阀等液压控制阀
了解比例阀、伺服阀等阀类的工作原理和图形符号	能够分析比例阀、伺服阀的应用
掌握油管、管接头、密封元件、热交换器、滤油器和蓄能器等液压辅件工作原理、图形符号和应用	能够正确选用及使用油管、管接头、密封元件、热交换器、滤油器和蓄能器等液压辅件

单元五　动力元件的结构与维修

单元导入

液压系统中的液压油要经过一定的动力推动才能够流动，就像心脏推动血液流动一样。动力元件依靠原动机输入的机械能运动，完成吸油、排油从而推动液压油流动，最后将原动机输入的机械能转换为液体的压力能向系统供油。

液压动力元件是液压传动系统的核心元件之一，其主要作用是向整个液压系统提供动力源。液压传动系统以液压泵作为向系统提供一定流量和压力的动力元件，液压泵将原动机输出的机械能转换为工作液体的压力能，是一种能量转换装置。

常用液压泵有齿轮泵（外啮合齿轮泵、内啮合齿轮泵）、叶片泵（单作用叶片泵、双作用叶片泵）、柱塞泵（径向柱塞泵、轴向柱塞泵）。

一、液压泵

1. 液压泵的工作原理及特点

（1）液压泵的工作原理

液压泵是一种能量转换装置，把原动机的旋转机械能转换为压力能输出。液压泵依靠密封容积变化的原理来进行工作，故一般称为容积式液压泵，图 5-1 所示为单柱塞液压泵的工作原理图。柱塞 2 装在缸体 3 中形成一个密封容积 a，柱塞在弹簧 4 的作用下始终压紧在偏心轮 1 上。原动机驱动偏心轮 1 旋转使柱塞 2 作往复运动，使密封油腔 a 的大小发生周期性的交替变化。当 a 腔由小变大时就形成部分真空，使油箱中油液在大气压作用下，经吸油管顶开单向阀 6 进入油腔 a 而实现吸油；反之，当 a 腔由大变小时，a 腔中吸满的油液将顶开单向阀 5 流入系统而实现压油。这样液压泵就将原动机输入的机械能转换成液体的压力能，原动机驱动偏心轮不断旋转，液压泵就不断地吸油和压油。

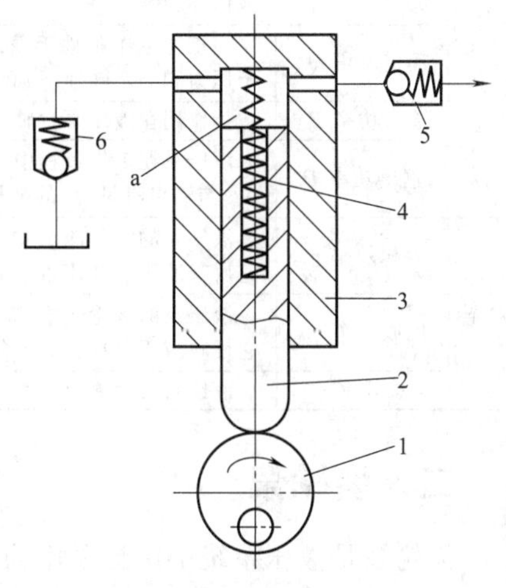

图 5-1　单柱塞液压泵的工作原理

1—偏心轮；2—柱塞；3—缸体；4—弹簧；5，6—单向阀

（2）液压泵的特点

① 具有若干个密封且又可以周期性变化的空间。泵的输出流量与此空间的容积变化量和单位时间内的变化次数成正比，与其他因素无关。

② 油箱内液体的绝对压力必须恒等于或大于大气压力。这是容积式液压泵能吸入油液的外部条件。因此为保证液压泵能正常吸油，油箱必须与大气相通，或采用密闭的充压油箱。

③ 具有相应的配流机构。将吸液腔和排液腔隔开，保证液压泵有规律地连续吸排液体。吸油时，阀

5 关闭，阀 6 开启；压油时，阀 5 开启，阀 6 关闭（图 5-1）。

（3）液压泵的分类及图形符号

液压泵按结构不同分很多种，目前常用的有齿轮式、叶片式和柱塞式三大类；按原动机每转一周液压泵所能排出的液体的体积（即排量）是否可调节分为定量泵和变量泵两类；按照供油方向是否可改变分为单向泵和双向泵两种。液压泵的图形符号如图 5-2 所示。

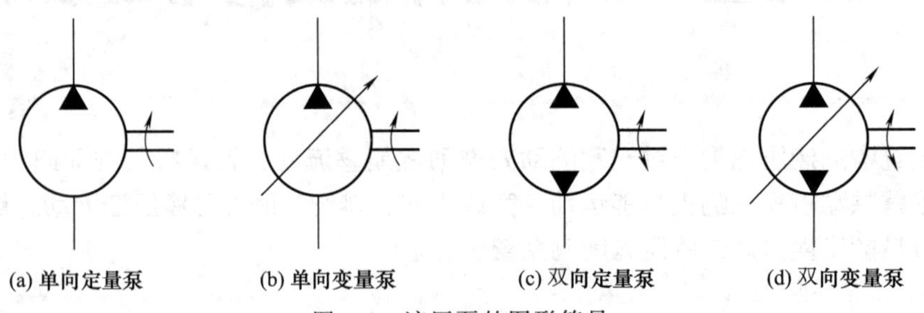

(a) 单向定量泵　(b) 单向变量泵　(c) 双向定量泵　(d) 双向变量泵

图 5-2　液压泵的图形符号

2. 液压泵的主要性能参数

液压泵的主要性能参数见表 5-1。

表 5-1　液压泵的主要性能参数

项目		含义	说明
压力	工作压力	液压泵实际工作时的输出压力	取决于负载的大小和排油管路上的压力损失，与液压泵的流量无关
	额定压力	液压泵在正常工作条件下，按试验标准规定连续运转的最高压力	
	最高允许压力	在超过额定压力的条件下，根据试验标准规定，允许液压泵短暂运行的最高压力	
流量	排量 q	液压泵每转一周，根据其密封容积几何尺寸变化计算而得的排出液体的体积	排量可以调节的液压泵称为变量泵，排量不能调节的液压泵称为定量泵
	理论流量 Q	在不考虑液压泵泄漏流量的条件下，在单位时间内所排出的液体体积	理论流量等于液压泵的排量 q 与泵轴转速 n 的乘积：$Q=qn$
	实际流量 Q_t	液压泵在某一具体工况下，单位时间内排出的液体体积	实际流量等于理论流量 Q 减去泄漏和压缩损失后的流量
	额定流量 Q_n	在正常工作条件下，按试验标准规定（如在额定压力和额定转速下）必须保证的流量	
功率	输入功率 P_n	指作用在液压泵主轴上的机械功率	输入转矩为 T_i，角速度为 ω，$P_n=T_i\omega$
	输出功率 P	液压泵在工作过程中实际吸、压油口间的压差 Δp 与输出流量 Q_t 的乘积	$P=\Delta pQ_t$
效率	容积效率 η_v	液压泵的实际流量 Q_t 与其理论流量 Q 之比，它反映液压泵在流量上的损失	$\eta_v=Q_t/Q$
	机械效率 η_m	液压泵的理论转矩 T 与其实际转矩 T_t 之比，它反映液压泵在转矩上的损失	$\eta_m=T/T_t$
	总效率 η	液压泵实际输出功率与其输入功率的比值	$\eta=P/P_i=\eta_m\eta_v$

二、齿轮泵

齿轮泵是液压系统中广泛采用的一种泵，作为定量泵使用。按结构不同，齿轮泵分为外啮合式和内啮合式两种。其中外啮合齿轮泵应用最广。

1. 外啮合齿轮泵

（1）外啮合齿轮泵的结构与工作原理

图 5-3 所示为外啮合齿轮泵的工作原理，它由装在壳体内的一对齿轮所组成，齿轮两侧有端盖（图中未示出），壳体、端盖和齿轮的各个齿间槽组成了许多密封工作腔。当齿轮按图 5-3 所示方向旋转时，右侧吸油腔由于相互啮合的轮齿逐渐脱开，密封工作容积逐渐增大，形成部分真空，因此油箱中的油液在外界大气压力的作用下，经吸油管进入吸油腔，将齿间槽充满，并随着齿轮旋转，把油液带到左侧压油腔内。在压油区一侧，由于轮齿在这里逐渐进入啮合，密封工作腔容积不断减小，油液便被挤出去，从压油腔输送到压力管路中去。在齿轮泵的工作过程中，只要两齿轮的旋转方向不变，其吸、排油腔的位置也就确定不变。啮合点处的齿面接触线一直分隔高、低压两腔，起着配油作用，因此在齿轮泵中不需要设置专门的配流机构，这是它和其他类型容积式液压泵的不同之处。

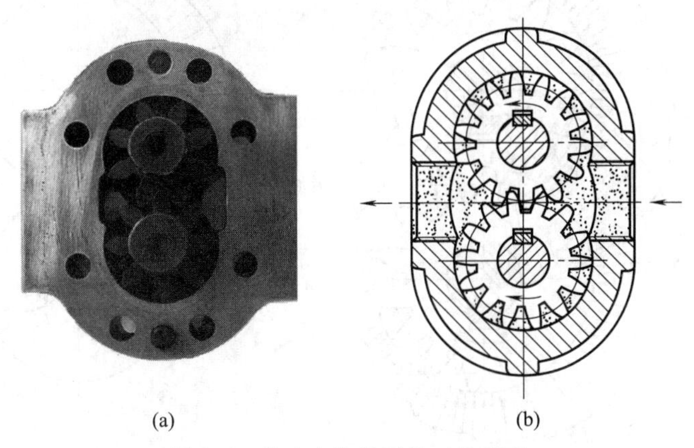

图 5-3　外啮合齿轮泵的工作原理

（2）外啮合齿轮泵结构上存在的主要问题及解决办法

① 困油　齿轮泵要平稳工作，齿轮啮合的重叠系数必须大于 1，也就是要求在一对齿轮即将脱开啮合前，后面的一对齿轮就要开始啮合。就在两对轮齿同时啮合的这一小段时间内，留在齿间的油液困在两对轮齿和前后泵盖所形成的一个密闭空间中，如图 5-4（a）所示。当齿轮继续旋转时，这个空间的容积就逐渐减小，直到两个啮合点 A、B 处于节点两侧的对称位置时，如图 5-4（b）所示，封闭容积减至最小。由于油液的可压缩性很小，当封闭空间的容积减小时，被困的油受挤压，压力急剧上升，油液从零件结合面的缝隙中强行挤出，使齿轮和轴承受到很大的径向力。当齿轮继续旋转，这个封闭容积逐渐增大到如图 5-4（c）所示的最大时，又会造成局部真空，使油液中溶解的气体分离，产生空穴现象。这些都将使齿轮泵产生强烈的噪声，这就是困油现象。

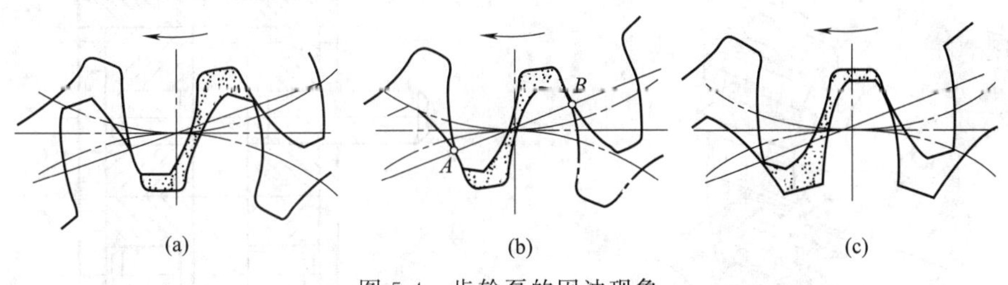

图 5-4　齿轮泵的困油现象

解决方法：在齿轮泵的两侧端盖上开卸荷槽。在端盖上开卸荷槽的原则是：当闭死容积由大变小时，它要与压油腔相通；当闭死容积由小变大时，它要与吸油腔相通；两槽间距应保证吸、压油腔始终隔开。

② 径向不平衡力　在齿轮泵中，作用在齿轮外圆上的压力是不相等的，在压油腔和吸油腔处齿轮外圆和齿廓表面承受着工作压力和吸油腔压力，在齿轮和壳体内壁的径向间隙中，可以认为压力由压油腔压力逐渐分级下降至吸油腔压力，如图 5-5 所示。这些液体压力综合作用的结果，相当于给齿轮一个径向的作用力（即不平衡力），使齿轮和轴承受载，这就是径向不平衡力。工作压力越大，径向不平衡力也越大，甚至可以使轴发生弯曲，使齿顶和壳体发生接触，同时加速轴承的磨损，降低轴承的寿命。

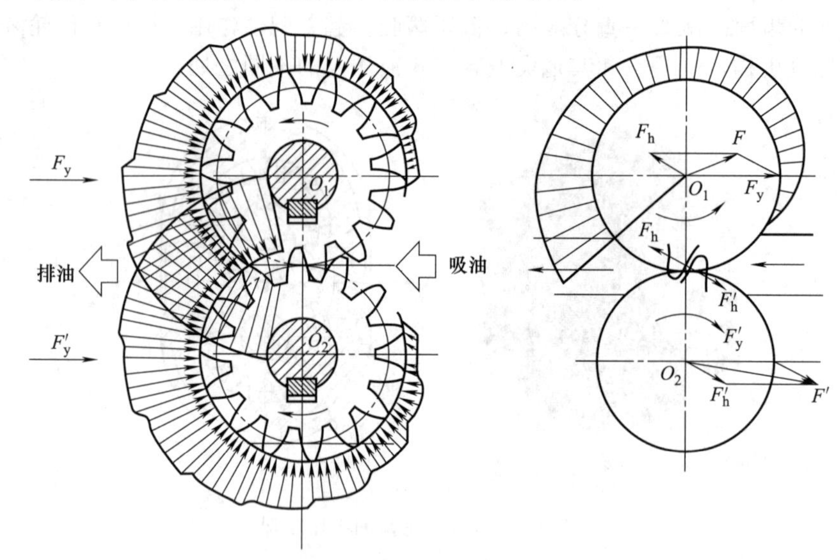

图 5-5　齿轮径向液压力分布及齿轮受力分析

解决方法：缩小压油口，使压力油的径向压力仅作用在 1～2 个齿的小范围内。同时可适当增大径向间隙，使齿轮在不平衡力作用下，齿顶不至于与壳体相接触和摩擦。

③ 泄漏　如图 5-6 所示，齿轮泵在工作时有三个可能泄漏的部位：齿轮端面和端盖间的端面泄漏，齿轮外圆和壳体内壁间的齿顶泄漏，两个齿轮的啮合处的啮合泄漏。其中端面泄漏占总泄漏量的 75%～80%。

解决方法：一般采用齿轮端面间隙自动补偿的办法减少端面泄漏，图 5-7 所示为采用浮动轴套进行端面间隙自动补偿。将泵的出口压力油引入齿轮轴上的浮动轴外侧，在液体压力作用下，轴套紧贴齿轮的侧面，因而可以消除间隙并可补偿齿轮侧面和轴套间的磨损量。

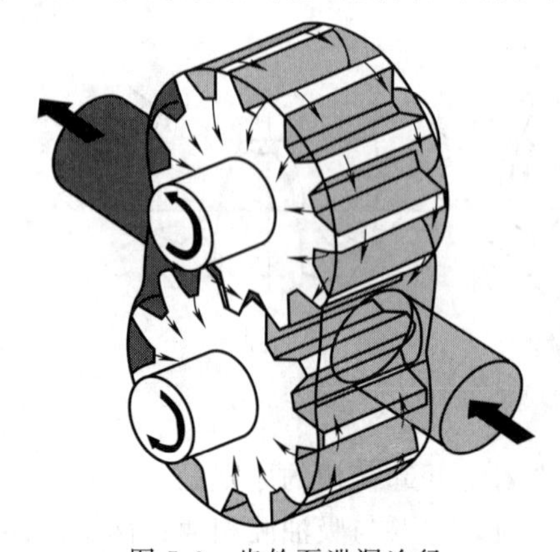

图 5-6　齿轮泵泄漏途径

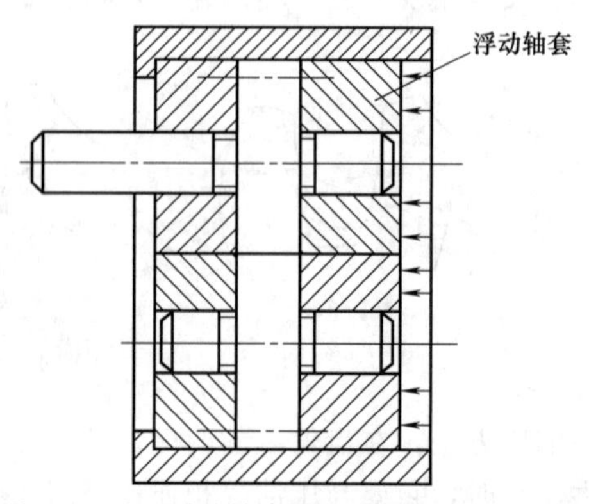

图 5-7　采用浮动轴套进行端面间隙自动补偿

2. 内啮合齿轮泵

内啮合齿轮泵有许多优点，如结构紧凑，体积小，零件少，转速可高达 10000r/min，运动平稳，噪声低，容积效率较高等。缺点是流量脉动大，转子的制造工艺复杂等。内啮合齿轮泵可正、反转，可作液压马达用。目前常用的内啮合齿轮泵，其齿形曲线有渐开线齿轮泵和摆线齿轮泵（又称转子泵）两种。

内啮合齿轮泵的工作原理和主要特点与外啮合齿轮泵基本相同。内转子为主动齿轮，按图 5-8 所示方向旋转时，轮齿退出啮合时容积增大而吸油，轮齿进入啮合时容积减小而压油。在渐开线齿形内啮合齿轮泵腔中，内转子和外转子之间要安装一块月牙形隔板，以将吸油腔和压油腔隔开，如图 5-8（a）所示。摆线齿形内啮合齿轮泵的内转子和外转子相差一齿，因而不需设置隔板，如图 5-8（b）所示。

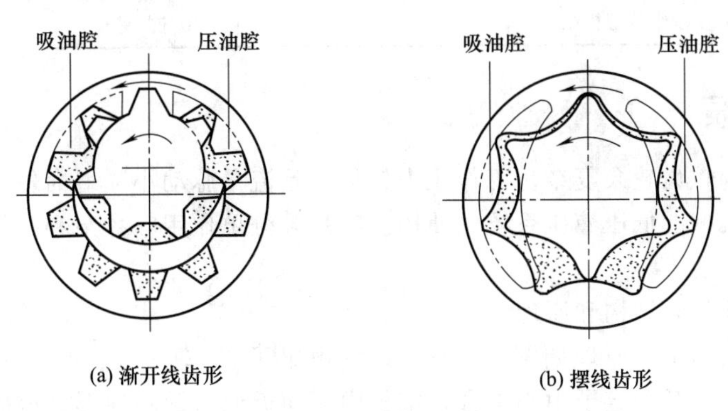

图 5-8　内啮合齿轮泵

3. 齿轮泵的故障分析与排除

齿轮泵的故障分析与排除见表 5-2。

表 5-2　齿轮泵的故障分析与排除

故障现象	产生原因	排除方法
泵噪声过大	①吸油管路或过滤器堵塞 ②吸油口连接处密封不严，有空气进入 ③吸油高度太大，油箱液面低 ④从泵轴油封处有空气进入 ⑤端盖螺栓松动 ⑥泵与联轴器不同轴或松动 ⑦液压油黏度太大 ⑧吸油口过滤器的通流能力小 ⑨转速太高 ⑩齿形精度不高或接触不良，泵内零件损坏 ⑪轴向间隙过小，齿轮内孔与端面垂直度超差或泵盖上两孔平行度超差 ⑫溢流阀阻尼孔堵塞 ⑬管路振动	①除去污物，使吸油管路畅通 ②加强密封，紧固连接件 ③降低吸油高度，向油箱加油 ④更换油封 ⑤适当拧紧螺栓 ⑥重新安装，使其同轴，紧固连接件 ⑦更换黏度适当的液压油 ⑧更换通流能力较大的过滤器 ⑨使其转速降至允许最高转速以下 ⑩研磨修整或更换齿轮，更换损坏零件 ⑪检查并修复有关零件 ⑫拆卸、清洗溢流阀 ⑬采取隔离消振措施
泵输出流量不足甚至完全不排油	①原动机转向不对 ②油箱液面过低 ③吸油管路或过滤器堵塞 ④原动机转速过低 ⑤油液黏度过大 ⑥泵内零件磨损，间隙过大	①纠正转向 ②补油至油标线 ③疏通吸油管路，清洗过滤器 ④使转速达到液压泵的最低转速以上 ⑤检查油质，更换液压油或提高油温 ⑥更换或重新配研零件

续表

故障现象	产生原因	排除方法
泵输出油压力低或没有压力	①溢流阀失灵 ②侧板和轴套与齿轮端面严重摩擦 ③泵端盖螺栓松动	①调整、拆卸、清洗溢流阀 ②修理或更换侧板和轴套 ③拧紧螺栓
泵温升过高	①压力过高，转速过快 ②油黏度过大 ③油箱散热条件差 ④侧板和轴套与齿轮端面严重摩擦 ⑤油箱容积小	①调整压力阀，降低转速到规定值 ②合理选用黏度适宜的油液 ③加大油箱容积或增加冷却装置 ④修理或更换侧板和轴套 ⑤加大油箱，扩大散热面积
外泄漏	①密封圈损伤 ②密封表面不良 ③泵内零件磨损，间隙过大 ④组装螺栓松动	①更换密封圈 ②检查修理 ③更换或重新配研零件 ④拧紧螺栓

三、叶片泵

叶片泵的结构较齿轮泵复杂。工作压力较低，且流量脉动小，寿命较长，工作平稳，噪声较小，在工程机械的低压液压系统中使用。叶片泵分单作用叶片泵和双作用叶片泵。

1. 双作用叶片泵

（1）双作用叶片泵结构和原理

双作用叶片泵的工作原理如图 5-9 所示。它由定子 1、转子 2、叶片 3 和配油盘（图中未画出）等组成。转子和定子中心重合，定子内表面近似为椭圆柱形，该椭圆形由两段长半径圆弧、两段短半径圆弧和四段过渡曲线所组成。

当转子转动时，叶片在离心力和（建压后）槽底部压力油的作用下，在转子槽内向外移动而压向定子内表面，在叶片、定子内表面、转子外表面和两侧配油盘间形成若干个密封空间。当转子按图 5-9 所示方向顺时针旋转时，处在小圆弧上的密封空间经过渡曲线而运动到大圆弧的过程中，叶片外伸，密封空间的容积增大，要吸入油液；再从大圆弧经过渡曲线运动到小圆弧的过程中，叶片被定子内壁逐渐压进槽内，密封空间容积变小，将油液从压油口压出。因而，转子每转一周，每个工作空间要完成两次吸油和压油，故称为双作用叶片泵。

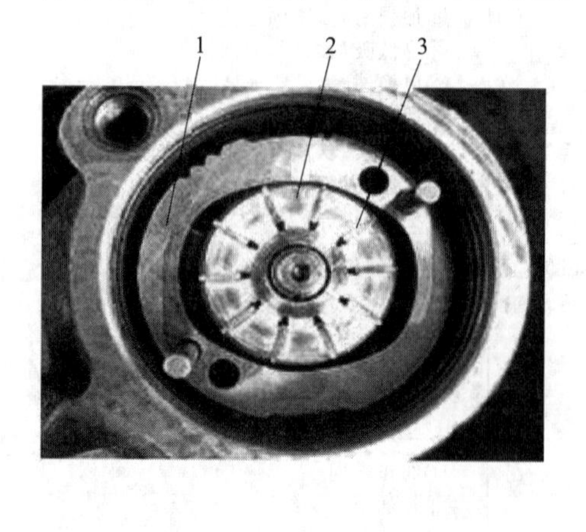

(a)

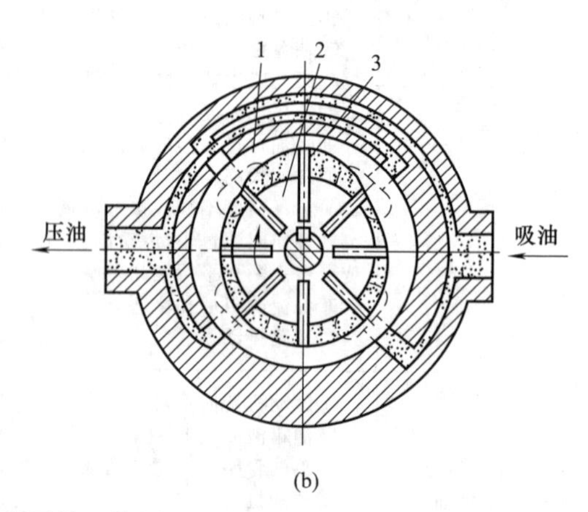

(b)

图 5-9 双作用叶片泵的工作原理

1—定子；2—转子；3—叶片

双作用叶片泵由于有两个吸油腔和两个压油腔，并且各自的中心夹角是对称的，作用在转子上的油液压力相互平衡，因此双作用叶片泵又称卸荷式叶片泵。为使径向力完全平衡，密封空间数（即叶片数）应当保持双数，一般取叶片数为 12 片或 16 片。双作用叶片泵为定量泵。

（2）双作用叶片泵结构特点

① 叶片沿旋转方向前倾 10°～14°角，以减小压力角。

② 叶片底部通以压力油，防止压油区叶片内滑。

③ 转子上的径向负荷平衡。

④配油盘上开有三角槽（眉毛槽），使叶片间的密封容积逐步与高压腔相通，避免产生液压冲击，减少振动和噪声，同时避免困油。

⑤ 双作用泵不能改变排量，只作定量泵用。

2. 单作用叶片泵

（1）单作用叶片泵结构和原理

单作用叶片泵的工作原理如图 5-10 所示，由定子 1、转子 2、叶片 3、配油盘和端盖等部件所组成。单作用叶片泵的定子具有圆柱形内表面，定子和转子之间存在着偏心距。叶片装在转子的槽内，可灵活滑动，在转子转动时的离心力以及通入叶片根部压力油的作用下，叶片顶部贴紧在定子内表面上，于是两相邻叶片、配油盘、定子和转子间便形成了一个个密封的工作腔。

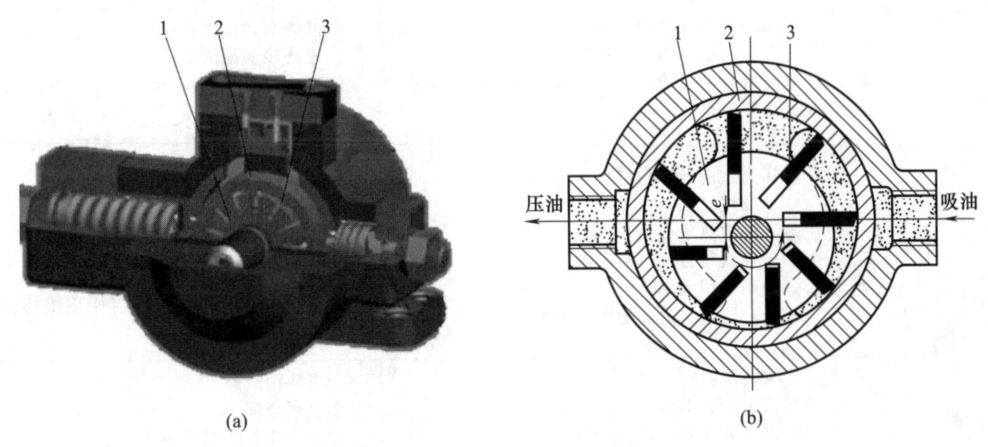

图 5-10　单作用叶片泵的工作原理

1—转子；2—定子；3—叶片

当转子按图 5-10 所示方向回转时，在图的右部，叶片逐渐伸出，叶片间的工作空间逐渐增大，从吸油口吸油，这就是吸油腔；在图的左部，叶片被定子内壁逐渐压进槽内，工作空间逐渐减小，将油液从压油口压出，这就是压油腔。在吸油腔和压油腔间有一段封油区，把吸油腔和压油腔隔开。这种泵在转子转一转的过程中，吸油和压油各一次，故称单作用叶片泵。转子受到径向液压不平衡作用力，又称非平衡式泵，其轴承负载较大。改变定子和转子间的偏心量，便可改变泵的排量，故这种泵可作变量泵。

单作用叶片泵的流量是有脉动的，理论分析表明：泵内叶片数越多，流量脉动率越小；奇数叶片泵的脉动率比偶数叶片泵的脉动率小。所以，单作用叶片泵的叶片数均为奇数，一般为 13 片或 15 片。

（2）单作用叶片泵结构特点

① 叶片后倾。

② 转子上受不平衡径向力作用，压力增大，不平衡力增大，不宜用于高压。

③ 均为变量泵结构。

3. 叶片泵故障分析与排除

叶片泵的故障分析与排除见表5-3。

表5-3　叶片泵的故障分析与排除

故障现象	产生原因	排除方法
泵噪声过大	①吸油管路或过滤器堵塞 ②吸油口连接处密封不严，有空气进入 ③吸油高度太大，油箱液面低 ④端盖螺栓松动 ⑤泵与联轴器不同轴或松动 ⑥液压油黏度大，吸油口过滤器通流能力小 ⑦定子内表面拉毛 ⑧定子吸油区内表面磨损 ⑨个别叶片运动不灵活或装反	①除去污物，使吸油管路畅通 ②加强密封，紧固连接件 ③降低吸油高度，向油箱加油 ④适当拧紧螺栓 ⑤重新安装，使其同轴，紧固连接件 ⑥更换液压油及过滤器 ⑦抛光定子内表面 ⑧将定子翻转装入 ⑨逐个检查、重装并配研不灵活叶片
泵输出流量不足甚至完全不排油	①原动机转向不对 ②油箱液面过低 ③吸油管路或过滤器堵塞 ④原动机转速过低 ⑤油液黏度过大 ⑥配油盘端面磨损 ⑦叶片与定子内表面接触不良 ⑧叶片在叶片槽内卡死或移动不灵活 ⑨螺钉松动	①纠正转向 ②补油至油标线 ③疏通吸油管路，清洗过滤器 ④使转速达到液压泵的最低转速以上 ⑤检查油质，更换液压油或提高油温 ⑥修磨端面或更换配油盘 ⑦修磨接触面或更换叶片 ⑧逐个检查，配研移动不灵活的叶片 ⑨适当拧紧螺钉
泵温升过高	①压力过高，转速过快 ②油黏度过大 ③油箱散热条件差 ④配油盘与转子严重摩擦 ⑤油箱容积太小 ⑥叶片与定子内表面严重摩擦	①调整压力阀，降低转速到规定值 ②合理选用黏度适宜的油液 ③加大油箱容积或增加冷却装置 ④修理或更换配油盘或转子 ⑤加大油箱，扩大散热面积 ⑥修磨或更换叶片、定子并采取措施，减小磨损
外泄漏	①密封圈损伤 ②密封表面不良 ③泵内零件磨损，间隙过大 ④组装螺栓过松	①更换密封圈 ②检查修理 ③更换或重新配研零件 ④拧紧螺栓

四、柱塞泵

柱塞泵是通过柱塞在缸体中作往复运动造成密封容积的变化来实现吸油与压油的一种液压泵。与齿轮泵和叶片泵相比，柱塞泵有许多优点：第一，构成密封容积的零件为圆柱形的柱塞和缸孔，加工方便，可得到较高的配合精度，密封性能好，泵的内泄漏很小，在高压条件下工作具有较高的容积效率，所允许的工作压力高；第二，只需改变柱塞的工作行程就能改变流量，易于实现变量；第三，柱塞泵中的主要零件均受压应力作用，材料强度性能可得到充分利用。

由于柱塞泵的结构紧凑，工作压力高，效率高，流量调节方便，故在需要高压、大流量、大功率的液压系统中和流量需要调节的场合得到广泛应用。

柱塞泵按柱塞相对于驱动轴位置的排列方向不同，可分为径向柱塞泵和轴向柱塞泵两种，挖掘机一般采用轴向柱塞泵。

1. 径向柱塞泵

径向柱塞泵是将多个柱塞径向排列在缸体内，柱塞中心线与缸体中心线垂直，缸体由原动机带动连同柱塞一起转动，周期性改变密闭容积的大小，达到吸、排油的目的。

径向柱塞泵的工作原理如图 5-11 所示。柱塞 1 径向排列装在缸体 2 中，缸体由原动机带动连同柱塞 1 一起旋转，柱塞 1 在离心力或压力油的作用下压紧定子 3 的内壁。当缸体按图 5-11 所示方向回转时，由于缸体和转子之间有偏心距 e，因此柱塞绕经上半周时要向外伸出，柱塞底部的容积则逐渐增大，形成真空，经过衬套 4（衬套 4 压紧在缸体内，并和缸体一起回转）上的油孔从配油轴 5 的吸油孔吸油；当柱塞转到下半周时，定子内壁将柱塞向里推，柱塞底部的容积逐渐减小，向配油轴的压油孔压油。当缸体回转一周时，每个柱塞底部的密封容积完成一次吸油和压油，缸体连续运转，即完成吸、压油工作。

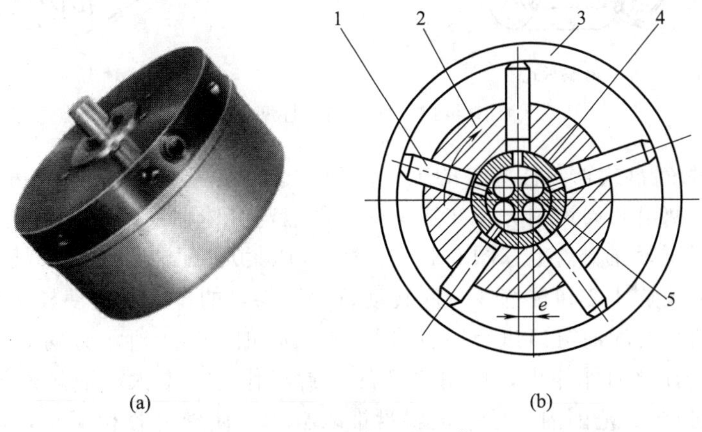

图 5-11　径向柱塞泵的工作原理

1—柱塞；2—缸体；3—定子；4—衬套；5—配油轴

径向柱塞泵的配油轴 5 是固定不动的，图 5-12 所示为配油轴的结构。油液从配油轴的上半部的两个进油孔 a_1 和 a_2 流入，从下半部两个压油孔 b_1 和 b_2 压出。为了实现配油，配油轴在与衬套 4 接触的部位开有上下两个缺口，从而形成吸油口和压油口，而其余的部分则形成封油区。

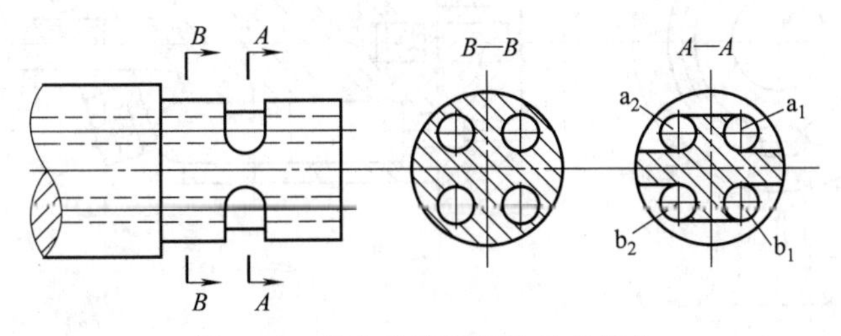

图 5-12　径向柱塞泵配油轴的结构

径向柱塞泵的输出流量受偏心距 e 大小控制。若偏心距 e 做成可调的（一般是使定子作水平移动以调节偏心距 e），径向柱塞泵就成为变量泵；偏心的方向改变，进油口和压油口也随之变换，从而形成了双向变量泵。

由于径向柱塞泵的柱塞是沿转子的径向方向分布的，所以泵的外形结构尺寸大，配油轴的结构较复杂，自吸能力较差；且配油轴受到径向不平衡液压力的作用，易单向弯曲并加剧磨损，从而限制了径向柱塞泵转速和压力的提高。

2. 轴向柱塞泵

(1) 轴向柱塞泵的工作原理

轴向柱塞泵是将多个柱塞轴向配置在一个共同缸体的圆周上，并使柱塞中心线和缸体中心线平行的一种泵。如图 5-13 所示，轴向柱塞泵有两种，即斜盘式和斜轴式。

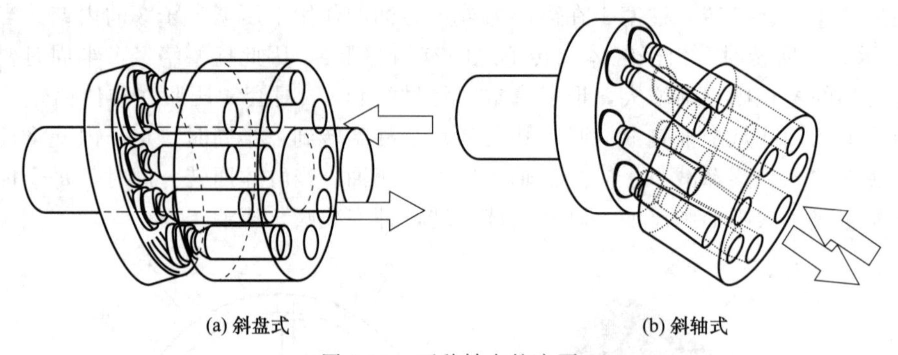

图 5-13　两种轴向柱塞泵

图 5-14 所示为斜盘式轴向柱塞泵的工作原理。这种泵主要由缸体 2、配油盘 1、柱塞 3 和斜盘 4 组成。柱塞沿圆周均匀分布在缸体内。斜盘与缸体轴线倾斜一角度 γ，柱塞靠机械装置或低压油作用压紧在斜盘上（图 5-14 中为弹簧压紧），配油盘 1 和斜盘 4 固定不转，发动机通过传动轴带动缸体 2 和柱塞 3 一起转动，由于斜盘的作用，迫使柱塞在缸体内作往复运动，并通过配油盘的配油窗口进行吸油和压油。按如图 5-14 所示方向转动，当缸体转角在 π～2π 范围内，柱塞向外伸出，柱塞底部的密封工作容积增大，通过配油盘的吸油窗口吸油；缸体转角在 0～π 范围内，柱塞被斜盘推入缸体，使密封容积减小，通过配油盘的压油窗口压油。缸体每转一周，每个柱塞各完成吸、压油一次。如改变斜盘倾角 γ，可改变液压泵的排量；改变斜盘倾角方向，就能改变吸油和压油的方向，成为双向变量泵。

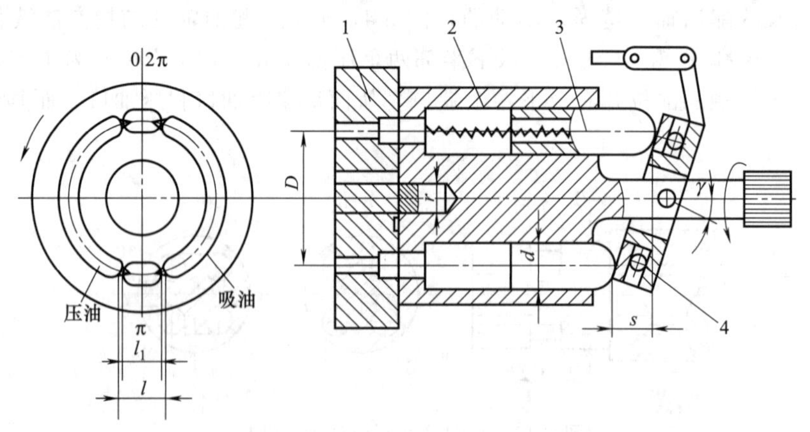

图 5-14　斜盘式轴向柱塞泵的工作原理

1—配油盘；2—缸体；3—柱塞；4—斜盘

斜轴式轴向柱塞泵的工作原理如图 5-15 所示。发动机转矩通过泵轴传递给七个柱塞，七个柱塞带动缸体一起旋转。当缸体转动时，柱塞在缸体内作往复运动，同时缸体沿着配油盘的表面滑动并通过配油盘的配油窗口吸入和输出液压油。改变缸体的倾斜角度，会使柱塞的行程发生变化，从而控制泵的流量。

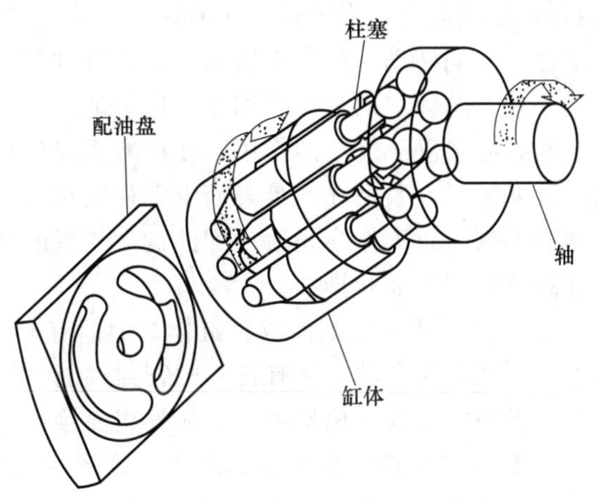

图 5-15　斜轴式轴向柱塞泵的工作原理

柱塞泵的理论排量等于所有柱塞理论排量的总和，即柱塞截面积乘以柱塞行程再乘以柱塞数。挖掘机一般采用变量柱塞泵，泵型号代码中大多有代表泵最大理论排量的数值，如 K3V112 表示最大排量为 112mL/r，A8V107 表示最大排量为 107mL/r 等。

轴向柱塞泵的优点是结构紧凑、径向尺寸小，惯性小，容积效率高，目前最高可达 40MPa，主要用于工程机械等高压、大流量及大功率的系统中。其轴向尺寸较大，轴向作用力也较大，结构比较复杂，制造成本较高。

（2）轴向柱塞泵的结构

图 5-16 所示为斜盘式轴向柱塞泵的结构，它由主体部分（右半部）和变量机构（左半部）两部分组成。

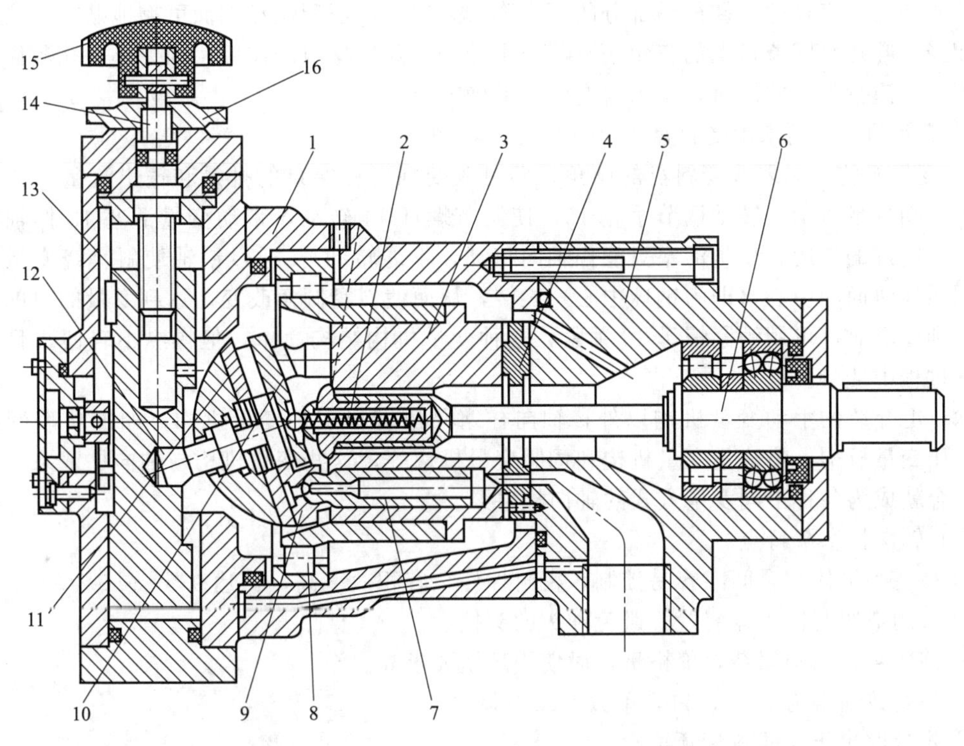

图 5-16　斜盘式轴向柱塞泵的结构

1—泵体；2—弹簧；3—缸体；4—配油盘；5—前泵体；6—传动轴；7—柱塞；8—轴承；9—滑履；10—回程盘；11—斜盘；12—轴销；13—变量活塞；14—螺杆；15—手轮；16—螺母

① 主体部分　柱塞 7 的球状头部装在柱塞滑履 9 内，柱塞滑履 9 依靠回程盘 10 紧紧压

在斜盘 11 表面上，当传动轴 6 通过左边的花键带动缸体 3 旋转时，回程盘 10 和柱塞滑履 9 随缸体 3 一同转动（斜盘不转），在柱塞滑履与斜盘相接触的部分有一油室，它通过柱塞中间的小孔与缸体中的工作腔相连，压力油进入油室后在柱塞滑履与斜盘的接触面间形成了一层油膜，起着静压支承的作用，使柱塞滑履作用在斜盘上的力大大减小，同时也减小磨损。由于柱塞滑履 9 紧贴在斜盘表面上，柱塞在随缸体旋转的同时在缸体中作往复运动。缸体中柱塞底部的密封工作容积通过配油盘 4 与泵的进、出油口相通。随着传动轴的转动，液压泵就连续地实现吸油和排油。

a. 缸体　用铝青铜制成，缸体 3 上面有七个与柱塞相配合的圆柱孔，其加工精度很高，以保证既能相对滑动，又有良好的密封性能。缸体中心开有花键孔，与传动轴 6 相配合。缸体右端面与配油盘 4 相配合。缸体外表面镶有钢套并装在滚动轴承 8 上。

b. 柱塞与滑履　柱塞 7 的球头与滑履 9 铰接。柱塞在缸体内作往复运动，并随缸体一起转动。滑履随柱塞作轴向运动，并在斜盘 11 的作用下绕柱塞球头中心摆动，使滑履平面与斜盘斜面贴合。柱塞和滑履中心开有直径 1mm 的小孔，缸中的压力油可进入柱塞和滑履、滑履和斜盘间的相对滑动表面，形成油膜，起静压支承作用，减小这些零件的磨损。

c. 中心弹簧机构　中心弹簧 2 通过内套、钢球和回程盘 10 将滑履压向斜盘，使柱塞得到回程运动，从而使泵具有较好的自吸能力。同时，弹簧 2 又通过外套使缸体 3 紧贴配油盘 4，以保证泵启动时基本无泄漏。

d. 配油盘　其上开有两条月牙形配流窗口，外圈的环形槽是卸荷槽，与回油相通，使配油盘 4 端面上直径超过卸荷槽部分的压力降低到零，保证配流盘端面可靠地贴合。两个通孔（相当于叶片泵配流盘上的三角槽）起减少冲击、降低噪声的作用。四个小盲孔起储油润滑作用。配流盘下端的缺口，用来与右泵盖准确定位。

e. 滚动轴承　用来承受斜盘 11 作用在缸体上的径向力。

② 变量机构　只要改变斜盘的倾角，即可改变轴向柱塞泵的排量和输出流量。图 5-16 左侧为手动变量机构，转动调节手轮 15，使调节螺杆 14 转动，带动变量活塞 13 作轴向移动（因导向键的作用，变量活塞只能作轴向移动，不能转动）。通过销轴使斜盘绕变量壳体上的圆弧导轨面的中心（即为钢球中心）旋转，从而使斜盘倾角改变，达到变量的目的。当流量达到要求时，可用锁紧螺母 16 锁紧，这种变量机构结构简单，但操纵不轻便，且不能在工作过程中变量。

除以上介绍的手动变量机构以外，轴向柱塞泵还有很多种变量机构，如恒功率变量机构、恒压变量机构、恒流量变量机构和伺服变量机构等，这些变量机构与轴向柱塞泵的主体部分组合就成为各种不同变量方式的轴向柱塞泵。

（3）轴向柱塞泵特点

① 柱塞和缸体配合间隙容易控制，密封性好，容积效率高，可达 93%～95%。

② 采用滑履与回程盘装置，避免球头的头接触。

③ 高压泵，结构复杂，价格贵，对使用环境要求高。

④ 柱塞数通常为 7、9、11，单数，减小脉动。

⑤ 排量取决于泵的斜盘倾角。

（4）泵变量形式和变量原理

挖掘机工作时，经常要改变液压油缸和液压马达的运动速度，以适应工作负载或执行操纵的意图。单纯采用阀节流的方式能量损耗太大且不易适应负载变化，因此挖掘机都采用改变阀节流开度和改变泵输出流量并行的方式。

对于定量泵，由于泵的排量是固定的，只能通过改变泵轴转速的方法改变其输出流量。由于发动机与泵轴的传动比是一定的，因此就只能依靠改变发动机转速来增减流量。为了充分发挥发动机的功率并使发动机在较理想的转速范围内工作，挖掘机普遍采用变量泵，改变泵的排量，不用改变发动机转速，就能增减液压泵输出流量。

斜盘式柱塞泵的变量形式是改变斜盘的倾角，斜轴式柱塞泵的变量形式是改变缸体的倾角。斜盘和缸体的倾角都取决于伺服活塞的位置，而伺服活塞的位置受到泵调节器的控制。

泵调节器通过反馈连杆获知伺服活塞的位置，同时接收来自液压泵、主控制阀、先导操纵阀的液压信号和各种电信号，并按照设定程序控制伺服活塞。当系统需要增加流量时，泵调节器和伺服活塞协同动作，如图 5-17 所示。增大倾角，使泵排量增大；反之，减小倾角，使泵排量减小。

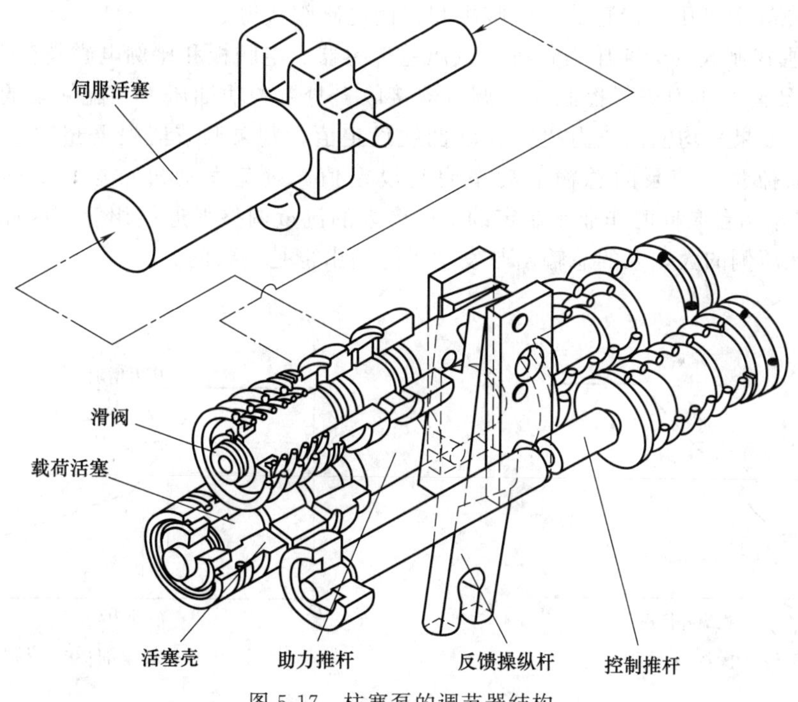

图 5-17　柱塞泵的调节器结构

伺服活塞相当于液压油缸的活塞杆，与壳体构成一个双作用液压油缸，利用先导压力油或泵自身高压油实现运动。伺服活塞的运动方向和位置取决于伺服活塞两端的压力、斜盘（斜盘式）或缸体配流盘（斜轴式）的反作用力、回位弹簧作用力（有回位弹簧结构时）等，其中最主要的是伺服活塞两端的压力。根据泵调节器的控制，伺服活塞两端的压力会出现以下几种情况。

① 一端高压，另一端回油箱，此时伺服活塞向低压端移动。

② 一端高压，另一端封闭，此时伺服活塞保持不动。

③ 两端压力接近，此时伺服活塞向伺服活塞小头方向移动。

④ 两端压力平衡（压力相差可能较大但两端推力平衡），此时伺服活塞处于平衡状态。

调节性能良好的泵，其伺服活塞总是趋于平衡状态。如果用一般的压力测试方法测量伺服活塞两端的压力，会发现基本上是平衡压力。

（5）泵的控制

泵的控制主要是指泵的排量控制。泵的控制由泵调节器完成。

① 操纵杆行程控制　如图 5-18 所示，当操纵杆操纵行程增大时，泵的流量增加；当操纵杆操纵行程减小时，泵的流量减少；当操纵杆返回中位时，泵的流量最小。

泵调节器通过以下几种方法获取操纵杆行程信号。

a. 直接通过管道获得主控制阀的负反馈压力。操纵杆操纵行程越大，负反馈压力就越低，泵的流量越大；操纵杆操纵行程越小，负反馈压力就越高，泵的流量越小；当操纵杆在中位时，负反馈压力最高，此时泵的流量最小。

b. 直接通过管道获得主控制阀的正反馈压力。这种反馈方式常见为高压反馈。操纵杆操纵行程越大，高压正反馈压力越高，泵的流量越大；操纵杆操纵行程越小，高压正反馈压力最低，泵的流量越小；当操纵杆在中位时，高压正反馈压力最低，此时泵的流量最小。

c. 通过先导操纵压力传感器、电脑板和比例电磁阀获得。

d. 通过主控制阀的旁通压力传感器或压差传感器、电脑板和比例电磁阀获得。

② 由主泵输油压力进行控制　泵调节器接收自身泵的输油压力和配偶泵的输油压力作为控制压力。如果平均输油压力超过 p-Q 曲线设定值，则泵调节器根据超过 p-Q 曲线的压力，减少泵的流量，使泵的总输油功率回到设定值，避免发动机过载，如图 5-19 所示。p-Q曲线是根据两台泵同时作业来制定的，两台泵的流量调整得近似相等，因此尽管高压侧泵的负载比低压侧的大，泵的总输出与发动机的输出也是一致的。

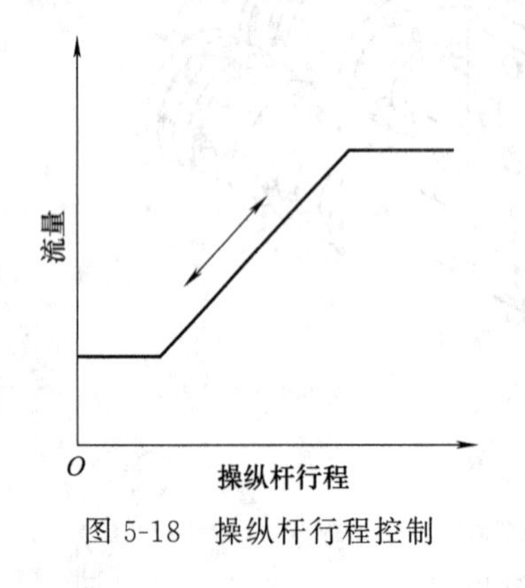

图 5-18　操纵杆行程控制

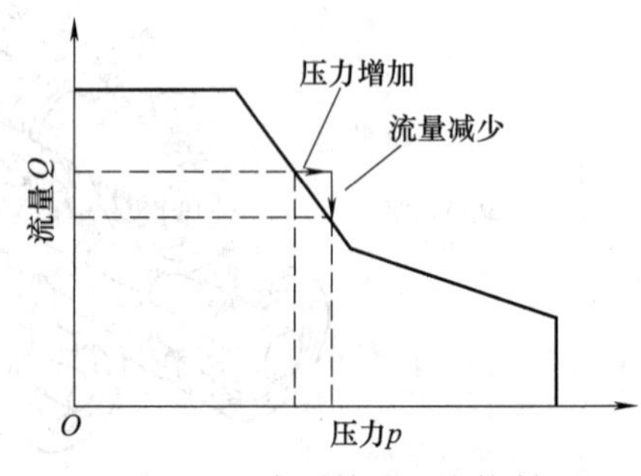

图 5-19　主泵输油压力控制

③ 由功率控制电磁阀进行控制　主控制器（电脑板）根据发动机的目标转速和实际转速信号，向功率控制电磁阀（比例电磁阀）输出控制信号。当发动机实际转速与目标转速的差额达到一定程度时，比例电磁阀使泵调节器减少泵的输出转矩，转速差额越大，泵的输出转矩就降低越多，如图 5-20 所示。

④ 最大流量控制　泵调节器根据收到的限制泵最大流量的控制信号，限制泵的最大流

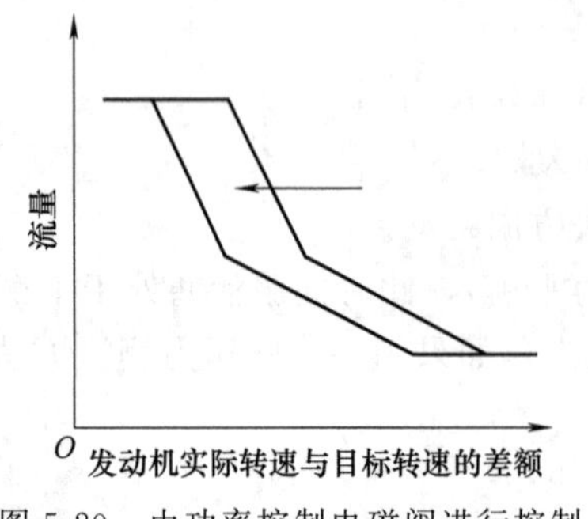

图 5-20　由功率控制电磁阀进行控制

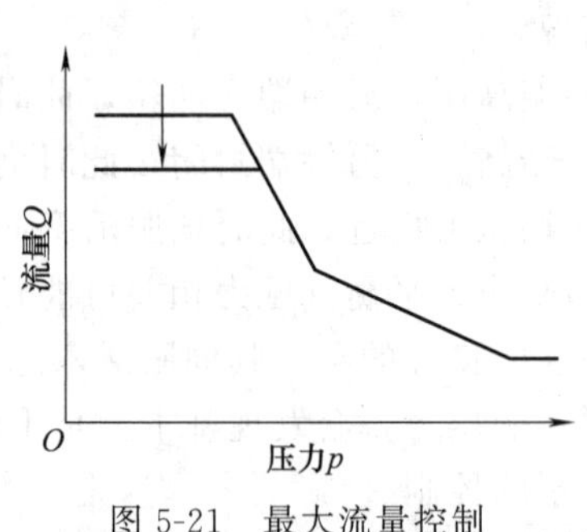

图 5-21　最大流量控制

量。当电脑板收到工作模式开关、压力传感器或附件模式开关等的信号后，向泵最大流量控制电磁阀发出指令，电磁阀根据指令动作，改变泵调节器的控制参数，从而限制泵的最大流量，如图 5-21 所示。

3. 柱塞泵的故障分析与排除

柱塞泵的故障分析与排除见表 5-4。

表 5-4　柱塞泵的故障分析与排除

故障现象	产生原因	排除方法
泵噪声过大	①吸油管路或过滤器堵塞 ②吸油口连接处密封不严，有空气进入 ③吸油高度太大，油箱液面低 ④有空气从泵轴油封处进入 ⑤泵与联轴器不同轴或松动 ⑥油箱上的通气孔堵塞 ⑦液压油黏度太大 ⑧吸油口过滤器的通流能力小 ⑨转速太高 ⑩溢流阀阻尼孔堵塞	①除去污物，使吸油管路畅通 ②加强密封，紧固连接件 ③降低吸油高度，向油箱加油 ④更换油封 ⑤重新安装，使其同轴，紧固连接件 ⑥清洗油箱上的通气孔 ⑦更换黏度适当的液压油 ⑧更换通流能力较大的过滤器 ⑨使其转速降至允许最高转速以下 ⑩拆卸、清洗溢流阀
泵输出流量不足甚至完全不排油	①原动机转向不对 ②油箱液面过低 ③吸油管路或过滤器堵塞 ④原动机转速过低 ⑤油液黏度过大 ⑥柱塞泵与缸体或配油盘与缸体间摩擦，使缸体、配油盘间失去密封 ⑦中心弹簧折断，柱塞回程不够或不能回程	①纠正转向 ②补油至油标线 ③疏通吸油管路，清洗过滤器 ④使转速达到液压泵的最低转速以上 ⑤检查油质，更换液压油或提高油温 ⑥更换柱塞，修磨配油盘与缸体的接触面，保证接触良好 ⑦检查或更换中心弹簧
泵输出油压力低或没有压力	①溢流阀失灵 ②柱塞泵与缸体或配油盘与缸体间摩擦，使缸体与配油盘间失去密封 ③变量机构倾角太小	①调整、拆卸和清洗溢流阀 ②更换柱塞，修磨配油盘与缸体的接触面，保证接触良好 ③检查变量机构，纠正其调整误差
泵温升过高	①压力过高，转速过快 ②油黏度过大 ③油箱散热条件差 ④柱塞泵与缸体运动不灵活，甚至卡死，柱塞球头折断，滑履脱落，磨损严重 ⑤油箱容积小	①调整压力阀，降低转速到规定值 ②合理选用黏度适宜的油液 ③加大油箱容积或增加冷却装置 ④修磨柱塞与缸体的接触面，保证接触良好，更换磨损零件 ⑤加大油箱，扩大散热面积
外泄漏	①密封圈损伤 ②密封表面不良 ③组装螺钉松动	①更换密封圈 ②检查修理 ③拧紧螺钉

五、液压泵的使用

液压泵是为液压系统提供一定流量和压力的液压动力元件，它是每个液压系统不可缺少的核心元件。合理使用液压泵，对于降低液压系统的能耗，提高液压系统的效率，降低噪声，改善工作性能和保证液压系统的可靠工作都十分重要。

使用液压泵的原则是：根据主机工况、功率大小和系统对工作性能的要求，首先确定液压泵的类型，然后按系统所要求的压力、流量大小确定规格型号。

液压系统中常用液压泵的性能比较见表 5-5。

表 5-5　液压系统中常用液压泵的性能比较

性　能	外啮合齿轮泵	双作用叶片泵	径向柱塞泵	轴向柱塞泵
输出压力	低压	中压	高压	高压
排量调节	不能	不能	能	能
效率	低	较高	高	高
输出流量脉动	很大	一般	一般	一般
自吸特性	好	较差	差	差
对油污染敏感性	不敏感	较敏感	很敏感	很敏感
噪声	大	小	大	大

在工程机械产品中，齿轮泵可用作液压系统压力不超过 20MPa 的主泵，如用作轮式装载机工作装置液压系统的主泵、全液压转向系统中的转向液压泵；在挖掘机中，可用作履带式挖掘机先导液压泵。轮式挖掘机的转向泵和部分小型挖掘机的主液压泵也采用高压齿轮泵。对于压力高、负载大、功率大的工程机械产品，主要采用轴向柱塞泵，如用作工作装置液压系统压力达到 35～40MPa 的挖掘机主泵。

校企链接

目前全液压履带式挖掘机所用的液压柱塞泵主要有两种：一种是斜轴泵，如 A8V 泵；另一种是直轴斜盘泵，典型的是 K3V 系列泵。挖掘机所用的柱塞泵变量原理基本上相同，需取柱塞泵自身的高压油（液动力）驱动变量机构。柱塞泵的变量机构包含伺服阀、滑阀及变量活塞。变量活塞就是一个小型的液压油缸，液压油缸分成有杆腔与无杆腔，变量活塞分成大径与小径。

变量活塞大径进油（大径的压力高于小径压力）时，液动力推动变量活塞向小径方向移动，变量活塞杆上的销钉带动泵中斜盘移动，斜盘角度加大，柱塞行程加长，泵的排油量加大，挖掘机动作快。小径进油（小径的压力高于大径压力）时，液动力推动变量活塞返回，斜盘角度变小，柱塞在缸体中行程减小，泵的排量减少，压力缓和上升。

挖掘机柱塞泵中的变量活塞小径端一般与泵的 P 口相通，即柱塞泵的压力有多高，变量活塞小径端的压力就有多高。变量活塞的大径端油道与调节器上的三个油口相通，这三个油口中有一个是 T 口（泄油口），一个油口是比例阀来油，一个油口是伺服阀来油。调节器根据反馈的伺服压力、比例阀的压力来决定控制油进入大径端的压力是多少，如果进入是小径端的两倍压力时，变量活塞中立。

齿轮泵、柱塞泵在沃尔沃挖掘机上都有应用。挖掘机液压主泵采用轴向柱塞泵，先导泵采用齿轮泵。

一、主泵

1. 型号

K3V112DT-1XKR-9N52-V 轴向柱塞泵

2. 外观

K3V 系列轴向柱塞泵的外观如图 5-22 所示，主泵为斜盘式双泵串列柱塞泵，该泵总成分为前泵、后泵、先导泵、前泵调节器、后泵调节器和中间体等主要部分。

3. 构造及工作原理

K3V 系列液压泵结构如图 5-23 所示。主泵为斜盘式双泵串列柱塞泵，两根泵轴通过齿轮连接套连接，前泵与后泵的结构相同。泵轴通过花键与缸体相连，九个柱塞平行插入缸体中。发动机的转矩通过联轴器传递到泵轴，泵轴旋转时带动柱塞和缸体一起旋转，柱塞沿靴

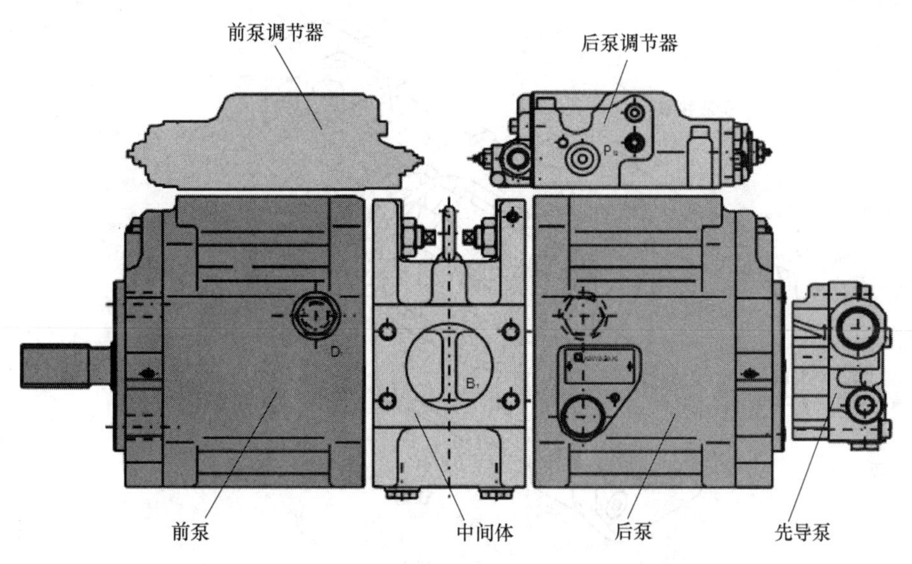

图 5-22　K3V 系列轴向柱塞泵的外观

板的表面滑动，斜盘与柱塞有一定的倾角，使柱塞在缸体的孔中作往复运动时吸入和排出液压油。

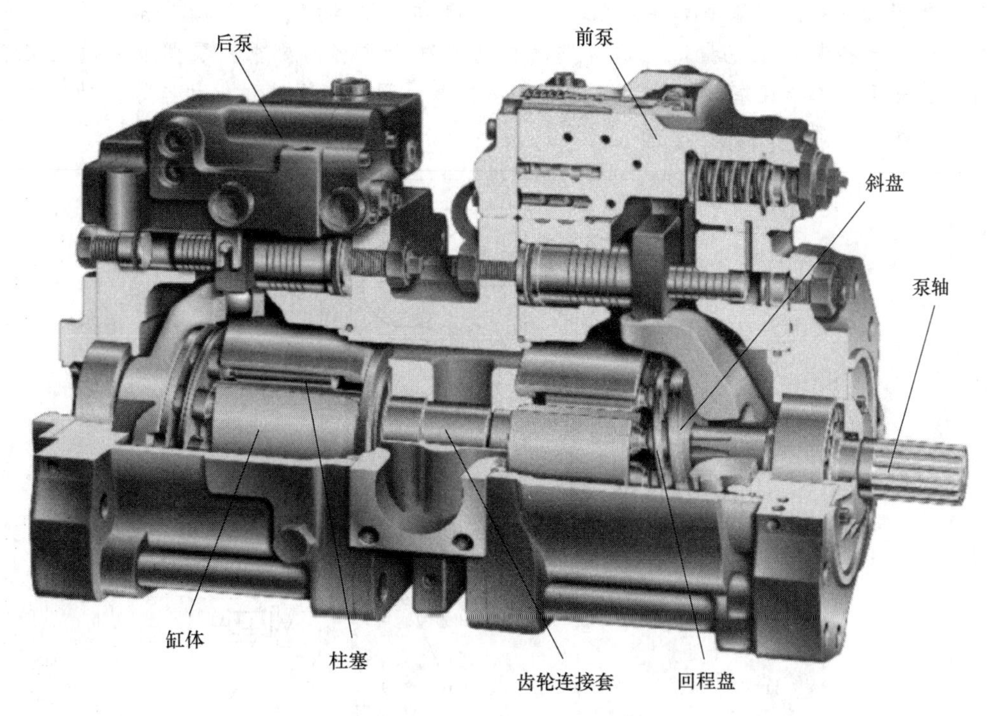

图 5-23　K3V 系列液压泵结构

4. 泵变量机构

泵变量机构如图 5-24 所示，改变斜盘角度，可以改变柱塞行程，从而使泵的排量发生变化。斜盘连接到伺服柱塞上，伺服柱塞移动时能改变斜盘倾角。伺服柱塞的运动情况取决于伺服柱塞两端腔室的压力，而伺服柱塞两端腔室的压力受泵调节器的控制。

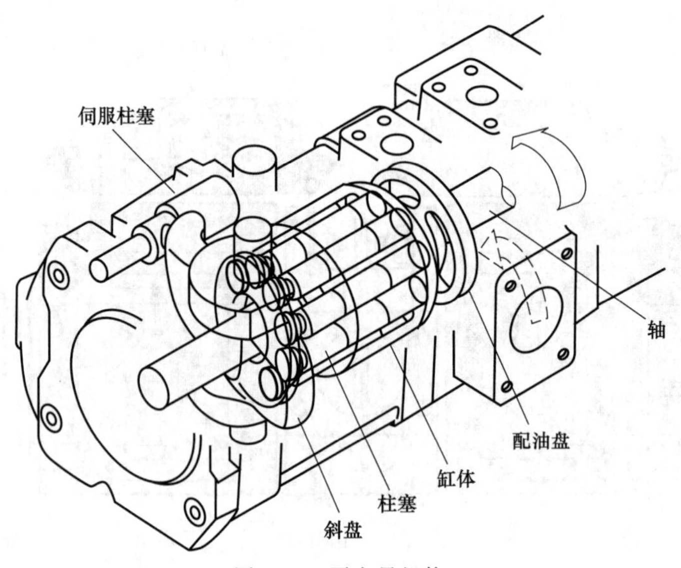

图 5-24　泵变量机构

5. 泵调节器

(1) 泵调节器外观和液压原理

泵调节器外观和液压原理如图 5-25 所示。前泵和后泵各装一个泵调节器，泵调节器根据各种指令信号控制主泵流量，以适应发动机功率和操作者的要求。泵调节器的主要零件有：杆 A、杆 B、先导柱塞、销、反馈杆、补偿柱塞、阀套、阀柱和止动器等。功率控制电磁阀位于后泵调节器上。

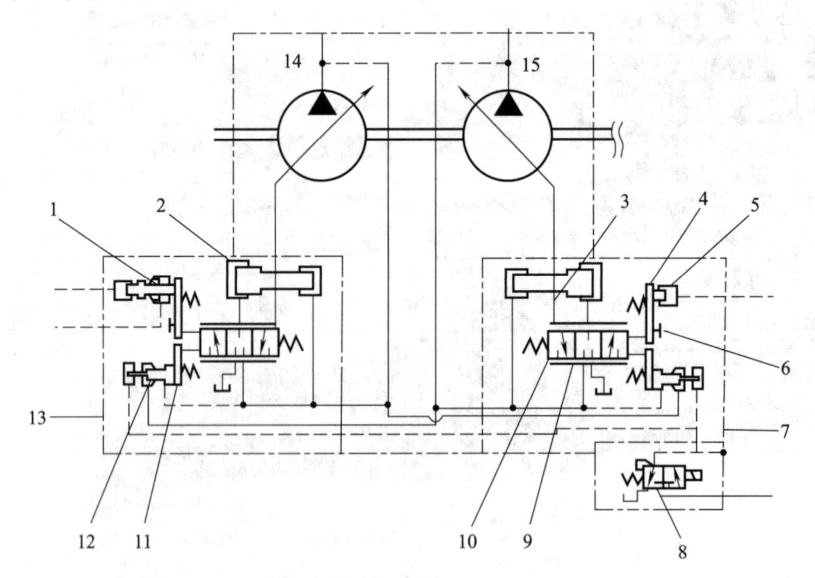

图 5-25　泵调节器外观和液压原理

1—止动器；2—伺服柱塞；3—反馈杆；4—杆 B；5—先导柱塞；6—销；7—后泵调节器；8—转矩控制电磁阀；9—阀套；10—阀柱；11—杆 A；12—补偿柱塞；13—前泵调节器；14—前泵；15—后泵

(2) 泵调节器的作用

泵的变量控制由调节器控制。泵通过系统负荷变化、操作者操纵变化的信号反馈给调节器，能实现以下控制功能。

① 功率控制　当前、后泵输出压力 p_1 及 p_2 增大时，p_1 和 p_2 会作用到补偿活塞的端部，推动补偿杆，直到弹簧弹力与油压达到压力平衡位置时停止移动，补偿杆的运动反馈到泵的斜盘上，使泵的倾斜角自动变小，输出流量 Q 随之减少；反之，当前、后泵输出压力 p_1 及 p_2 减小时，泵的倾斜角将自动变大，输出流量 Q 随之增加。从而将泵的输入力矩控制在一定值（转速一定时输入功率也保持一定）。因此，泵的流量是根据串联双泵的负荷压力的总和来进行调节的，在实现了恒功率控制的状态下，控制各柱塞泵的调节器使其倾斜角（输出流量）相同。不管两柱塞泵的负荷如何变化，该机构总是能自动防止发动机的超负荷运转。

② 流量控制　改变导向压力，可任意控制柱塞泵的倾斜角（输出流量）。该调节器的工作方式为随着增加导向压力而输出流量 Q 减少的负流量控制（负向控制）。该机构能对应作业所必需的流量给出导向压力指令，柱塞泵根据导向压力指令只输出必要的流量，因而不会白白消耗动力。

二、先导齿轮泵

挖掘机用先导齿轮泵组成如图 5-26 所示。其拆卸方法如下。

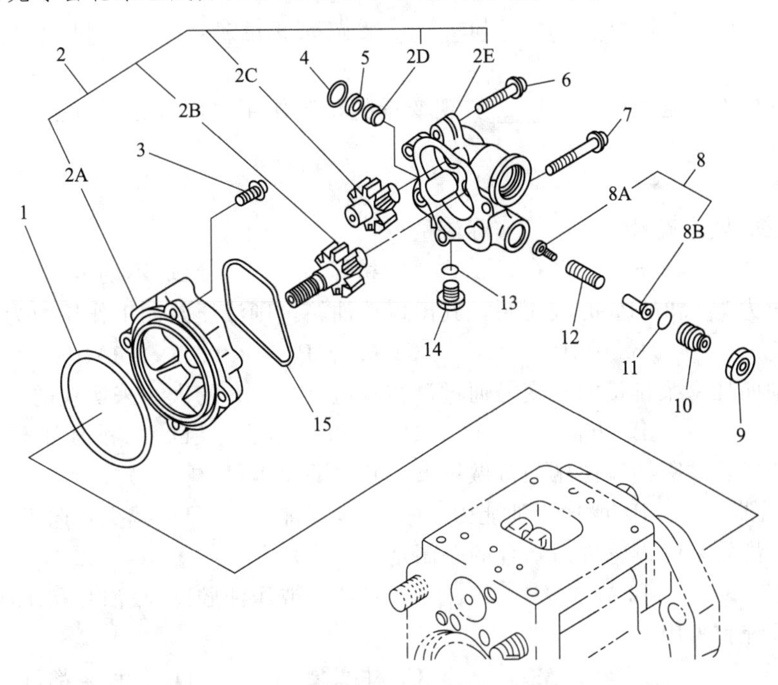

图 5-26　K3V112 先导齿轮泵组成

1,11,13—O 形圈；2—齿轮泵组件：2A—前盖；2B—主动齿轮；2C—从动齿轮；2D—阀座；2E—泵体；3,6,7—螺栓；4—卡环；5—滤网；8—阀芯组件：8A—阀芯；8B—导管；9—锁紧螺母；10—调整螺钉；12—弹簧；14—螺塞；15—矩形密封圈

① 将齿轮泵安装在台钳上。注意齿轮泵壳体是铝制的，不能夹得太紧。松开锁紧螺母 9，拆出调整螺钉 10，取出阀芯组件 8，从调整螺钉上拆下 O 形圈。

② 拆下卡环 4，拆下滤网 5 和阀座 2D。若滤网不能松脱，则不要用任何工具去钩取滤网，而是将它与阀座 2D 一起拆出。阀座 2D 与壳体配合较紧，使用带台阶的冲子从弹簧侧插入，可以较容易地将其拆出。

③ 拆下内六角螺栓6和7，用橡胶锤轻敲壳体，使其与前盖分离。

④ 取出矩形密封圈15，拆出主动齿轮2B和从动齿轮2C。对齿轮要做好装配标记。先导齿轮泵的安装按照与拆卸相反的顺序进行。

单元习题

一、填空

1. 液压泵是液压系统的______装置，其作用是将发动机等原动机的______转换为油液的______，其输出功率用公式______表示。

2. 容积式液压泵的工作原理是：容积增大时实现______，容积减小时实现______。

3. 液压泵的功率损失有______损失和______损失两种，其中______损失是指液压泵在转矩上的损失，其大小用______表示，______损失是指液压泵在流量上的损失，基大小用______表示。

4. 液压泵按结构不同分为______、______和______三种，叶片泵按转子每转一周，每个密封容积吸、压油次数的不同分为______式和______式两种；液压泵按排量是否可调分为______和______两种。其中，______和______能做成变量泵，______和______只能做成定量泵。

5. 轴向柱塞泵是通过改变______实现变量的，单作用式叶片泵是通过改变______实现变量的。

二、选择

1. 液压泵的理论流量（　　）实际流量。
A. 小于　　B. 大于　　C. 相等　　D. 不确定

2. 公称压力为6.3MPa的液压泵，其出口接油箱，则液压泵的工作压力为（　　）。
A. 6.3MPa　　B. 0MPa　　C. 6.2MPa　　D. 6.1MPa

3. 变量轴向柱塞泵排量的改变是通过调整斜盘（　　）的大小来实现的。
A. 角度　　B. 方向　　C. A和B都是　　D. A和B都不是

4. 外啮合齿轮泵吸油口比压油口做得大，其主要原因是（　　）。
A. 防止困油　　B. 增加吸油能力　　C. 减少泄漏　　D. 减少径向不平衡力

5. 外啮合齿轮泵中齿轮进入啮合的一侧是（　　）。
A. 吸油腔　　B. 压油腔　　C. 吸油腔或压油腔　D. 吸油腔和压油腔

6. 高压系统宜采用（　　）。
A. 齿轮泵　　B. 叶片泵　　C. 柱塞泵　　D. 各种泵都可以

三、判断

1. 液压泵的作用是将液压能转换成机械能。（　　）
2. 双作用叶片泵和柱塞泵可以作为变量泵使用。（　　）
3. 齿轮泵可以用在压力达到30MPa以上的液压系统中。（　　）
4. 在工程机械中，柱塞泵和齿轮泵所用液压油清洁度要求的等级是一样的。（　　）
5. 液压泵的工作压力取决于执行元件的运动速度。（　　）

四、画出下列图形符号

1. 单向定量液压泵
2. 双向定量液压泵

3. 单向变量液压泵

4. 双向变量液压泵

五、简答

1. 液压泵完成吸油和压油必须具备的条件是什么？

2. 液压泵的排量和流量各决定于哪些参数？理论流量和实际流量的区别是什么？写出反映理论流量和实际流量关系的两种表达式。

3. 齿轮泵的泄漏方式有哪些？主要解决方法是什么？

4. 齿轮泵的困油现象如何解决？径向不平衡力问题如何解决？

六、计算

1. 某液压泵的输出压力为20MPa，排量为100mL/r，机械效率为0.95，容积效率为0.9，当转速为2000r/min时，试求泵的输出功率和驱动泵的发动机功率各为多少。

2. 某液压泵的额定压力为20MPa，额定流量为20L/min，泵的容积效率为0.95，试计算泵的理论流量和泄漏量。

3. 一轴向柱塞泵，共9个柱塞，其柱塞分布圆直径$D=125$mm，柱塞直径$d=16$mm，若液压泵以3000r/min转速旋转，则其输出流量为$q=50$L/min，试问斜盘角度为多少（忽略泄漏的影响）。

单元六　执行元件的结构与维修

单元导入

液压系统中液压油的压力能最终要转换成机械能，以使主机的工作装置克服负载阻力而产生运动，工作装置实现的运动有往复直线运动、转动或摆动，运动形式不同，选用的执行元件也不同。

液压马达和液压油缸都是液压执行元件，它们将液体的压力能转换为机械能。作旋转运动的称为液压马达，其输出为力与速度或转矩与转速；作往复直线运动的和摆动的称为液压油缸。

一、液压马达

1. 液压马达概述

从工作原理上，液压传动中的泵和马达都是靠工作腔密闭容器的容积变化而工作的，所以，泵可以作马达用，反之也一样，即泵与马达有可逆性。实际上由于两者工作状况不一样，为了更好发挥各自工作性能，在结构上存在某些差别，使之不能通用。

(1) 液压马达的分类

液压马达按其额定转速分为高速和低速两大类，额定转速高于 500r/min 的属于高速液压马达，额定转速低于 500r/min 的属于低速液压马达。

液压马达按其结构类型来分，可以分为齿轮式、叶片式和柱塞式。

高速液压马达的基本类型有齿轮式、叶片式和轴向柱塞式等。它们的主要特点是转速较高、转动惯量小，便于启动和制动，调速和换向的灵敏度高。通常高速液压马达的输出转矩不大（仅几十牛米到几百牛米），所以又称为高速小转矩液压马达。

低速液压马达的基本类型是径向柱塞式。例如单作用曲轴连杆式、液压平衡式和多作用内曲线式等。低速液压马达的主要特点是排量大、体积大、转速低（有时可达每分种几转甚至零点几转）。因此，低速液压马达可直接与工作机构连接，不需要减速装置，从而使传动机构大为简化。通常低速液压马达输出转矩较大（可达几千牛米到几万牛米），所以又称为低速大转矩液压马达。

液压马达图形符号如图 6-1 所示。

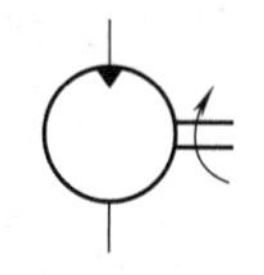
(a) 单向定量马达

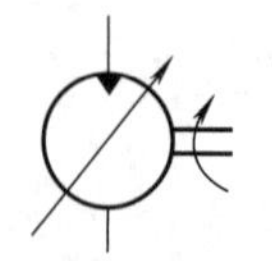
(b) 单向变量马达

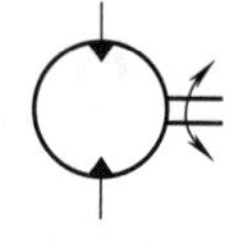
(c) 双向定量马达

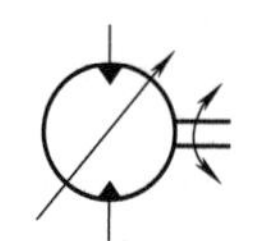
(d) 双向变量马达

图 6-1　液压马达的图形符号

（2）液压马达的技术参数

液压马达的主要技术参数如表 6-1 所示。

表 6-1　液压马达的主要技术参数

项　　目		含　　义	说　　明
压力	工作压力	液压马达入口油液的实际压力	
	额定压力	液压马达在正常工作条件下，按试验标准规定连续运转的最高压力	
	最高允许压力	在超过额定压力的条件下，根据试验标准规定，允许液压马达短暂运行的最高压力	
流量	排量 q	液压马达每转一周，根据其密封容积几何尺寸变化计算而得的排出液体的体积	排量可以调节的液压马达称为变量马达，排量不能调节的液压马达称为定量马达
	理论流量 Q_0	在不考虑液压马达泄漏流量的条件下，在单位时间内所输入马达的液体体积	理论流量等于液压马达的排量 q 与马达轴转速 n 的乘积：$Q=qn$
	实际流量 Q	液压油以一定的压力流入液压马达入口的流量称为马达的实际流量 Q	实际流量等于理论流量加上泄漏和压缩损失后的流量
	额定流量 Q_n	在正常工作条件下，按试验标准规定（如在额定压力和额定转速下）必须保证的流量	
转矩	理论转矩	液体压力作用于液压马达转子形成的转矩	$T_0=\frac{\Delta pQ}{2\pi n}$
	实际转矩	马达的理论转矩克服摩擦力矩后输出的转矩	$T=T_0-\Delta T$
效率	容积效率 η_v	液压马达的理论流量 Q_0 与其实际流量 Q 之比	$\eta_v=\frac{Q_0}{Q}$
	机械效率 η_m	液压马达的实际转矩 T 与其理论转矩 T_0 之比	$\eta_m=\frac{T}{T_0}$
	总效率 η	液压马达实际输出功率与其输入功率的比值，等于容积效率与机械效率的乘积	$\eta=\eta_v\eta_m$

2. 高速液压马达

（1）轴向柱塞马达

轴向柱塞马达的结构形式基本上与轴向柱塞泵一样，可分为斜盘式轴向柱塞马达和斜轴式轴向柱塞马达两类。

斜盘式轴向柱塞马达工作原理如图 6-2 所示，斜盘固定不动，马达轴与缸体相连一起旋转。当压力油进入液压马达的高压腔之后，工作柱塞便受到油压作用力 pA（p 为油压力，A 为柱塞面积），通过滑靴压向斜盘，其反作用力为 N。N 分解成两个分力，沿柱塞轴向分力 P，与柱塞所受液压力平衡。另一分力 F，则使柱塞对缸体中心产生一个转矩，带动马达

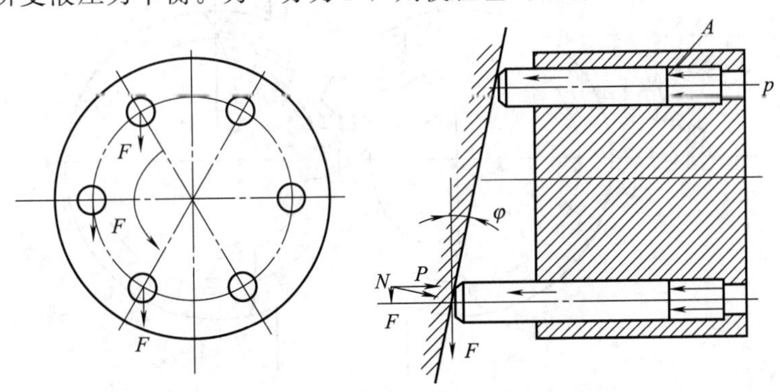

图 6-2　斜盘式轴向柱塞马达的工作原理

逆时针方向旋转。轴向柱塞马达产生的瞬时总转矩是脉动的，若改变马达压力油的输入方向，马达轴按顺时针方向旋转。改变斜盘倾角，不仅影响马达的转矩，而且影响它的转速和转向。斜盘倾角越大，产生的转矩越大，转速越低。

轴向柱塞马达的排量与轴向柱塞泵的排量公式完全相同。

（2）叶片马达

常用叶片马达为双作用式，下面以双作用式来说明其工作原理。

叶片马达的工作原理如图 6-3 所示，当压力为 p 的油液从进油口进入叶片 1 和 3 之间时，叶片 2 因两面均受液压油的作用，所以不产生转矩。叶片 1、3 上，一面作用有压力油，另一面作用有低压油。由于叶片 3 伸出的面积大于叶片 1 伸出的面积，使作用于叶片 3 上的总液压力大于作用于叶片 1 上的总液压力。于是压力差使转子产生顺时针的转矩。同样道理，压力油进入叶片 5 和 7 之间时，叶片 7 伸出的面积大于叶片 5 伸出的面积，也产生顺时针转矩。由图 6-3 可知，当改变进油方向时，即高压油进入叶片 3 和 5 之间时，液压马达逆时针转动。

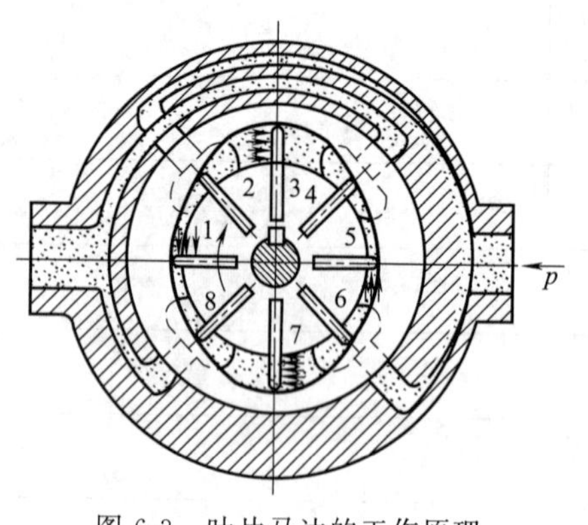

图 6-3　叶片马达的工作原理

双作用叶片马达的排量与双作用叶片泵的排量公式完全相同。

结构特点：为了适应马达正反转要求，液压马达的叶片径向放置；为了使叶片底部始终通入高压油，在高、低压油腔通入叶片底部的通路上装有梭阀；为了保证叶片马达的压力油通入后，高、低压腔不至串通，能正常启动，在叶片底部设置有燕式弹簧。叶片马达转动惯量小，反应灵敏，能适应较高频率的换向，但泄漏大，低速时不够稳定，适用于转矩小、转速高、机械性能要求不严格的场合。

（3）齿轮马达

外啮合齿轮马达的工作原理如图 6-4 所示，C 为两齿轮的啮合点，h 为齿轮的全齿高。啮合点 C 到两齿轮的齿根距离分别为 a 和 b，齿宽为 B。当高压油 p 进入马达的高压腔时，处于高压腔所有轮齿均受到压力油的作用，其中相互啮合的两个轮齿的齿面只有一部分齿面受高压油的作用。由于 a 和 b 均小于齿高 h；在力作用下，齿轮输出转矩，随着齿轮按图6-4 所示方向旋转，油液被带到低压腔排出。齿轮马达排量公式同齿轮泵。

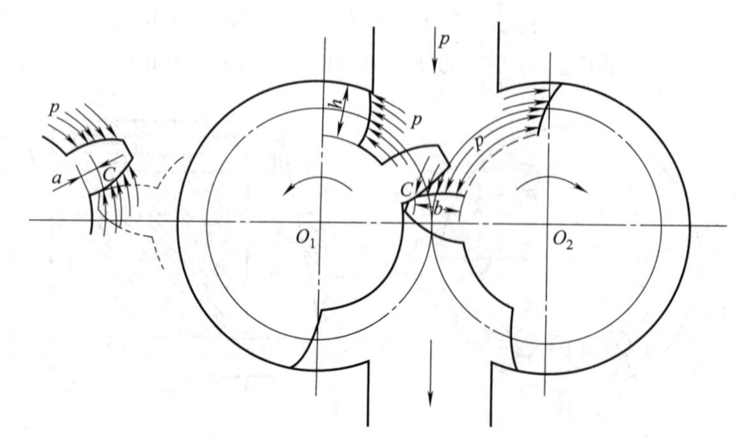

图 6-4　外啮合齿轮马达的工作原理

齿轮马达的结构特点如下。

① 适应正反转要求，进、出油口大小相等，具有对称性。

② 有单独的外泄油口将轴承部分的泄漏油引入壳体外。

③ 为减少摩擦力矩，采用滚动轴承。

④ 为减少转矩脉动，齿数较泵的齿数多。

3. 低速液压马达

低速液压马达通常是径向柱塞式结构，为了获得低速和大转矩，采用高压和大排量，但它的体积和转动惯量很大，不能用于反应灵敏和频繁换向的场合。低速液压马达按其每转作用次数，可分为单作用式和多作用式。若马达每旋转一周，柱塞作一次往复运动，称为单作用式；若马达每旋转一周，柱塞作多次往复运动，称为多作用式。

(1) 单作用连杆型径向柱塞马达

图 6-5 所示为单作用连杆型径向柱塞马达的工作原理，马达由壳体、连杆、活塞组件、曲轴及配流轴组成。呈五星状的壳体内均匀分布着柱塞缸，柱塞与连杆铰接，连杆的另一端与曲轴偏心轮外圆接触。高压油进入部分柱塞缸头部，高压油作用在柱塞上的作用力对曲轴旋转中心形成转矩。另外部分柱塞缸与回油口相通。曲轴为输出轴。配流轴随曲轴同步旋转，各柱塞缸依次与高压进油和低压回油相通（配流套不转），保证曲轴连续旋转。

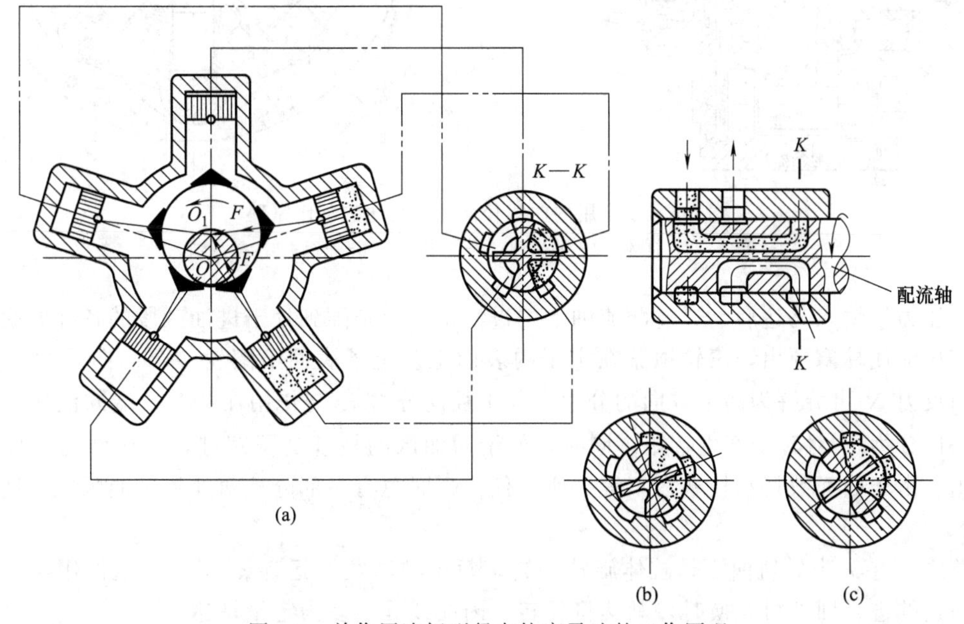

图 6-5　单作用连杆型径向柱塞马达的工作原理

单作用连杆型径向柱塞马达的排量 q 为

$$q=\frac{\pi d^2 ez}{2} \tag{6-1}$$

式中　d——柱塞直径；

e——曲轴偏心距；

z——柱塞数。

结构特点：结构简单，工作可靠，可以是壳体固定曲轴旋转，也可以是曲轴固定壳体旋转（可驱动车轮或卷筒）；但体积、重量较大，转矩脉动，低速稳定性较差。近几年来主要摩擦副大多采用静压支承或静压平衡结构，其低速稳定性有很大的改善，最低转速可达 3r/min。

(2) 多作用内曲线径向柱塞马达

多作用内曲线径向柱塞马达的工作原理如图 6-6 所示。它由定子（壳体 1）、转子（缸体 2）、柱塞 4 和配流轴 6 等组成。壳体内环由 x 个导轨曲面组成，每个曲面分为 a、b 两个区段；缸体径向均布有 z 个柱塞孔，柱塞球面头部顶在滚轮组横梁上，使之在缸体径向槽内滑动；配流轴圆周均布 $2x$ 个配流窗口，其中 x 个窗口对应于 a 段，通高压油，x 个窗口对应于 b 段，通回油（$x \neq z$）。

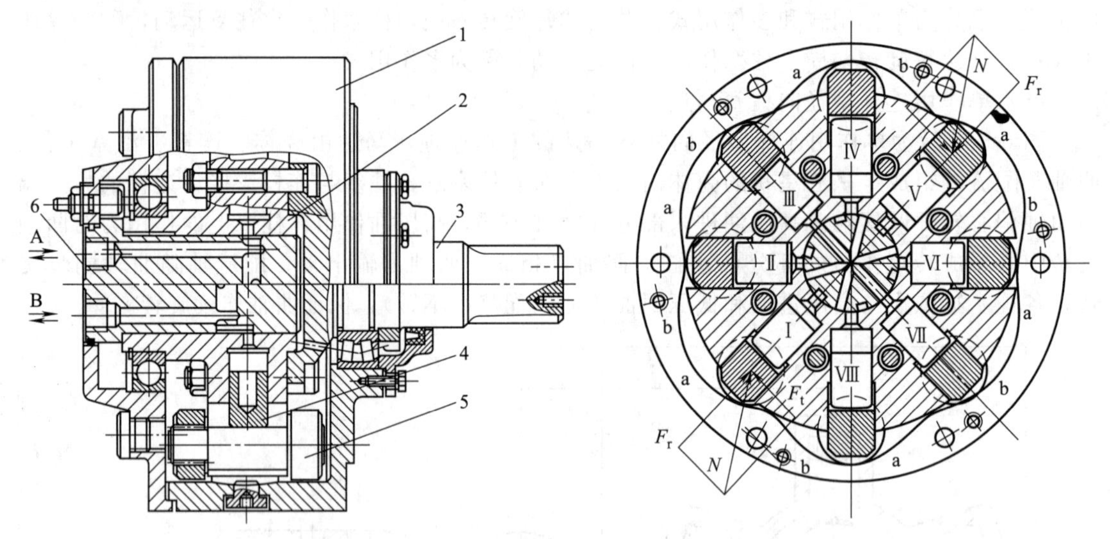

图 6-6 多作用内曲线径向柱塞马达的工作原理

1—壳体；2—缸体；3—输出轴；4—柱塞；5—滚轮组；6—配流轴

当压力油输入马达后，通过配流轴上的进油窗口分别配到处于进油区段的各柱塞底部油腔，液压油使柱塞顶出，滚轮顶紧在定子内表面上。定子表面给滚轮一个法向反力 N，这个法向反力 N 可分解为两个方向的分力，其中径向分力 F_r 与作用在柱塞后端的液压力相平衡，切向分力 F_t 对转子产生转矩。同时，处于回油区的柱塞受压缩进，低压油通过回油窗口排出。由于曲面数目和柱塞数不等，所以任一瞬时总有一部分柱塞处于进油区段，使缸体转动。

总之，有 x 个导轨曲面，缸体旋转一转，每个柱塞往复运动 x 次，马达作用次数为 x 次。马达的进、回油口互换时，马达将反转。内曲线马达多为定量马达。

多作用内曲线径向柱塞马达的排量为

$$q=\frac{\pi d^2}{4}sxyz \tag{6-2}$$

式中 d——柱塞直径；

s——柱塞行程；

x——作用次数；

y——柱塞排数；

z——每排柱塞数。

多作用内曲线径向柱塞马达转矩脉动小，径向力平衡，启动转矩大，能在低速下稳定运转，普遍用于工程、建筑、起重运输、煤矿、船舶、农业等机械中。

4. 液压马达常见的故障及排除方法

液压马达常见的故障及排除方法见表 6-2。

表 6-2　液压马达常见的故障及排除方法

故障现象	产生原因	排除方法
转速低，输出转矩小	①滤清器阻塞，油液黏度过大，泵间隙过大，泵效率低，使供油不足 ②密封不严，有空气进入 ③油液污染，堵塞马达内部通道 ④油液黏度小，内泄漏增大 ⑤油箱中油液不足或管径过小或过大 ⑥齿轮马达侧板和齿轮两侧面、叶片马达配油盘和叶片等零件磨损造成内泄漏和外泄漏 ⑦单向阀密封不良，溢流阀失灵	①清洗滤清器，更换黏度合适的油，保证供油量 ②紧固密封 ③拆卸、清洗马达，更换油液 ④更换黏度合适的油 ⑤加油，加大吸油管径 ⑥修复零件 ⑦修理阀芯和阀座
噪声过大	①进油口滤清器堵塞，进油管漏气 ②联轴器与马达不同轴或松动 ③齿轮马达精度低，接触不良，轴向间隙小，内部个别零件损坏，齿轮内孔与端面不垂直，端盖上两孔不平行，滚针轴承断裂，轴承架损坏 ④叶片与主配油盘接触的两侧面、叶片端或定子内表面磨损或刮伤，扭力弹簧变形或损坏 ⑤径向柱塞马达的径向尺寸严重超差	①清洗，紧固接头 ②重新安装调整或紧固 ③更换齿轮或研磨修整齿形，研磨有关零件重配轴向间隙，对损坏零件进行更换 ④根据磨损程度修复或更换 ⑤修磨缸孔，重配柱塞

二、液压油缸

液压油缸是液压传动系统中的执行元件，是将液压能转换为机械能的能量转换装置，主要用来实现往复直线运动。其结构简单、工作可靠，与杠杆、连杆、齿轮齿条、棘轮棘爪、凸轮等机构配合能实现多种机械运动，在各种机械的液压系统中得到广泛的应用。

液压油缸按其作用方式的不同分单作用缸和双作用缸两类。如图 6-7 所示，在压力油作用下只能作单方向运动的液压油缸称为单作用缸。单作用缸的回程必须借助于运动件的自重或其他外力（如弹簧力）的作用实现。往两个方向的运动都由压力油作用实现的液压油缸称为双作用缸。

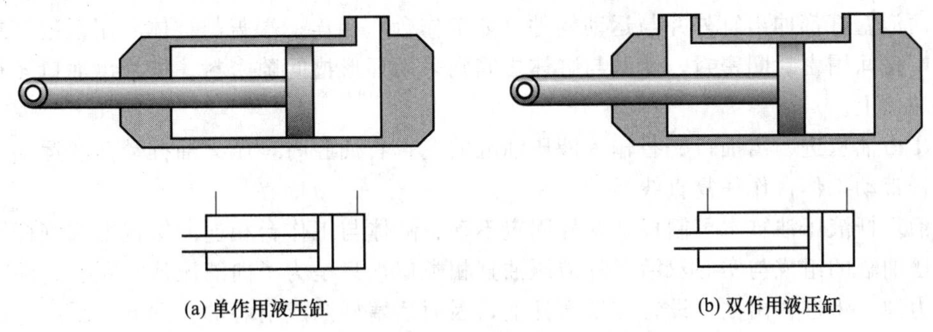

图 6-7　单作用液压缸和双作用液压缸

液压油缸按结构形式的不同，有活塞式、柱塞式、摆动式、伸缩式等，其中以活塞式液压油缸应用最多。

常用液压油缸的图形符号见表 6-3。

表 6-3 常用液压油缸的图形符号

单作用缸			双作用缸		
单活塞杆缸	单活塞杆缸(带弹簧)	伸缩缸	单活塞杆缸	双活塞杆缸	伸缩缸
详细符号	详细符号		详细符号	详细符号	
简化符号	简化符号		简化符号	简化符号	

1. 活塞式液压油缸

活塞式液压油缸有双杆式和单杆式两种。按其安装方式的不同，又有缸体固定式（缸固式）和活塞杆固定式（杆固式）两种。

（1）双活塞杆液压油缸

① 双活塞杆液压油缸的结构和工作原理　图 6-8 所示为常见的双作用式实心双活塞杆液压油缸（缸固式）的结构。

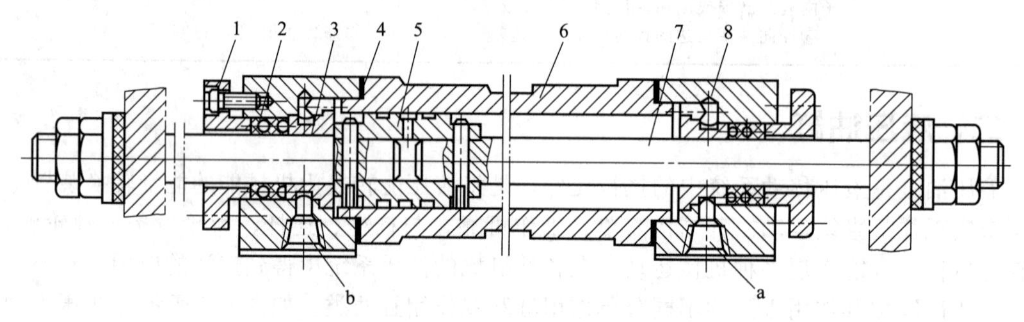

图 6-8　实心双活塞杆液压油缸的结构

1—压盖；2—密封圈；3—导向套；4—密封纸垫；5—活塞；6—缸体；7—活塞杆；8—端盖

液压油缸由缸体 6、两个端盖 8、活塞 5、两实心活塞杆 7 和密封圈 2 等组成。缸体固定不动，两活塞杆都伸出缸外并与运动构件（如工作台）相连。端盖与缸体间用纸垫密封，活塞杆与端盖间用密封圈密封，活塞与缸体之间则采用环形槽间隙密封。进、出油口 a 和 b 设置在两端盖上。

当压力油从进、出油口交替输入液压油缸的左、右油腔时，压力油推动活塞运动，并通过活塞杆带动工作台作往复直线运动。

双活塞杆液压油缸也可制成活塞杆固定不动、缸体与工作台相连的结构形式（杆固式）。这种液压油缸的组成与实心双活塞杆液压油缸相类似，只是为了向液压油缸左、右油腔交替输送压力油，将进、出油口设置在活塞杆上，因而活塞杆制成空心的。图 6-9 所示为其工作原理。

② 双活塞杆液压油缸的特点和应用

a. 根据不同的要求，两活塞杆的直径可以相等，也可以不相等。两直径相等时，由于活塞两端的有效作用面积相同，因此，在供油压力 p 和流量 Q 相同的情况下，往复运动的

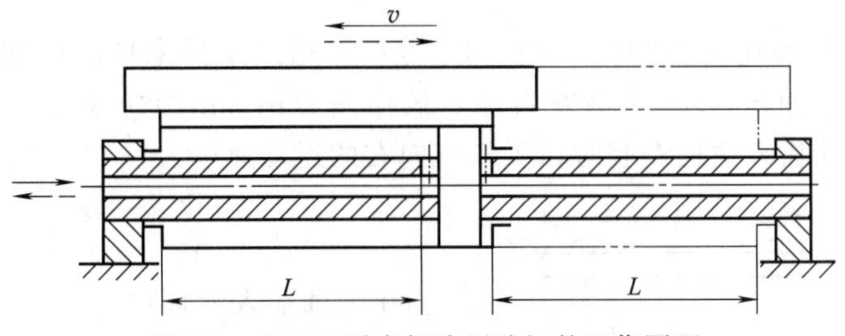

图 6-9　空心双活塞杆液压油缸的工作原理

速度相等、推力相等。

b. 固定缸体时（实心双活塞杆液压油缸），工作台的往复运动范围约为有效行程 L 的三倍；固定活塞杆时（空心双活塞杆液压油缸），工作台往复运动的范围约为有效行程 L 的两倍（图 6-9）。

c. 活塞与缸体之间采用间隙密封，结构简单，摩擦阻力小，但内泄漏较大，仅适于工作台运动速度较高的场合。

双活塞杆液压油缸常用于工作台往返运动速度相同（两活塞杆直径相等），推力不大的场合。缸体固定的液压油缸，因运动范围大，占地面积较大，一般用于小型机床或液压设备；活塞杆固定的液压油缸则因运动范围不大，占地面积较小，常用于中型或大型机床或液压设备。

（2）单活塞杆液压油缸

① 单活塞杆液压油缸的结构和工作原理　图 6-10 所示为一种双作用式单活塞杆液压油缸结构，主要由缸体 4、带杆活塞 5 和端盖 2、7 组成。进、出油口设置在两端盖上，缸体固定不动。为防止液压油向液压油缸缸体外或由高压腔向低压腔泄漏，在缸体与端盖、活塞与活塞杆、活塞与缸体、活塞杆与前端盖之间均设有密封装置。端盖与缸体间用垫圈 3 密封，活塞杆与端盖间、活塞与缸体之间用 O 形密封圈密封。

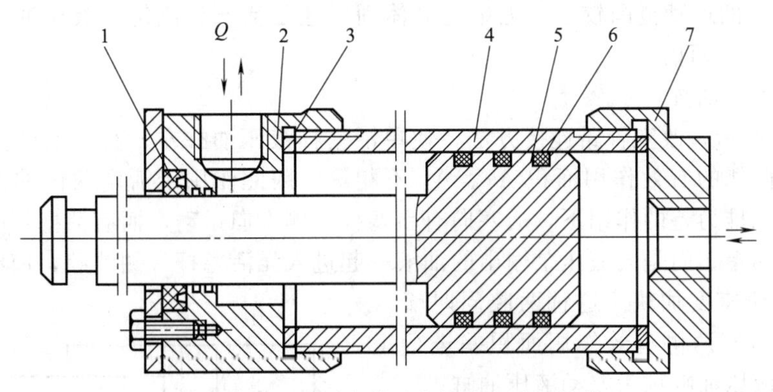

图 6-10　双作用式单活塞杆液压油缸结构

1，6—密封圈；2，7—端盖；3—垫圈；4—缸体；5—活塞

压力油从进、出油口交替输入液压油缸的左、右油腔时，推动活塞并通过活塞杆带动工作台实现往复直线运动。由于液压油缸仅一端有活塞杆，所以活塞两端有效作用面积不等。

这种液压油缸可以采用缸体固定，活塞杆运动，也可以是活塞杆固定，缸体运动。其往复运动的范围都约为有效行程 L 的两倍。

② 单活塞杆液压油缸的特点和应用　单活塞杆液压油缸与双活塞杆液压油缸比较，具

有如下特点。

a. 工作台往复运动速度不相等　图 6-11 为双作用式单活塞杆液压油缸工作原理。A_1 为活塞左侧有效作用面积，A_2 为活塞右侧有效作用面积。由液压泵输入油缸的流量为 Q，压力为 p。当压力油输入油缸左腔时，工作台向右的运动速度为

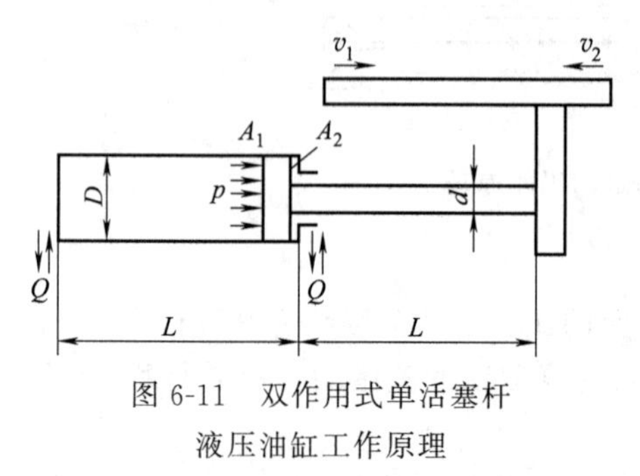

图 6-11　双作用式单活塞杆液压油缸工作原理

$$v_1=\frac{Q}{A_1}=\frac{4Q}{\pi D^2}\ (\mathrm{m/s}) \tag{6-3}$$

当压力油输入油缸右腔时，工作台向左的运动速度为

$$v_2=\frac{Q}{A_2}=\frac{4Q}{\pi(D^2-d^2)}\ (\mathrm{m/s}) \tag{6-4}$$

由于 $A_1>A_2$，可见 $v_2>v_1$；如果 $A_1=2A_2$，则 $v_2=2v_1$。

单活塞杆液压油缸工作时，工作台往复运动速度不相等这一特点常被用于实现机床的工作进给及快速退回。

b. 活塞两个方向的作用力不相等　压力油输入无活塞杆的油缸左腔时，油液对活塞的作用力（产生的推力）为

$$F_1=pA_1=p\ \frac{\pi D^2}{4}\ (\mathrm{N}) \tag{6-5}$$

压力油输入有活塞杆的油缸右腔时，油液对活塞的作用力（产生的推力）为

$$F_2=pA_2=p\ \frac{\pi(D^2-d^2)}{4}\ (\mathrm{N}) \tag{6-6}$$

可见 $F_1>F_2$，即单活塞杆液压油缸工作中，工作台作慢速运动时活塞获得的推力大，工作台作快速运动时活塞获得的推力小。

c. 液压油缸的运动范围较小　无论是缸体固定还是活塞杆固定，液压油缸的运动范围都是工作行程 L 的两倍。

（3）差动液压油缸

如图 6-12 所示，改变管路连接方法，使单活塞杆液压油缸左、右两油腔同时输入压力油。由于活塞两侧的有效作用面积 A_1、A_2 不相等，因此作用于活塞两侧的推力不等，存在推力差。在此推力差的作用下，活塞向有活塞杆一侧方向运动，而有活塞杆一侧油腔排出的油液不流回油箱，而是同液压泵输出的油液一起进入无活塞杆一侧油腔，使活塞向有活塞杆一侧方向运动速度加快。这种两腔同时输入压力油，利用活塞两侧有效作用面积差进行工作的单活塞杆液压油缸称为差动液压油缸。

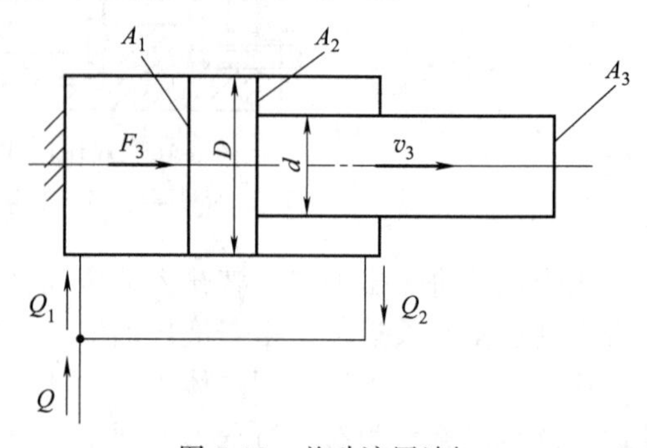

图 6-12　差动液压油缸

由图 6-12 可知，进入差动液压油缸无活塞杆一侧油腔的流量 Q_1，除液压泵输出流量 Q 外，还有来自有活塞杆一侧油腔的流量 Q_2，即 $Q_1=Q+Q_2$。设差动液压活塞的运动速度为 v_3，作用于活塞上的推力为 F_3，则 $Q=Q_1-Q_2=A_1v_3-A_2v_3=A_3v_3=v_3\dfrac{\pi d^2}{4}$，得

$$v_3=\frac{4Q}{\pi d^2}\ (\mathrm{m/s}) \tag{6-7}$$

$$F_3=pA_3=p\ \frac{\pi d^2}{4}\ (\mathrm{N}) \tag{6-8}$$

比较式（6-3）和式（6-7）可知：在差动液压油缸中，活塞（工作台）的运动速度 v_3 大于非差动连接时的速度 v_1，因而可以获得快速运动。差动连接时，活塞运动的速度 v_3 与活塞杆的截面积 A_3 成反比。

如果使 $D=\sqrt{2}d$（即 $A_1=2A_3$），则由 $Q_2=Q$、$Q_1=2Q_2$ 可知输入无活塞杆一侧油腔的流量增加一倍，使活塞向有活塞杆一侧方向的运动速度也提高了一倍。这样，活塞的往返运动速度相同（$v_3=v_2$）。

单活塞杆液压油缸常用于慢速工作进给和快速退回的场合。采用差动连接时可满足实现快进（v_3）、工进（v_1）、快退（v_2）的工作循环。在金属切削机床和其他液压系统中得到广泛的应用。

2. 柱塞式液压油缸

活塞式液压油缸应用较广，但缸筒内孔精度要求高，行程较长时加工困难，此时宜采用柱塞式液压油缸。

如图 6-13（a）所示，它由缸筒 1、柱塞 2、导向套和缸盖 3 等零件组成。柱塞和缸筒内壁不接触，运动时由缸盖上的导向套来导向，因此缸筒内孔不需精加工，工艺性好，结构简单，成本低，常用于行程很长的龙门刨床、导轨磨床和大型拉床等设备的液压系统中。图 6-13（b）为柱塞缸的职能符号。

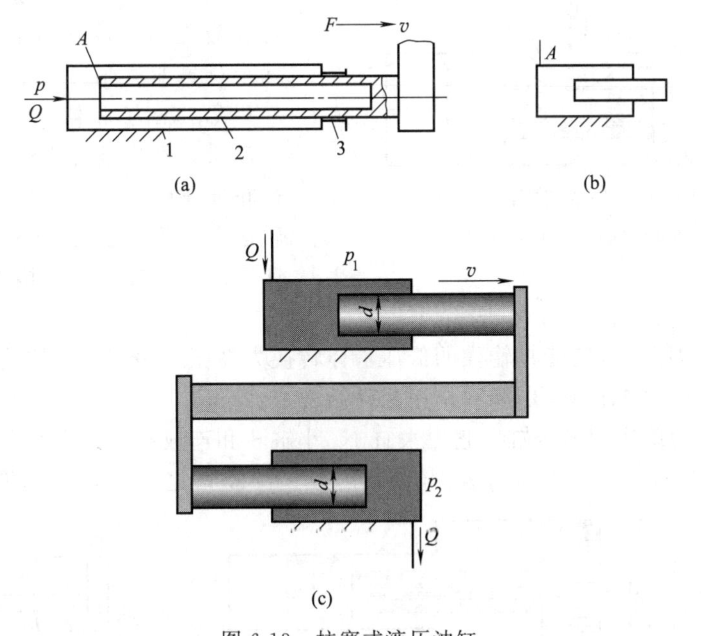

图 6-13　柱塞式液压油缸

1—缸筒；2—柱塞；3—导向套和缸盖

柱塞式液压油缸是单作用液压油缸，它的回程要靠自重力（垂直放置时）或其他外力（如弹簧力）来完成。为了获得双向运动，柱塞式液压油缸常成对使用，如图 6-13（c）所示。

3．摆动式液压油缸

摆动式液压油缸是一种输出转矩并实现往复摆动的液压执行元件，又称摆动式液压马达或回转液压油缸。常有单叶片式和双叶片式两种结构。如图 6-14 所示，它由定子块 1、缸体 2、摆动轴 3 和叶片 4 等零件组成，定子块固定在缸体上，叶片和叶片轴（转子）连接在一起。当两油口交替输入压力油时，叶片带动叶片轴作往复摆动，输出转矩和角速度。

摆动式液压油缸结构紧凑、输出转矩大，但密封性较差，一般只用于机床和工夹具的夹紧装置、送料装置、转位装置、周期性进给机构等中低压系统以及工程机械中。

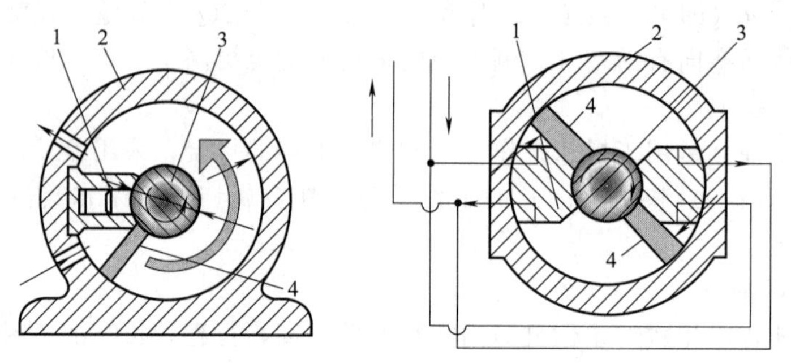

图 6-14 摆动式液压油缸

1—定子块；2—缸体；3—摆动轴；4—叶片

4．其他液压油缸

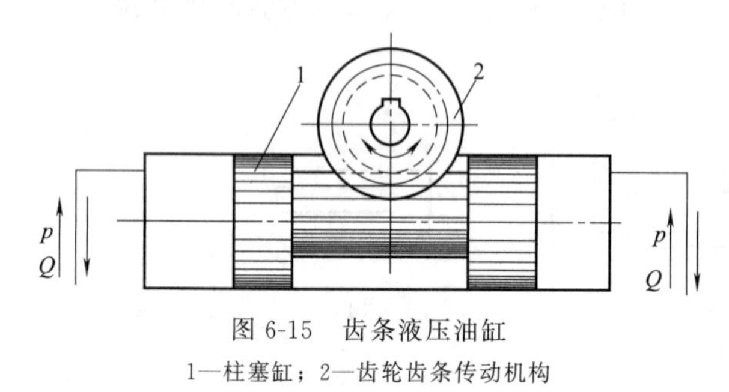

图 6-15 齿条液压油缸

1—柱塞缸；2—齿轮齿条传动机构

（1）齿条液压油缸

图 6-15 所示的齿条液压油缸又称无杆式液压油缸，它由带有一根齿条杆的两个柱塞缸 1 和一套齿轮齿条传动机构 2 组成。压力油推动柱塞左右往复直线运动时，经齿条杆推动齿轮轴往复转动，齿轮便驱动工作部件作周期性的往复旋转运动。齿条缸多用于自动线、组合机床等的转位或分度机构液压系统中。

（2）增压缸

增压缸又称增压器。它能将输入的低压液体转换为高压或超高压液体输出，供液压系统中的高压支路使用。它有单作用和双作用两种结构。

图 6-16 所示为单作用增压缸。它由大缸 1、小缸 3 和连成一体的大小活塞 2 组成。大缸为低压缸，小缸为高压缸，工作行程时，低压液体由 A 口进入大缸推动增压缸的大活塞，

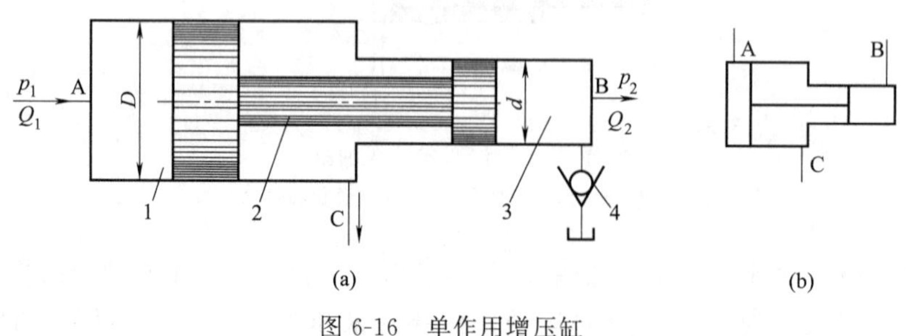

图 6-16 单作用增压缸

1—大缸；2—活塞；3—小缸；4—单向阀

大活塞带动与其连成一体的小活塞向右运动，C口回油，使小缸中预先充满的待增压液体增压后，经B口输出流入高压支路；返回行程时，低压液体由C口进入，A口回油，活塞向左运动，使待增压液体经单向阀4吸入高压腔，以备再次输出。

单作用增压缸结构简单，但只能在活塞一次行程中连续地输出高压液体。

5. 液压油缸的密封、缓冲和排气

(1) 液压油缸的密封

液压传动是依靠密封容积的变化来传递运动的，密封性能的好坏直接影响液压传动的性能和效率，所以液压元件均要求有良好的密封性能。作为液压系统执行元件，密封性能的好坏直接影响液压油缸的工作性能和效率，要求液压油缸所选用的密封元件，应在一定的工作压力下具有良好的密封性能，使泄漏不致因压力升高而显著增加。密封元件还应结构简单、摩擦力小、寿命长。

液压油缸的密封包括固定件的密封（如缸体与端盖间的密封）和运动件的密封（如活塞与缸体、活塞杆与端盖间的密封）。

常用的密封方法有间隙密封和密封元件密封。

① 间隙密封　是通过相对运动零件之间小配合间隙来保证的。如图6-17所示，在活塞上开有几个环形沟槽（一般为0.5mm×0.5mm）。其作用：一方面可以减小活塞和液压油缸壁之间的接触面积；另一方面利用沟槽内油液压力的均匀分布，使活塞处于中心位置，减小因零件精度不高而产生的侧压力所造成的活塞与液压油缸壁之间的摩擦，并可减小泄漏。

间隙密封方法的摩擦阻力小，但密封性能差，加工精度要求较高，因此只适用于尺寸较小、压力较低、运动速度较高的场合。活塞与液压油缸壁之间的间隙通常取0.02～0.05mm。

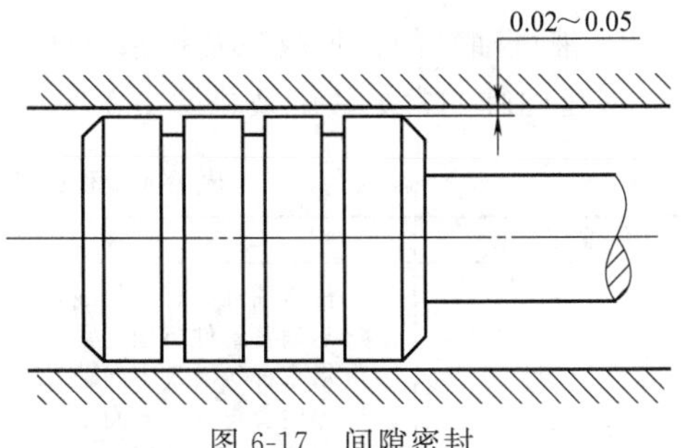

图6-17　间隙密封

② 密封圈密封　是液压系统中应用最广泛的一种密封方法。密封圈用耐油橡胶、尼龙等材料制成，其截面通常做成O形、Y形、V形等。详见单元八。

(2) 液压油缸的缓冲

液压油缸的缓冲结构是为了防止活塞在行程终了时，由于惯性力的作用与端盖发生撞击，影响设备的使用寿命。特别是当液压油缸驱动重负荷或运动速度较大时，液压油缸的缓冲就显得更为必要。缓冲的原理是当活塞将要达到行程终点，接近端盖时，增大回油阻力，以降低活塞的运动速度，从而减小和避免活塞对端盖的撞击。

液压油缸常用缓冲结构如图6-18所示，主要由活塞顶端的凸台和端盖上的凹槽构成。凸台制成圆台或带斜槽圆柱，凹槽则为内圆柱盲孔。当活塞运动至接近端盖时，凸台进入凹槽，凹槽内的油液被压经凸台与凹槽间的缝隙回流，而增大回油阻力，产生制动作用，使活塞运动速度减慢，从而实现缓冲。

(3) 液压油缸的排气

由于安装、停车或其他原因，液压油缸内常混入空气而聚积在缸的最高部位处。液压系统中渗入空气后，会影响运动的平稳性，使换向精度下降，活塞低速运动时产生爬行，甚至在开始运动时运动部件产生冲击现象，严重时会使液压系统不能正常工作。为此，液压油缸需设排气装置。为了便于排除积留在液压油缸内的空气，油液最好从液压油缸的最高点进入和引出。

对于要求不高的液压系统，往往不设专门的排气装置，而是将缸的进、出油口设置在缸体两端的最高处，回油时将缸内的空气带回油箱，再从油箱中逸出。

对运动平稳性要求较高的液压油缸，常在液压油缸两端安装排气塞，其结构如图 6-19 所示。工作前拧开排气塞，使活塞全行程空载往复数次，将缸中空气通过排气塞排净，然后拧紧排气塞，即可进行工作。

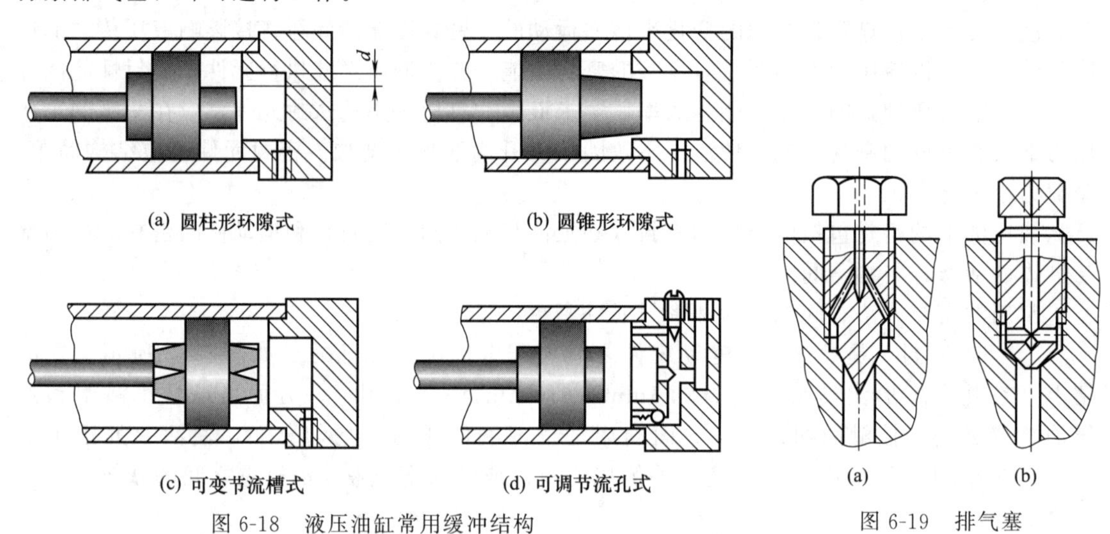

图 6-18　液压油缸常用缓冲结构

图 6-19　排气塞

6. 液压油缸的常见故障及排除方法

液压油缸的常见故障及排除方法见表 6-4。

表 6-4　液压油缸的常见故障及排除方法

故障现象	产生原因	排除方法
爬行	①液压油缸内有空气混入 ②运动密封件装配过紧 ③活塞杆与活塞不同轴，活塞杆不直 ④导向套与缸筒不同轴 ⑤液压油缸安装不良，其中心线与导轨不平行 ⑥缸筒内壁锈蚀、拉毛 ⑦活塞杆两端螺母拧得过紧，使其同轴度降低 ⑧活塞杆刚性差	①设置排气装置或开动系统强制排气 ②调整密封圈，使其松紧适当 ③校正、修正或更换 ④修正调整 ⑤重新安装 ⑥去除锈蚀、毛刺或重新镗缸 ⑦略松螺母，使活塞杆处于自然状态 ⑧加大活塞杆直径
冲击	①缓冲间隙过大 ②缓冲装置中的单向阀失灵	①减小缓冲间隙 ②修理单向阀
推力不足或工作速度下降	①缸体和活塞间的配合间隙过大或密封件损坏，造成内泄漏 ②缸体和活塞间的配合间隙过小，密封过紧，运动阻力大 ③缸盖与活塞杆密封压得太紧或活塞杆弯曲，使摩擦阻力增加 ④油温太高，黏度降低，泄漏增加，使缸速降低 ⑤液压油中杂质过多	①修理或更换不合精度要求的零件，重新装配、调整或更换密封件 ②增加密封间隙，调整密封件的压紧程度 ③调整密封件的压紧程度，校直活塞杆 ④检查油温升高原因，采取散热措施，改进密封结构 ⑤清洗液压系统，更换液压油
外泄漏	①活塞杆表面损伤或密封件损坏造成活塞杆处密封不严 ②密封圈方向装反 ③缸盖处密封不良，缸盖螺钉未拧紧	①检查并修复活塞杆，更换密封件 ②更正密封圈方向 ③检查并修理密封件，拧紧螺钉

校企链接

沃尔沃 EC210B 挖掘机共使用 4 个单作用活塞式液压油缸，1 个回转马达，2 个行走马达。

1. 回转马达和行走马达规格

沃尔沃 EC210B 挖掘机回转马达和行走马达规格如表 6-5 所示。

表 6-5　沃尔沃 EC210B 挖掘机回转马达和行走马达规格

回转马达		行走马达	
型号	M2 * 120B-CHB	型号	EM140V
结构	斜盘定量柱塞马达	结构	斜盘变量柱塞马达
排量	121.6mL/r	排量	140.5mL/r(低速)/82.4mL/r(高速)
溢流阀设定压力	27MPa	溢流阀设定压力	40MPa
马达壳体内压力	0.2MPa		

2. 液压油缸的密封装置

活塞杆与活塞的密封装置如图 6-20 和图 6-21 所示。

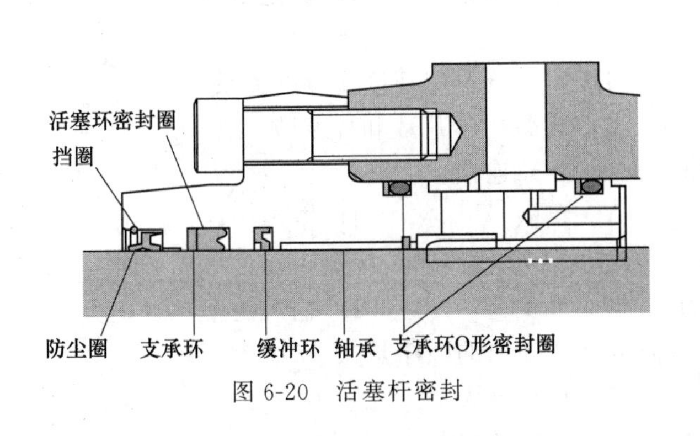

图 6-20　活塞杆密封

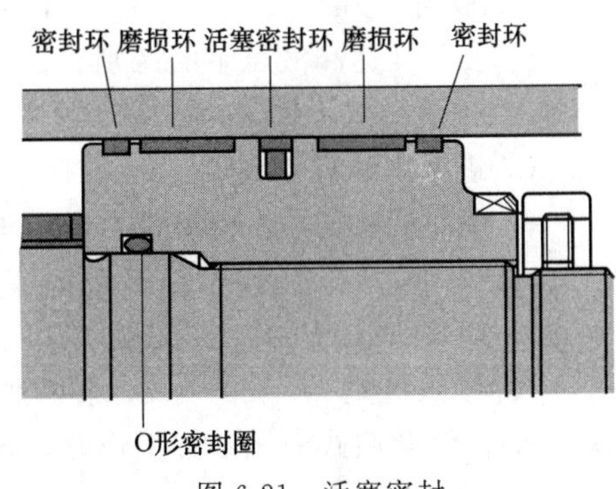

图 6-21　活塞密封

单元习题

一、填空

1. 液压马达是液压系统的______装置，其作用是将液体的______转换为______。

2. 液压马达按其额定转速分为______和______两大类，两类的分界线是______。

3. 液压马达按其结构类型来分，可以分为______、______、______和______。它们因转速较高，所以通常称为______马达。

4. 径向柱塞马达一般做成______马达。

5. 轴向柱塞马达可分为______和______马达。

6. 液压油缸按其液压力的作用方式可分为________液压油缸和________液压油缸；按其结构特点可分为______、______、________和________。

二、判断

1. 液压马达与液压泵从能量转换观点上看是互逆的，因此所有的液压泵均可以用来作液压马达使用。　（　）

2. 因存在泄漏，因此输入液压马达的实际流量大于其理论流量，而液压泵的实际输出流量小于其理论流量。（　）

3. 双活塞杆液压油缸又称为双作用液压油缸，单活塞杆液压油缸又称为单作用液压油缸。（　）

4. 当输入的流量相等时，单活塞杆式双作用液压油缸往复运动的速度相等。（　）

5. 变量泵容积调速回路的速度刚性受负载变化影响的原因与定量泵节流调速回路有根本的不同，负载转矩增大泵和马达的泄漏增加，致使马达转速下降。（　）

三、选择

1. 液压马达的理论流量（　）实际流量。

A. 小于　B. 大于　C. 等于　D. 不确定

2. 高速液压马达指转速大于（　）的马达。

A. 400r/min　B. 500r/min　C. 600r/min　D. 700r/min

3. 变量轴向柱塞马达排量的改变是通过调整斜盘（　）的大小来实现的。

A. 角度　B. 方向　C. A 和 B 都是　D. A 和 B 都不是

4. 能使马达连续正常运转的最高压力称为马达（　）。

A. 最高压力　B. 工作压力　C. 理论压力　D. 额定压力

5. 液压马达和液压泵的区别有（　）。

A. 排量公式不同　B. 实际流量与理论流量的关系

C. 进、出油口不同　D. 齿数、叶片数和柱塞数

6. 单杆活塞缸左右两腔都接高压油时称为（　）连接。

A. 差动　B. 浮动　C. 负载　D. 空载

7. 液压油缸的工作压力主要取决于（　）。

A. 输入流量　B. 泵供油压力　C. 外负荷　D. 输入功率

8. 伸缩套筒式液压油缸工作时，各级套筒或活塞伸出的顺序是（　）。

A. 从大至小　B. 从小至大

C. 根据压力的不同而不同　D. 根据流量的不同而不同

9. 液压油缸的运行速度主要取决于（　）。

A. 液压油缸的密封　B. 输入流量　C. 泵的供油压力　D. 外负荷

10. 液压油缸产生爬行现象的主要原因是（　）。

A. 活塞运行摩擦力过大　B. 内部泄漏

C. 缸内进入空气　D. A+B+C

四、简答

1. 液压马达的工作原理及正常工作的基本条件分别是什么？

2. 液压马达有哪些主要工作参数？

3. 简述轴向柱塞马达的工作原理。

4. 简述单作用连杆型径向柱塞马达的工作原理。

5. 说明液压油缸的速度与流量的关系。

6. 说明液压油缸的牵引力与压力的关系。

7. 柱塞式、活塞式和伸缩套筒式液压油缸在结构上各有什么特点？

8. 对于有排气装置的液压油缸，怎样才能将缸内的空气排除干净？

单元七 控制元件的结构与维修

单元导入

挖掘机中采用方向控制阀来调节油液的流向，以满足动臂的伸缩、斗杆和铲斗的翻入翻出等动作的要求。为了保证执行元件能按设计要求安全可靠地工作，不仅要对液压油流动的方向进行控制，还要对液压油的压力和流量进行控制，这些控制元件主要指各类液压控制阀。

一、控制阀概述

液压控制阀是液压系统的控制元件，其作用是控制和调节液压系统中液体流动的方向、压力的高低和流量的大小，以满足执行元件的工作要求。

1. 液压控制阀的分类方法

（1）按结构形式划分

① 滑阀　阀芯为圆柱形，阀芯上有台肩，阀芯台肩大、小直径分别为 D 和 d，与进、出油口对应的阀体上开有沉割槽，一般为全圆周；阀芯在阀体孔内作相对运动，开启或关闭阀口，如图 7-1（a）所示。

② 锥阀　阀芯半锥角 α 一般为 12°～20°，有时为 45°；阀口关闭时为线密封，不仅密封性能好，而且开启阀口时无死区，阀芯稍有位移即开启，动作很灵敏，如图 7-1（b）所示。

③ 球阀　性能与锥阀相同，如图 7-1（c）所示。

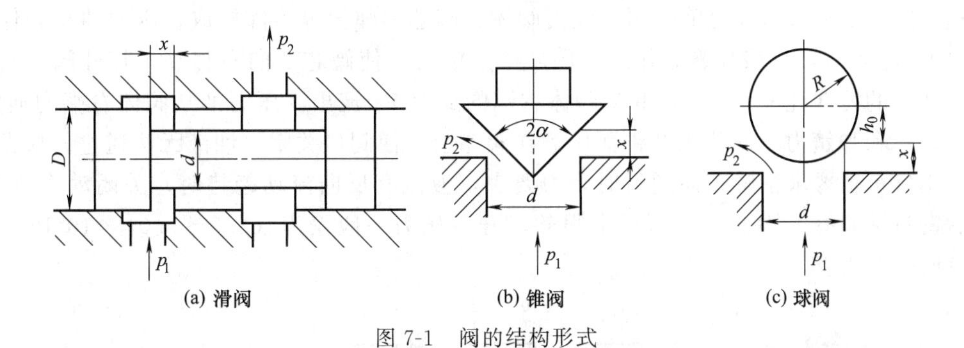

图 7-1　阀的结构形式

（2）按控制原理划分

液压阀可分为开关阀、比例阀、伺服阀和数字阀。开关阀是指控制量为定值或阀口启闭控制液流的阀类；比例阀和伺服阀能根据输入信号连续或按比例地控制系统的参数；数字阀则由数字信号控制阀的动作。

（3）按用途划分

液压阀可分为方向控制阀、压力控制阀和流量控制阀。

这里主要按照用途划分来介绍常用的阀类。

2. 液压阀的基本性能参数

液压阀的基本性能参数是对阀进行评价和选用的依据。它反映了阀的规格大小和工作特点。其主要基本性能参数有阀的规格、额定压力和额定流量。

(1) 公称通径（名义通径）

阀的公称通径是表征阀的规格大小的性能参数。

高压系列的液压阀常用公称通径来表示。公称通径表征阀的通流能力和所配管道的尺寸规格。

我国中、低压液压阀系列规格未采用公称通径表示法，而是根据通过阀的公称流量来表示。

(2) 额定压力

液压阀连续工作所允许的最高压力称为额定压力，压力控制阀的实际最高压力有时与阀的调压范围有关。

(3) 额定流量

额定流量是指液压阀在额定工作状态下的名义流量。阀工作时的实际流量应小于或等于它的额定流量，最大不得超过额定流量的 1.1 倍。

二、方向控制阀

方向控制阀是用于控制液压系统中油路的接通、切断或改变液流方向的液压阀（简称方向阀），主要用以实现对执行元件的启动、停止或运动方向的控制。常用的方向控制阀有单向阀和换向阀。

1. 单向阀

单向阀的作用是控制油液的单向流动。单向阀有普通单向阀和液控单向阀两种。

(1) 单向阀的结构和工作原理

① 普通单向阀　单向阀是保证通过阀的液流只向一个方向流动而不能反向流动的方向控制阀。图 7-2 所示的普通单向阀一般由阀体、阀芯和弹簧等零件构成。压力油从阀体左端的通口 P_1 流入时，克服弹簧 3 作用在阀芯 2 上的力，使阀芯 2 向右移动，打开阀口，并通过阀芯 2 上的径向孔 a、轴向孔 b 从阀体右端的通口 P_2 流出。压力油从阀体右端的通口 P_2 流入时，它和弹簧力一起使阀芯锥面压紧在阀座上，使阀口关闭，油液无法通过。根据单向阀的使用特点，要求油液正向通过时阻力要小，液流有反向流动趋势时，关闭动作要灵敏，关闭后密封性要好。因此，弹簧通常很软，开启压力一般仅为 $(3.5\sim5.0)\times10^4$ Pa，主要用于克服摩擦力。

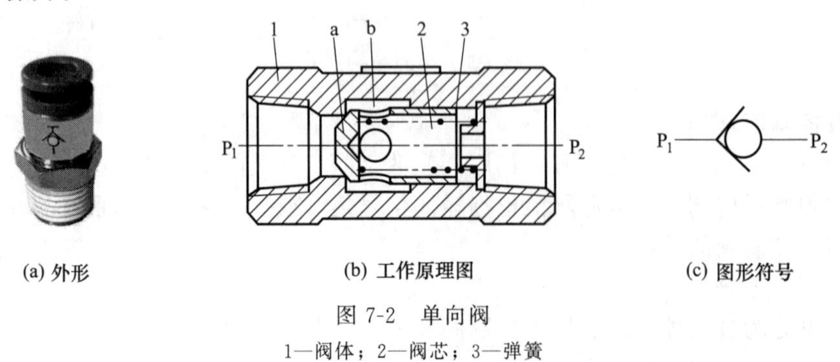

(a) 外形　(b) 工作原理图　(c) 图形符号

图 7-2　单向阀

1—阀体；2—阀芯；3—弹簧

单向阀的阀芯分为钢球式和锥式两种。钢球式阀芯结构简单，价格低，但密封性较差，一般仅用在低压、小流量的液压系统中。锥式阀芯阻力小，密封性好，使用寿命长，所以应用较广，多用于高压、大流量的液压系统中。

② 液控单向阀　在液压系统中，有时需要使被单向阀所闭锁的油路重新接通，为此可把单向阀做成闭锁方向能够控制的结构，这就是液控单向阀。

图 7-3 所示的液控单向阀中，当控制口 K 处无压力油通入时，它的工作原理和普通单向阀一样，压力油只能从 P_1 流向 P_2，反向截止；当控制口 K 有控制压力油时，因控制活塞 1 右侧 a 腔通泄油口 L，活塞 1 右移，推动顶杆 2 顶开阀芯 3，使通口 P_1 和 P_2 接通，油液就可在两个方向自由流通。

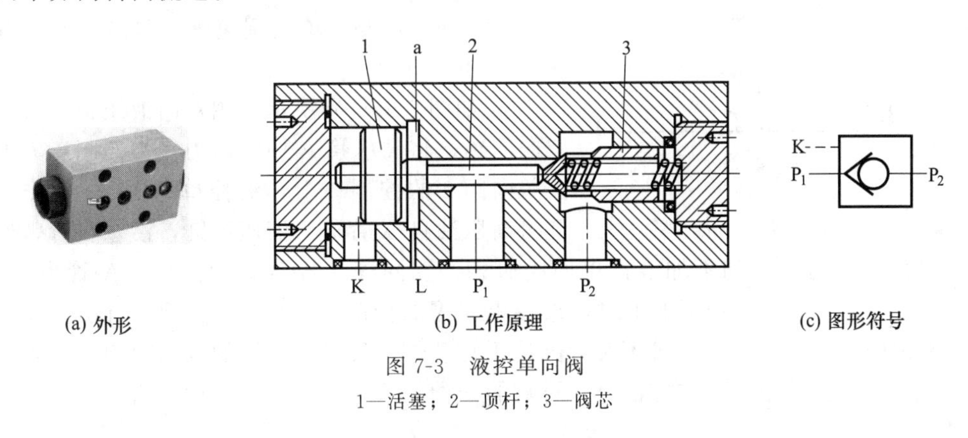

(a) 外形　(b) 工作原理　(c) 图形符号

图 7-3　液控单向阀

1—活塞；2—顶杆；3—阀芯

图 7-4 所示为双向液压锁，它由两个同样结构的液控单向阀共用一个阀体组成，阀体 6 上开设 4 个油孔 A、B 和 A_1、B_1。当液压系统一条油路的液流从 A 腔正向流入该阀时，液流压力自动顶开左阀芯 2，使 A 腔与 A_1 腔相通，油液从 A 腔向 A_1 腔正向流通，同时，液流压力将中间的控制活塞 3 右推，从而顶开右阀芯 4，使 B 腔与 B_1 腔相通，将原来封闭在 B_1 腔通路上的油液经 B 腔排出。反之，液压系统一条油路的液流从 B 腔正向进入该阀时，液流压力自动顶开右阀芯 4，使 B 腔与 B_1 腔相通，油液从 B 腔向 B_1 腔正向流通，同时，液流压力将中间的控制活塞 3 左推，从而顶开左阀芯 2，使 A 腔与 A_1 腔相通，将原来封闭在 A_1 腔通路上的油液经 A 腔排出。概括起来，双向液压锁的工作原理是当一个油腔正向进油时，另一个油腔为反向出油，反之亦然。当 A 腔和 B 腔都没有液流时，A_1 腔与 B_1 腔的反向油液在阀芯锥面与阀座的严密接触下而封闭。

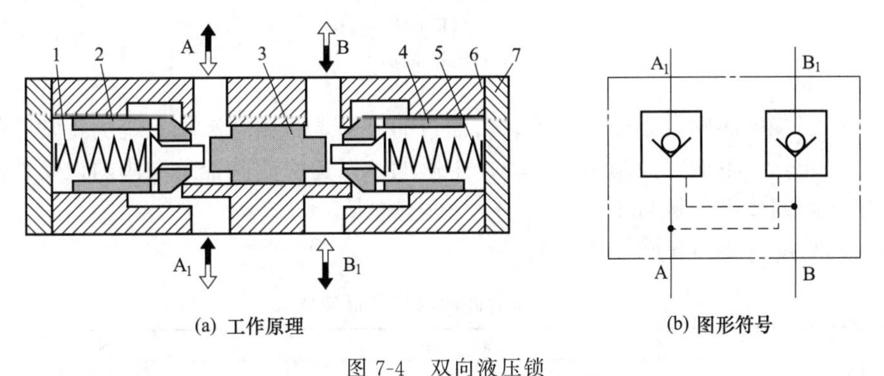

(a) 工作原理　(b) 图形符号

图 7-4　双向液压锁

1—左弹簧；2—左阀芯；3—控制活塞；4—右阀芯；5—右弹簧；6—阀体；7—端盖

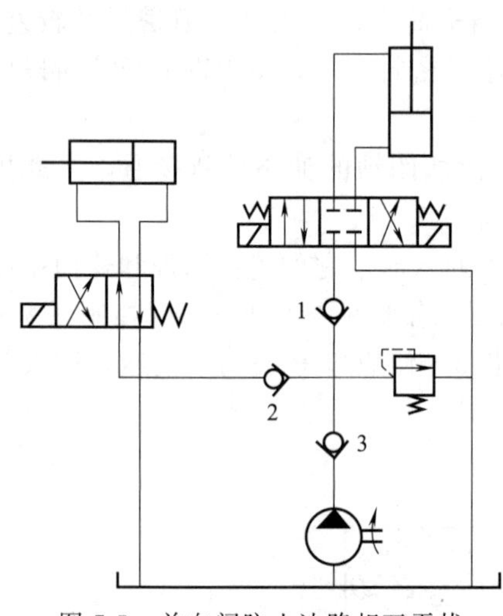

图 7-5　单向阀防止油路相互干扰
1～3—单向阀

(2) 单向阀的应用

① 普通单向阀装在液压泵的出口处，可以防止油液倒流而损坏液压泵，如图 7-5 中的阀 3。

② 隔开油路之间不必要的联系，防止油路相互干扰，如图 7-5 中的阀 1 和阀 2。

③ 普通单向阀装在回油管路上作背压阀，使其产生一定的回油阻力，以满足控制油路使用要求或改善执行元件的工作性能，如图 7-6 (a) 所示。

④ 普通单向阀与其他阀制成组合阀，如单向减压阀、单向顺序阀、单向调速阀、单向节流阀等，如图 7-6 (b) 所示。

⑤ 如图 7-6 (c) 所示，用双向液压锁使液压油缸双向闭锁，将高压管 A 中的压力作为控制压力加在液控单向阀 2 的控制口上，液控单向阀 2 也构成通路。此时高压油自 A 管进入液压油缸，活塞右行，低压油自 B 管排出，缸的工作和不加液控单向阀时相同。同理，若 B 管为高压，A 管为低压时，则活塞左行。若 A、B 管均不通油时，液控单向阀的控制口均无压力，阀 1 和阀 2 均闭锁。这样，利用两个液控单向阀，既不影响缸的正常动作，又可完成缸的双向闭锁。锁紧缸的办法虽有多种，用液控单向阀的方法是最可靠的一种。

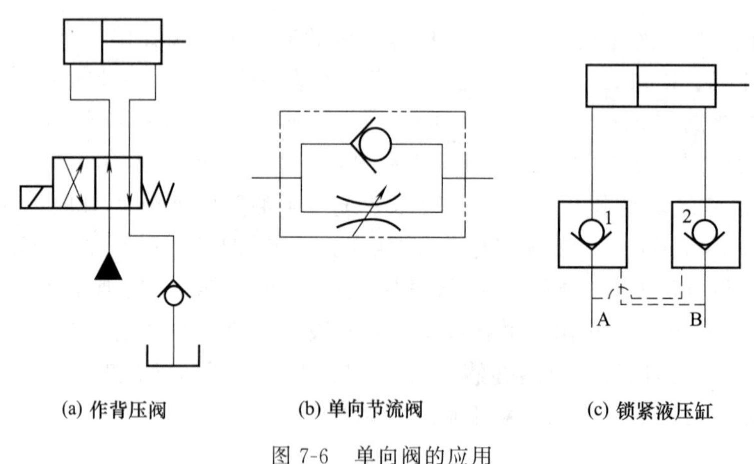

(a) 作背压阀　　(b) 单向节流阀　　(c) 锁紧液压缸

图 7-6　单向阀的应用
1，2—液控单向阀

另外，在安装单向阀时必须认清进、出油口的方向，否则会影响系统的正常工作。系统主油路压力的变化，不能对控制油路压力产生影响，以免引起液控单向阀的误动作。

(3) 单向阀的故障分析与排除

单向阀的故障分析与排除见表 7-1。

表 7-1　单向阀的故障分析与排除

现　　象		原　　因	排　　除
普通单向阀	内泄漏严重	①弹簧变软 ②阀芯和阀座间有脏物密封不严	①更换弹簧 ②检查、清洗

续表

现　　象		原　　因	排　　除
普通单向阀	不起单向作用	①滑阀在阀体内咬住 ②漏装弹簧或弹簧折断	①检修滑阀和阀体 ②补装弹簧或更换弹簧
	发出异常的声音	①液压油的流量超过允许值 ②与其他阀共振	①更换流量大的单向阀 ②改变阀的额定压力
液控单向阀	控制失灵	①活塞因污物卡在阀体孔内 ②控制油压太低	①清洗污物 ②提高控制压力至规定值
	内泄漏严重	①弹簧变软 ②阀芯和阀座间有脏物密封不严	①更换弹簧 ②检查、清洗

2. 换向阀

换向阀通过改变阀芯和阀体间的相对位置，控制油液流动方向，接通或关闭油路，从而改变液压系统的工作状态和方向。

常用的换向阀阀芯在阀体内作往复滑动，称为滑阀。滑阀结构如图 7-7 所示，滑阀 1 是一个有多段环形槽的圆柱体，其直径大的部分称为凸肩，凸肩 4 与阀体 3 的内孔相配合。阀体 3 内孔中加工有若干段沉割槽 2，阀体 3 上有若干个与外部相通的通路口，并与相应的沉割槽相通。

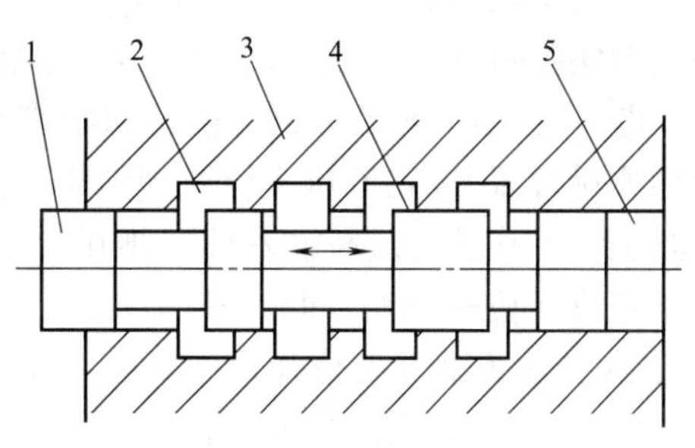

图 7-7　滑阀结构
1—滑阀；2—沉割槽；3—阀体；4—凸肩；5—油腔

(1) 换向阀的工作原理

图 7-8 所示为三位四通换向阀的工作原理。换向阀有三个工作位置（滑阀在中间和左、右两端）和四个通路口（压力油口 P、回油口 T 和通往执行元件两端的油口 A 和 B)。当滑阀处于中间位置时，如图 7-8 (a) 所示，滑阀的两个凸肩将 A、B 油口封死，并隔断进回油口 P 和 T，换向阀阻止向执行元件提供压力油，执行元件不工作；当滑阀在操作手柄的作用下往右移动时，如图 7-8 (b) 所示，压力油从 P 口进入阀体，经 B 口通向执行元件，而从执行元件流回的油液经 A 口进入阀体，并由回油口 T 流回油箱，执行元件在压力油作用下向某一规定方向运动；当滑阀往左移动时，如图 7-8 (c) 所示，压力油经 P、A 口通向执行元件，回油则经 B、T 口流回油箱，执行元件在压力油作用下反向运动。控制时滑阀在阀体内作轴向移动，通过改变各油口间的连接关系，实现油液流动方向的改变，这就是滑阀式换向阀的工作原理。

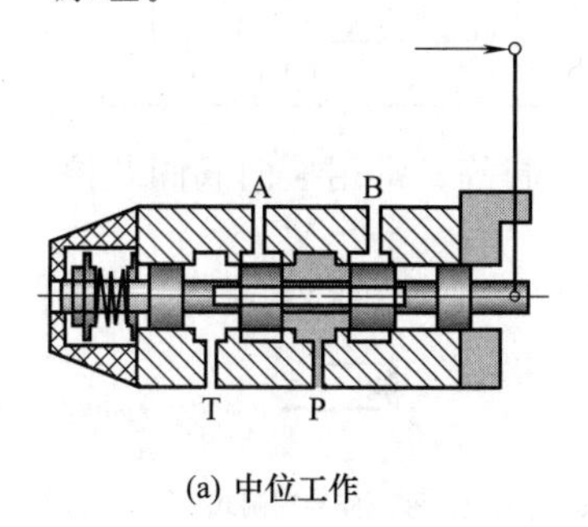

(a) 中位工作

(b) 左位工作

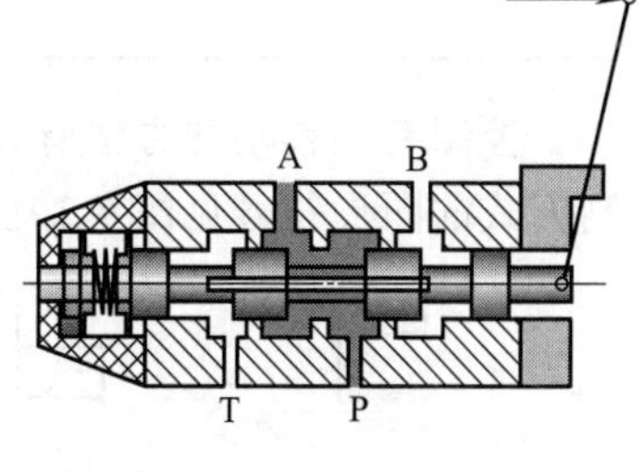

(c) 右位工作

图 7-8　换向阀工作原理

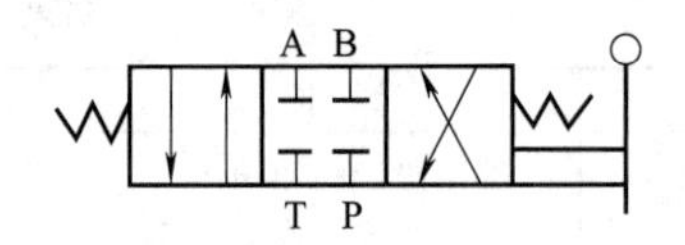

图 7-9　三位四通手动换向阀图形符号

（2）换向阀的图形符号

换向阀滑阀的工作位置数称为“位”，与液压系统中油路相连通的油口数称为“通”。图 7-8 所示的换向阀称为三位四通手动换向阀。在中位时进油口 P 与工作油口 A 和 B 不通；右位时进油口 P 与工作油口 B 相通，回油口 T 则与工作油口 A 相通；同理滑阀在左位时 P 与 A 相通，T 与 B 相通。阀芯移动的控制方式为手动控制，当不操作时，在弹簧的作用下阀芯自动回位，图形符号如图 7-9 所示。

一个换向阀的完整图形符号应具有表明工作位置数、油口数和在各工作位置上油口的连通关系、控制方法以及复位、定位方法的符号。换向阀图形符号的规定和含义如下。

① 用方框表示阀的工作位置数，有几个方框就是几位阀。

② 在一个方框内，箭头“↑”或堵塞符号“┬”或“┴”与方框相交的点数就是通路数，有几个交点就是几通阀，箭头“↑”表示阀芯处在这一位置时两油口相通，但不一定是油液的实际流向，“┬”或“┴”表示此油口被阀芯封闭（堵塞）不通流。

③ 三位阀中间的方框、两位阀画有复位弹簧的那个方框为常态位置（即未施加控制以前的原始位置）。在液压系统原理图中，换向阀的图形符号与油路的连接，一般应画在常态位置上。工作位置应按“左位”画在常态位的左面，“右位”画在常态位右面的规定。同时在常态位上应标出油口的代号。

④ 控制方式和复位弹簧的符号画在方框的两侧。

⑤ 一般用 P 表示进油口，T 或 O 表示回油口，A、B 等表示与执行元件连接油口，用 K 表示控制油口。

常用的换向阀种类有：二位二通、二位三通、二位四通、二位五通、三位三通、三位四通、三位五通和三位六通等。常用换向阀的图形符号见表 7-2。

表 7-2　常用换向阀的图形符号

名　　称	图 形 符 号	名　　称	图 形 符 号
二位二通	A P	二位五通	A B T_1 P T_2
二位三通	A B P	三位四通	A B P T
二位四通	A B P T	三位五通	A B T_1 P T_2

控制滑阀移动的方法有人力、机械、电气、直接压力和先导控制等。常用换向阀阀芯控制方式的图形符号见图 7-10。

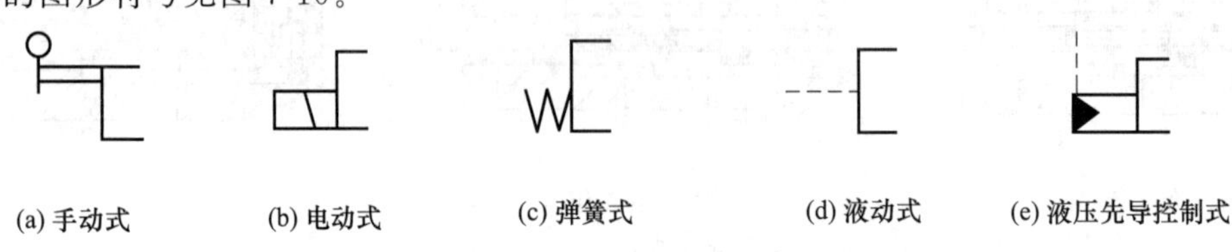

(a) 手动式　(b) 电动式　(c) 弹簧式　(d) 液动式　(e) 液压先导控制式

图 7-10　常用换向阀阀芯控制方式的图形符号

(3) 三位四通换向阀的中位滑阀机能

三位换向阀的滑阀在阀体中有左、中、右三个工作位置。左、右工作位置是使执行元件获得不同的运动方向；中间位置则可利用不同形状及尺寸的阀芯结构，得到多种不同的油口连接方式，除使执行元件停止运动外，还具有其他一些功能。三位换向阀在中间位置时油口的连接关系称为滑阀机能。三位四通换向阀中位滑阀机能中常用的几种滑阀机能见表 7-3。

表 7-3　三位四通换向阀中位滑阀机能中常用的几种滑阀机能

滑阀机能	符　号	结构原理图	特　点
O 型			各油口全封闭，液压油缸锁紧；液压泵及系统不卸荷，并联的其他执行元件运动不受影响
H 型			全油口全连通，液压泵及系统卸荷，活塞在液压油缸中浮动
M 型			进油口与回油口连通，液压油缸锁紧，液压泵及系统卸荷
P 型			回油口封闭，进油口与液压油缸两腔连通，液压泵及系统不卸荷，可实现差动连接

(4) 常用换向阀

① 手动换向阀　是用人力控制方法来改变阀芯工作位置的换向阀，有二位二通、二位四通和三位四通等多种。图 7-8 所示为一种三位四通手动换向阀。

② 机动换向阀　又称行程换向阀，是用机械控制方法改变阀芯工作位置的换向阀，常用的有二位二通（常闭和常通）、二位三通、二位四通和二位五通等多种。图 7-11 所示为二位二通常闭式行程换向阀。阀芯的移动通过挡铁（或凸轮）推压阀杆 2 顶部的滚轮 1，使阀杆推动阀芯 3 下移实现。挡铁移开时，阀芯靠其底部的弹簧复位。

③ 电磁换向阀　简称电磁阀，是用电气控制方法改变阀芯工作位置的换向阀。图 7-12 所

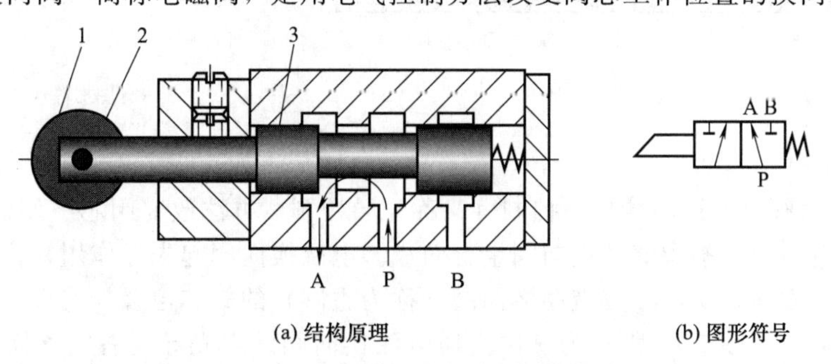

(a) 结构原理　　(b) 图形符号

图 7-11　二位二通常闭式行程换向阀

1—滚轮；2—阀杆；3—阀芯

示为三位四通电磁换向阀。当右侧的电磁线圈4通电时，吸合衔铁5将阀芯2推向左位，这时进油口P和油口B接通，油口A与回油口O相通；当左侧的电磁线圈通电时（右侧电磁线圈断电），阀芯被推向右位，这时进油口P和油口A接通，油口B经阀体内部管路与回油口O相通，实现执行元件换向；当两侧电磁线圈都不通电时，阀芯在两侧弹簧3的作用下处于中间位置，这时四个油口均不相通。

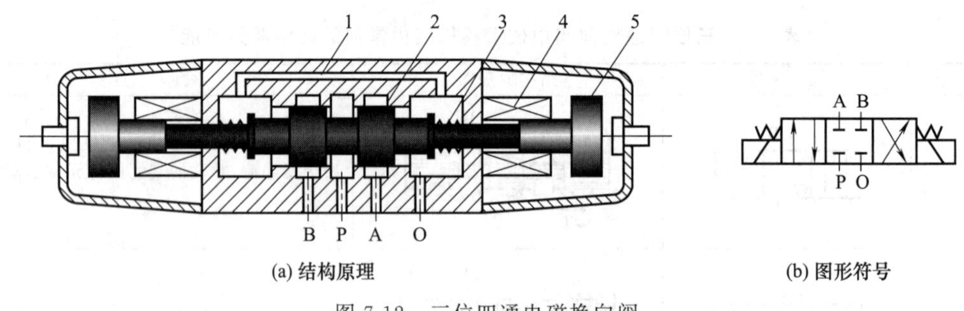

(a) 结构原理　　(b) 图形符号

图 7-12　三位四通电磁换向阀

1—阀体；2—阀芯；3—弹簧；4—电磁线圈；5—衔铁

电磁换向阀的电磁线圈可用按钮开关、行程开关、压力继电器等电气元件控制，无论位置远近，控制均很方便，且易于实现动作转换的自动化，因而得到广泛的应用。根据使用电源的不同，电磁换向阀分为交流和直流两种。电磁换向阀用于流量不超过$1.05\times10^{-4}m^3/s$的液压系统中。

④ 液动换向阀　是用直接压力控制方法改变阀芯工作位置的换向阀。图7-13所示为三位四通液动换向阀。它是靠压力油液推动阀芯，改变工作位置实现换向的。当控制油路的压力油从阀右边控制油口K_2进入右控制油腔时，推动阀芯左移，使进油口P与油口B接通，油口A与回油口O接通；当压力油从阀左边控制油口K_1进入左控制油腔时，推动阀芯右移，使进油口P与油口A接通，油口B与回油口O接通，实现换向；当两控制油口K_1和K_2均不通控制压力油时，阀芯在两端弹簧作用下居中，恢复到中间位置。由于压力油液可以产生很大的推力，所以液动换向阀可用于高压大流量的液压系统中。

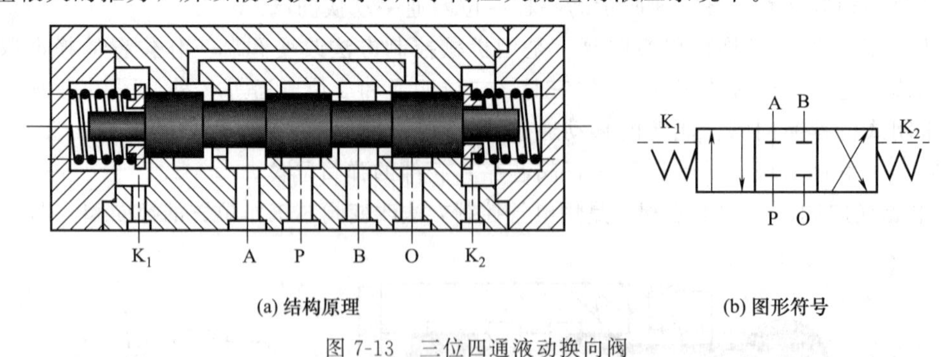

(a) 结构原理　　(b) 图形符号

图 7-13　三位四通液动换向阀

⑤ 电液换向阀　是用间接压力控制（又称先导控制）方法改变阀芯工作位置的换向阀。电液换向阀由电磁换向阀和液动换向阀组合而成。电磁换向阀起先导作用，称先导阀，用来控制液流的流动方向，从而改变液动换向阀（称为主阀）的阀芯位置，实现用较小的电磁力来控制较大的液流。图7-14所示为三位四通电液换向阀。当先导阀右电磁铁通电时，电磁阀芯左移，控制油路的压力油进入主阀右控制油腔，使主阀阀芯左移（左控制油腔油液经先导阀泄回油箱），使进油口P与油口B相通，油口A与回油口T相通；当先导阀左端电磁铁

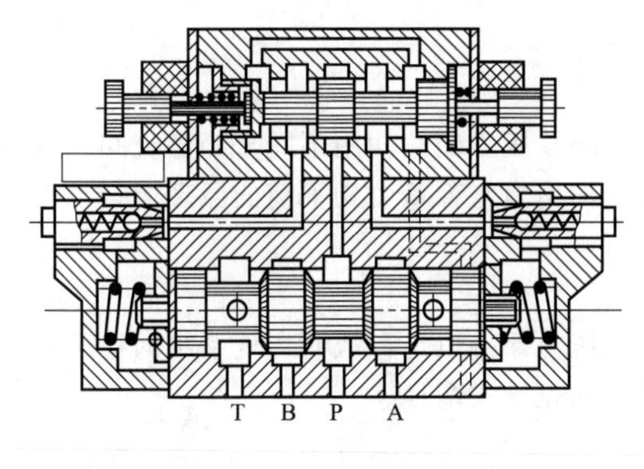

(a) 结构原理图

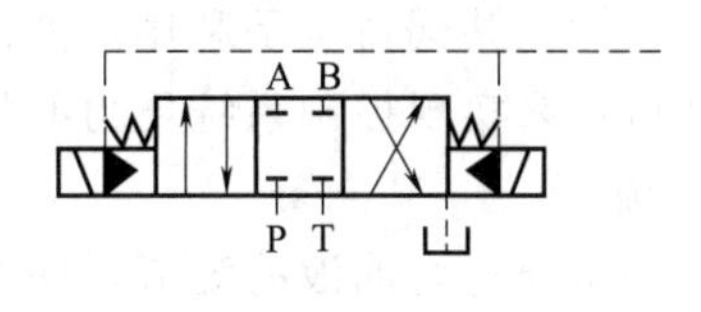

(b) 图形符号

图 7-14　三位四通电液换向阀

通电时，阀芯右移，控制油路的压力油进入主阀左控制油腔，推动主阀阀芯右移，使进油口 P 与油口 A 相通，油口 B 与回油口 T 相通，实现换向。

(5) 换向阀应用

① 换向回路　只需在泵与执行元件之间采用标准的普通换向阀即可，如图 7-15 中的阀 1 和阀 2。

② 锁紧回路　该回路可使活塞在任一位置停止，防其窜动。锁紧的简单的方法是利用三位换向阀的 M 型和 O 型中位机能封闭液压油缸两腔，如图 7-15 中的阀 2，但由于换向阀有泄漏，这种锁紧方法不够可靠，只适用于锁紧要求不高的回路中。

(6) 换向阀的故障分析与排除

换向阀的故障分析与排除见表 7-4。

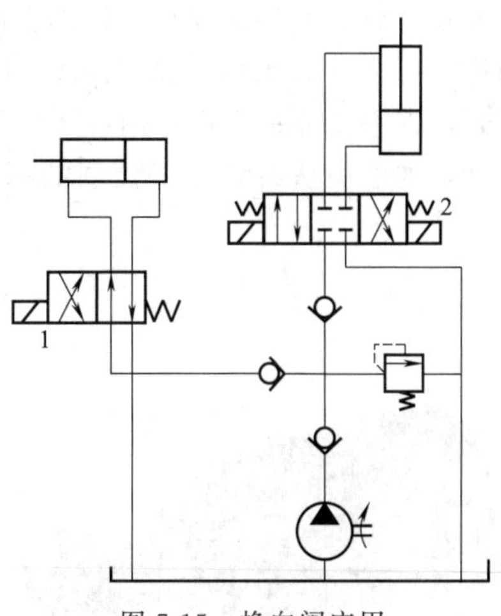

图 7-15　换向阀应用

1，2—换向阀

表 7-4　换向阀的故障分析与排除

现　象		原　因	排　除
手动换向阀	手柄操纵力大	①阀芯与阀体孔配合间隙太小 ②阀芯与阀体有污物 ③阀芯与手柄连接处别劲	①适当研磨阀体孔 ②清洗 ③重新装配阀芯与手柄连接处
	换向不到位	定位机构失效，手柄未扳到位	重新调整定位机构
机动换向阀	控制失灵	①活塞因污物卡在阀体孔内 ②控制油压太低	①清洗污物 ②提高控制压力至规定值
	内泄漏严重	①弹簧变软 ②阀芯和阀座间有脏物密封不严	①更换弹簧 ②检查、清洗
电磁换向阀	换向不良	①复位弹簧力不够或折断 ②泄油口有污物造成背压过大 ③电磁铁烧坏	①更换弹簧 ②清洗 ③更换电磁换向阀
	异常噪声	①固定铁芯和可动铁芯不能很好吸合 ②铜短路环断裂 ③复位弹簧力过大，超出电磁铁吸力	①检查装配关系或清除污物 ②更换 ③更换弹簧
	内泄漏严重	①弹簧变软 ②阀芯和阀座间有脏物密封不严	①更换弹簧 ②检查、清洗
液动换向阀	换向不良	①控制油压低 ②控制油压满足，但另一端控制回油不畅	①检查控制油路 ②清除污物使回油畅通

三、压力控制阀

压力控制阀是用于控制油液压力的液压阀。压力阀按功用不同分为溢流阀、减压阀和顺序阀等。它们的共同特点是利用油液的液压作用力与弹簧力相平衡的原理进行工作，通过调节阀的开口量来实现控制系统压力的目的。

1. 溢流阀

溢流阀是通过对油液的溢流，使系统的压力保持恒定，从而实现系统的稳压，常用的溢流阀按其结构形式和基本动作方式有直动式和先导式两种。

（1）结构与工作原理

图 7-16 所示为直动式溢流阀，它主要由调节螺母 1、调压弹簧 2 和阀芯 3 组成，P 是进油口，T 是回油口。进口压力油经阀芯 3 中间的阻尼孔 a 作用在阀芯的底部端面上，如果作用面积为 A，则油液作用于该面上的力为 pA；调压弹簧 2 作用于阀芯 3 上的预紧力为 F_s。当进口压力 p 较低时，由于 $pA<F_s$，此时阀芯 3 处于下端位置，将进油口 P 和回油口 T 隔开，即不溢流；当进口油压 p 升高到能克服弹簧阻力时，即 $pA>F_s$时，阀芯上移，阀口打开，油液便从出油口 T 流回油箱，从而保证系统压力基本恒定。

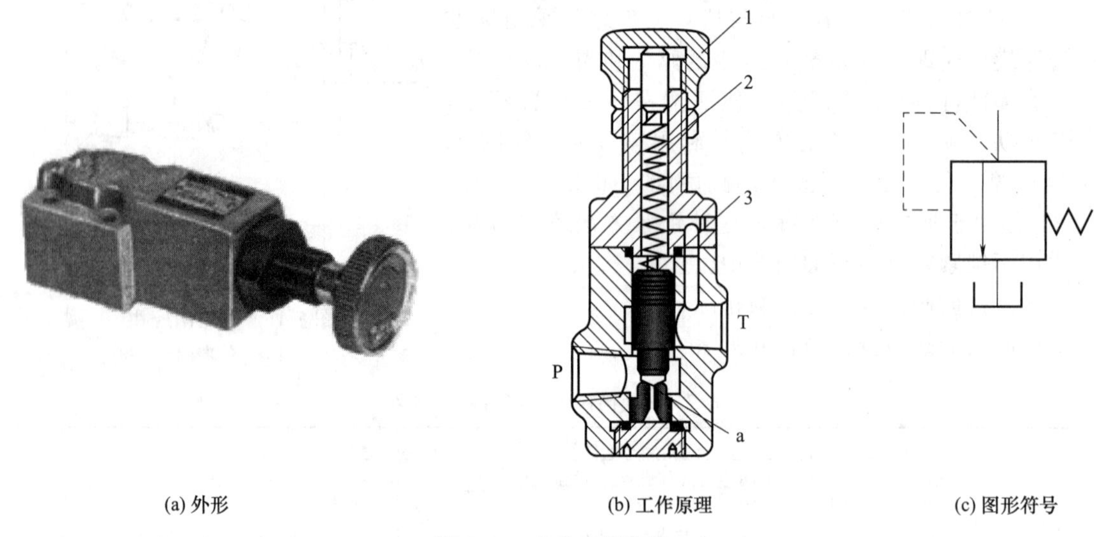

(a) 外形　　(b) 工作原理　　(c) 图形符号

图 7-16　直动式溢流阀

1—调节螺母；2—调压弹簧；3—阀芯

调整螺母 1 可以改变弹簧的预紧力，这样也就调整了溢流阀进口处的油液压力 p。阻尼孔 a 的作用是增加液阻以减少阀芯的振动。这种溢流阀因液压油直接作用于阀芯，故称为直动式溢流阀。

直动式溢流阀一般适用于低压小流量的场合，当控制压力较高或大流量时，需要安装刚度较大的弹簧，不但手动调节困难，而且溢流阀口开度略有变化就会引起较大的压力变化。所以当系统压力较高时就需要采用先导式溢流阀。

图 7-17 所示为先导式溢流阀，它主要由调节手轮 1、导阀弹簧 2、导阀阀芯 3、主阀弹簧 4 和主阀芯 5 组成。压力油从 P 口进入，通过油道 b、a 后作用在导阀阀芯 3 上，当进油口压力较低，作用在导阀上的液压力不足以克服导阀弹簧 2 的作用力时，导阀关闭，没有油液流过阻尼孔 c，主阀芯 5 处于最下端位置，溢流阀阀口 P 和 T 隔断，没有溢流。当进油口

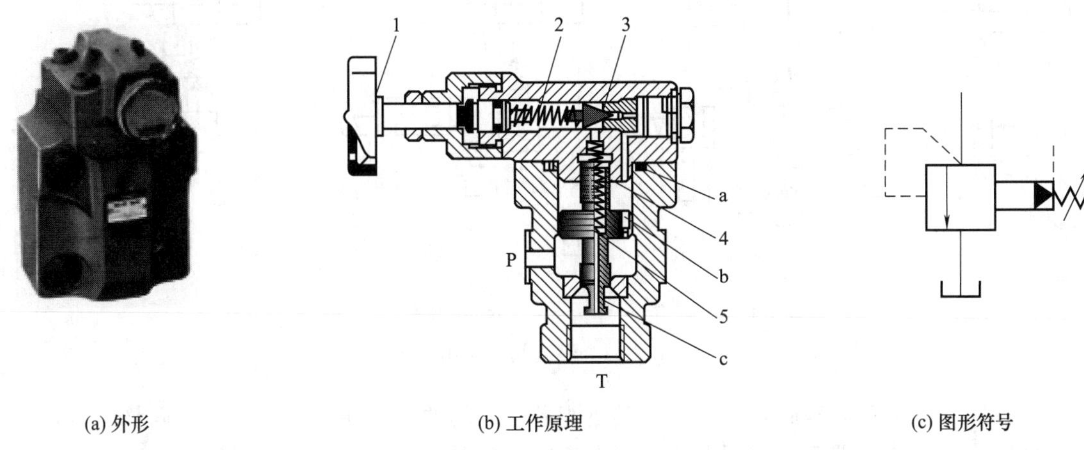

(a) 外形　　(b) 工作原理　　(c) 图形符号

图 7-17　先导式溢流阀

1—调节手轮；2—导阀弹簧；3—导阀阀芯；4—主阀弹簧；5—主阀芯

压力升高到作用在导阀阀芯 3 上的液压力大于导阀弹簧 2 的作用力时，导阀打开，压力油就可通过阻尼孔 c 流回油箱。由于阻尼孔的作用，使主阀芯 5 上端的液压力小于下端压力，即主阀芯两端产生压差，主阀芯 5 便在压差作用下克服主阀弹簧 4 的弹簧力上移，主阀进、回油口接通，达到溢流和稳压的作用。通过调节手轮 1 可以调节导阀弹簧 2 的预压缩量，从而调整系统压力。

在先导式溢流阀中，先导阀用于控制和调节溢流压力，主阀通过控制溢流阀口的启闭而稳定压力，由于需要通过先导阀的流量较小，导阀阀芯的阀孔尺寸也小，导阀弹簧的刚度也就不大，因此调压比较轻便。主阀芯两端均受油液压力作用，主阀弹簧只需较小刚度。当溢流阀变化而引起主阀弹簧压缩量变化时，溢流阀所控制的压力变化也较小，故先导式溢流阀稳定性能优于直动式溢流阀，但先导式溢流阀必须在先导阀和主阀都动作后才能起到控制压力的作用，因此反应不如直动式溢流阀快。

（2）溢流阀的作用

溢流阀通过阀口的溢流起到安全保护、溢流调压、油泵卸荷、使执行元件的回油腔形成背压、远程调压等作用。

① 安全保护　系统正常工作时，阀门关闭。只有负载超过规定的极限（系统压力超过调定压力）时开启溢流，进行过载保护，使系统压力不再增加（通常使溢流阀的调定压力比系统最高工作压力高 10％～20％），如图 7-18（a）所示。

② 定压溢流　图 7-18（b）所示是采用定量泵供油的液压系统，溢流阀通常并联在液压泵的出口处，在其进油路或回油路上设置节流阀或调速阀，使从泵出来的油一部分进入执行元件工作，多余的油经过溢流阀流回油箱。保证溢流阀进口压力，即泵出口压力恒定。溢流阀处于其调定压力下的常开状态。

③ 系统卸荷　在溢流阀的遥控口串接小流量的电磁阀，当电磁铁通电时，溢流阀的遥控口通油箱，此时液压泵卸荷。溢流阀此时作为卸荷阀使用，如图 7-18（c）所示。

④ 背压阀　将溢流阀接在液压油缸回油路上，可对回油产生阻力，即形成背压，利用背压可提高执行元件的运动平稳性，如图 7-18（b）所示。

⑤ 远程调压　如图 7-18（d）所示，当先导式溢流阀的外控口（远程控制口）与调压较

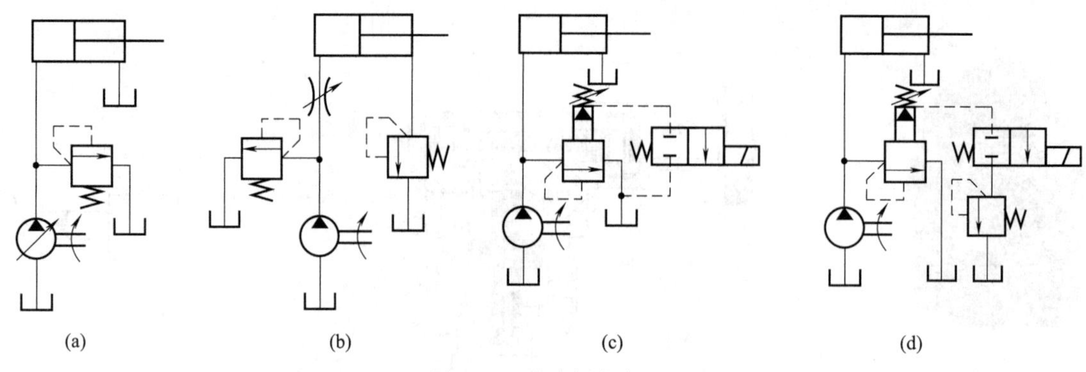

图 7-18　溢流阀的应用

低的溢流阀（或远程调压阀）连接时，其主阀芯上腔的油压只要达到低压阀的调整压力，主阀芯即可实现溢流，即实现远程调压。当电磁阀的电磁铁通电时，电磁阀的右位工作，将先导式溢流阀的外控口与低压调压阀连通，实现远程调压。

（3）溢流阀的故障分析与排除

溢流阀在液压系统中起着重要作用，液压系统的工作压力或最大压力由溢流阀调定和控制。如果溢流阀出现故障将会直接影响系统的正常工作。

溢流阀的故障分析与排除见表 7-5。

表 7-5　溢流阀的故障分析与排除

现　　象	原　　因	排　　除
压力上升很慢，甚至不上压	①主阀芯被毛刺或污物卡死 ②阻尼小孔堵塞 ③安装螺钉太紧，阀孔变形 ④主阀弹簧失效 ⑤遥控口未处理好	①拆卸清洗 ②清洗主阀芯 ③更换后以合适的力矩拧紧 ④更换 ⑤重新连接
达不到最高调节压力	①油温过高，泄漏大 ②阻尼孔部分堵塞，先导流量小 ③调压手轮行程不够或螺纹有伤 ④调压弹簧刚度不足或损坏	①清洗、修配主阀芯 ②清洗 ③修复 ④更换弹簧
压力下不来	①主阀芯卡死在关闭位置 ②弹簧损坏 ③先导油回油堵塞	①配研磨好 ②更换 ③清洗油路
压力波动大	①液压泵流量脉动太大使溢流阀无法平衡 ②主阀芯动作不灵活，时有卡住现象 ③主阀芯和先导阀阀座阻尼孔时堵时通 ④阻尼孔太大，消振效果差 ⑤调压手轮未锁紧	①修复液压泵 ②修换零件，重新装配（阀盖螺钉紧固力应均匀），过滤或换油 ③清洗阻尼孔，过滤或换油 ④更换阀芯 ⑤调压后锁紧调压手轮

2. 减压阀

在液压系统中，常由一个液压泵向几个执行元件供油。当某一执行元件需要比泵的供油压力低的稳定压力时，可在该执行元件所在的油路上串联一个减压阀。

减压阀是用来降低液压系统中某一分支油路的压力，使之低于液压泵的供油压力，以满足执行机构（如夹紧、定位油路，制动、离合油路，系统控制油路等）的需要，并保持基本恒定。使其出口压力降低且恒定的减压阀称为定压（定值）减压阀，简称减压阀。

减压阀根据结构和工作原理不同，分为直动型减压阀和先导型减压阀两类。一般采用先导型减压阀。

(1) 先导型减压阀的结构和工作原理

先导型减压阀如图 7-19 所示，它由主阀和先导阀组成。P_1 口是进油口，P_2 口是出油口。通过调节手轮 1 设定压力值，当出油口压力低于先导阀弹簧 2 的调定压力时，先导阀呈关闭状态，先导阀芯 3 不动，阀的进、出油口是相通的，亦即阀是常开的，此时减压阀口开度最大，不起减压作用。若出口压力增大到先导阀调定压力时，先导阀芯 3 移动，阀口打口，主阀弹簧腔的液压油经过油道 a，然后由外泄口 L 流回油箱，同时出油口 P_2 处的液压油流过油道 c、阻尼孔 b，使主阀芯 5 两端产生压力降，主阀芯 5 在压差的作用下，克服主阀芯弹簧 4 的弹簧力抬起，减压阀口减小，压降增大，使出口压力下降到调定值。同理，出口压力减小，阀芯就下移，开大阀口，阀口处阻力减小，压降减小，使出口压力回升到调定值。

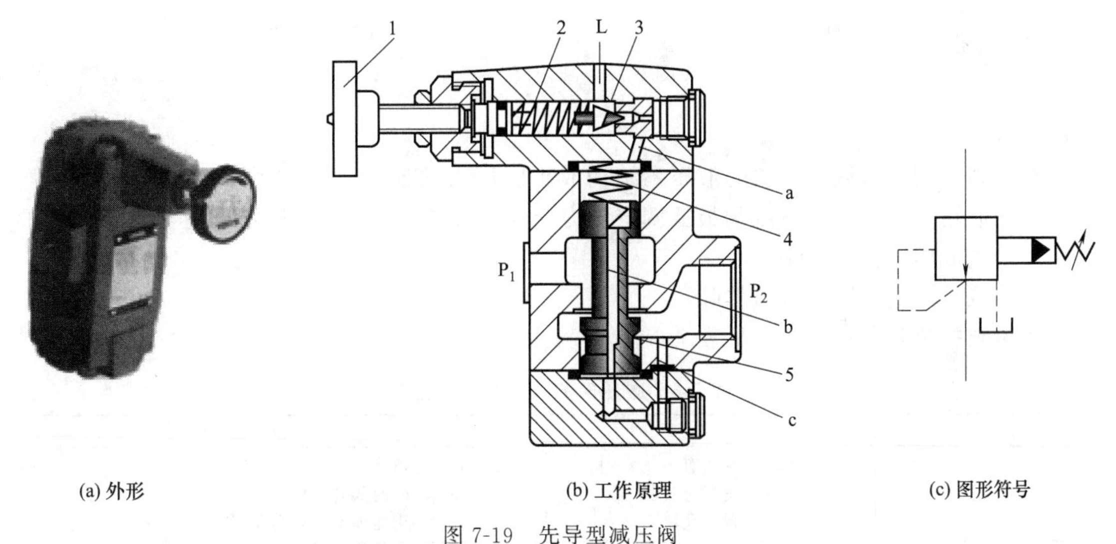

(a) 外形　　(b) 工作原理　　(c) 图形符号

图 7-19　先导型减压阀

1—调节手轮；2—先导阀弹簧；3—先导阀芯；4—主阀芯弹簧；5—主阀芯

先导型减压阀的结构与先导型溢流阀的结构相似，两阀的主要零件可通用。其主要区别是：减压阀的进、出油口位置与溢流阀相反；减压阀的先导阀控制出口油液压力，而溢流阀的先导阀控制进口油液压力；由于减压阀的进、出口油液均有压力，所以先导阀的泄油不能像溢流阀一样流入回油口，而必须设有单独的泄油口；减压阀主阀芯结构上中间多一个凸肩（即三节杆），在正常情况下，减压阀阀口开得很大（常开），而溢流阀阀口则关闭（常闭）。

(2) 减压阀的应用

减压阀的功用是减压、稳压。

图 7-20（a）所示为减压回路。液压泵输出的压力油由溢流阀调定压力以满足主油路系统的要求。在换向阀处于图 7-20（a）所示位置时，液压泵经减压阀、单向阀供给夹紧液压油缸压力油。夹紧工件所需夹紧力的大小，由减压阀来调节。当工件夹紧后，换向阀换位，液压泵向主油路系统供油。单向阀的作用是当泵向主油路系统供油时，使夹紧缸的夹紧力不受液压系统中压力波动的影响。

图 7-20（b）所示为稳压回路。系统中液压油缸 2 需要有较稳定的输出压力，当压力波动较大时在液压油缸 2 的进油路上串一减压阀，可使液压油缸 2 的压力能不受溢流阀压力波

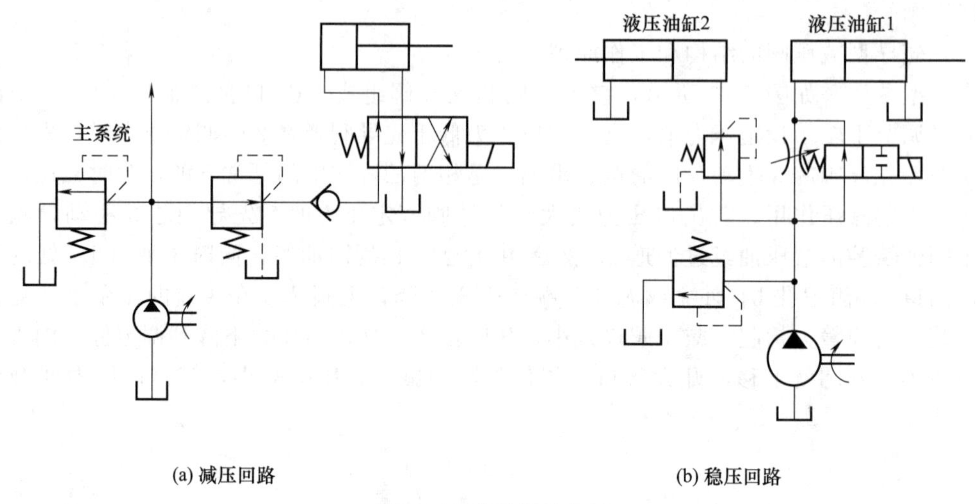

图 7-20　减压阀的应用

动的影响。

减压阀还用于将同一油源的液压系统构成不同压力的油路，如控制油路、润滑油路等。为使减压油路正常工作，减压阀最低调定压力应大于 0.5MPa，最高调定压力至少应比主油路系统的供油压力低 0.5MPa 。

（3）减压阀的故障分析与排除

减压阀的故障分析与排除见表 7-6。

表 7-6　减压阀的故障分析与排除

现　　象	原　　因	排　　除
不减压	①主阀芯和阀孔有毛刺、污物 ②阀芯与阀孔配合过紧 ③阻尼孔或阀座孔堵塞	①清除杂物 ②研磨阀孔 ③用压缩空气吹阻尼孔，并进行清洗装配
出口压力过低，调压手轮调节也不起作用	①进、出油口接反 ②进油口压力太低 ③负载太小，压力建立不起来 ④阻尼孔堵塞 ⑤锥阀与阀座配合面有污物 ⑥先导弹簧产生变形或折断 ⑦调压手轮螺纹拉伤 ⑧内泄严重	①调换油口 ②检查油路 ③串接节流阀 ④清洗 ⑤清洗 ⑥更换 ⑦更换、修复 ⑧检查
压力不稳	①泄油口背压大 ②额定流量选择不合适 ③弹簧刚度不合适	①泄油口单独接回油 ②重新选阀 ③更换合格的弹簧

3. 顺序阀

顺序阀是以压力作为控制信号，自动接通或切断某一油路的压力阀。由于它经常被用来控制执行元件动作的先后顺序，故称顺序阀。顺序阀是控制液压系统各执行元件先后顺序动作的压力控制阀，实质上是一个由压力油液控制其开启的二通阀。顺序阀根据结构和工作原理不同，可以分为直动型顺序阀和先导型顺序阀两类，目前直动型顺序阀应用较多。

（1）直动型顺序阀的结构和工作原理

直动型顺序阀如图 7-21 所示，其结构和工作原理都和直动型溢流阀相似。液压油从进油口 P_1 流入，经阀体上的油道 a 流到阀芯 3 的下面，当进油口压力较低时，阀芯 3 在弹簧

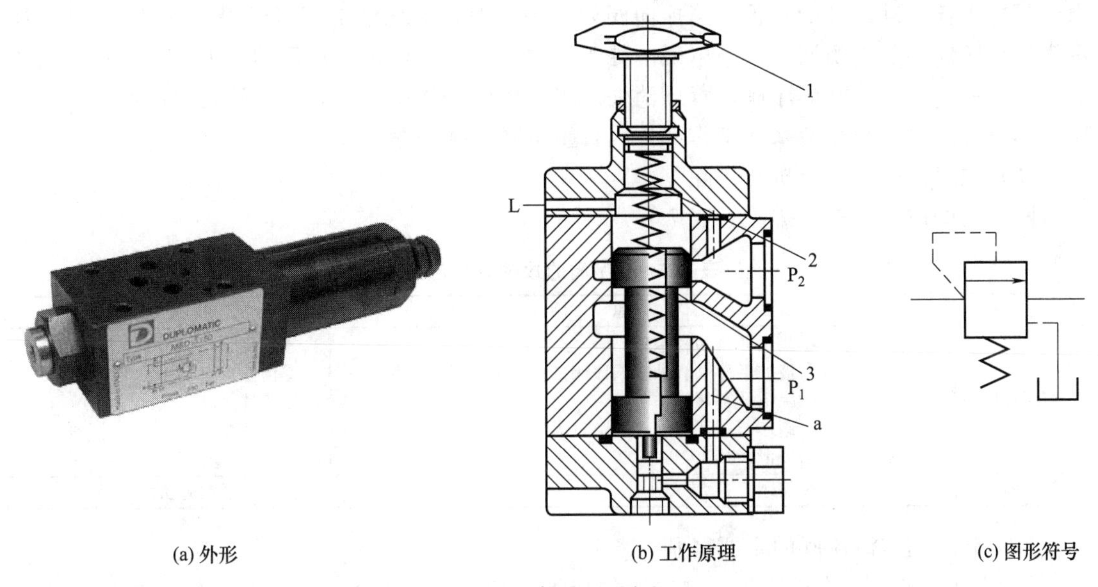

(a) 外形　(b) 工作原理　(c) 图形符号

图 7-21 直动型顺序阀

1—调节手轮；2—弹簧；3—阀芯

作用下处于下端位置，进油口 P_1 和出油口 P_2 不相通。当作用在阀芯 3 下端的液压油的压力大于阀芯弹簧 2 的预紧力时，阀芯 3 向上移动，阀体上腔的液压油通过外泄口 L 流回油箱，阀口打开，油液便经阀口从出油口流出，从而操纵另一执行元件或其他元件动作。阀芯弹簧 2 的压力值通过调节手轮 1 设定。

（2）顺序阀的应用

① 顺序动作回路　图 7-22 所示为顺序阀用以实现多个执行元件的顺序动作。当电磁换向阀处于右位时，定位液压油缸的活塞向上运动，运动到终点位置后停止运动，油路压力升高到顺序阀的调定压力时，顺序阀打开，压力油经顺序阀进入夹紧液压油缸的下腔，使活塞向上运动，从而实现定位液压油缸和夹紧液压油缸的顺序动作。当电磁换向阀处于左位时，两个液压油缸同时向下运动。

② 平衡回路　为了保持液压油缸不因自重自行滑落，可将单向阀与顺序阀并联构成的单向顺序阀接入油路，如图 7-23（a）所示此单向顺序阀称为平衡阀，这里顺序阀的开启压

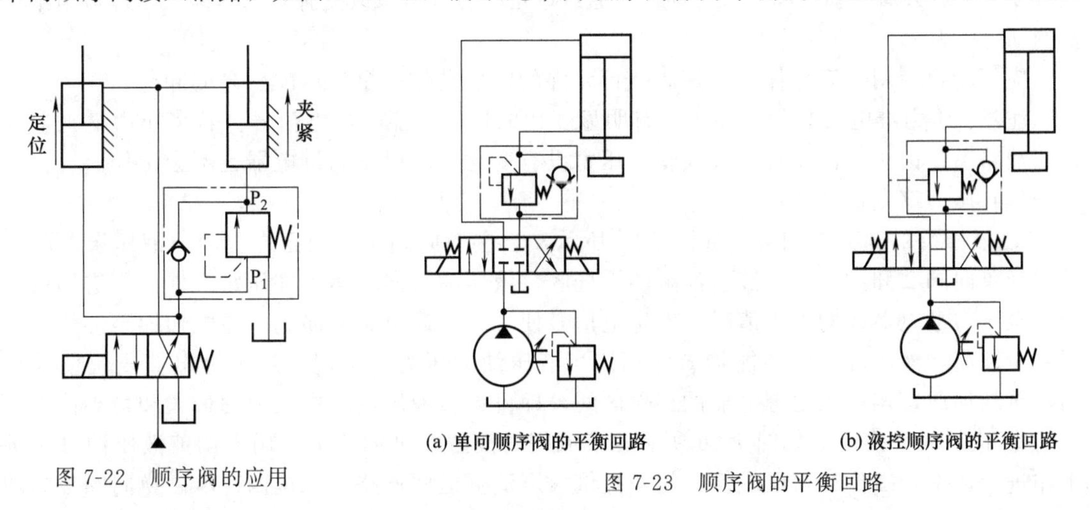

图 7-22 顺序阀的应用

(a) 单向顺序阀的平衡回路　(b) 液控顺序阀的平衡回路

图 7-23 顺序阀的平衡回路

力要足以支撑运动部件的自重，当换向阀处于中位时，液压油缸即可悬停。图 7-23（b）所示为液控顺序阀的平衡回路，当电磁阀处于左位时，压力油进入液压油缸上腔，并进入液控顺序阀的控制口，打开顺序阀使背压消失。当电磁阀处于中位时，液压油缸上腔卸压，使顺序阀迅速关闭，以防止活塞和工作部件因自重下降，并锁紧。

（3）顺序阀的故障分析与排除

顺序阀的故障分析与排除见表 7-7。

表 7-7 顺序阀的故障分析与排除

现　象	原　因	排　除
顺序动作混乱	①主阀芯因污物卡住 ②液控顺序阀和外控顺序阀的控制油道被污物堵塞 ③阻尼孔被堵塞 ④阀芯与阀孔的配合间隙过大 ⑤内泄漏严重	①清洗 ②清洗 ③清洗 ④研磨配合 ⑤检查
顺序阀不工作	弹簧刚度过大	更换合适的弹簧

（4）顺序阀与溢流阀的主要区别

① 溢流阀出油口连通油箱，顺序阀的出油口通常是连接另一工作油路，因此顺序阀的进、出口处的油液都是压力油。

② 溢流阀打开时，进油口的油液压力基本上是保持在调定压力值附近，顺序阀打开后，进油口的油液压力可以继续升高。

③ 由于溢流阀出油口连通油箱，其内部泄油可通过出油口流回油箱，而顺序阀出油口油液为压力油，且通往另一工作油路，所以顺序阀的内部要有单独设置的泄油口（图 7-21 中的 L）。

4．压力继电器

压力继电器是利用液体的压力来启闭电气触点的液压电气转换元件。当系统压力达到压力继电器的调定值时，发出电信号，使电气元件（如电磁铁、电机、时间继电器、电磁离合器等）动作，使油路卸压、换向，执行元件实现顺序动作，或关闭电机使系统停止工作，起安全保护作用等。

（1）压力继电器的结构和工作原理

压力继电器有柱塞式、膜片式、弹簧管式和波纹管式四种。柱塞式压力继电器如图 7-24 所示。当从继电器下端进油口 P 进入的液体压力达到调定压力值时，推动柱塞 4 上移，此位移通过顶杆 3 放大后推动微动开关 1 动作。通过调定螺钉 2 可以改变弹簧的压缩量，以调节继电器的动作压力。

应用场合：用于安全保护、控制执行元件的顺序动作、泵的启闭、泵的卸荷。

注意：压力继电器必须放在压力有明显变化的地方才能输出电信号。若将压力继电器放在回油路上，由于回油路直接接油箱，压力没有变化，所以压力继电器也不会工作。

（2）压力继电器的应用

① 液压泵的卸荷与加载　如图 7-25 所示，当主换向阀 7 切换至左位时，液压泵 1 的压力油经单向阀 2 和阀 7 进入液压油缸的无杆腔，液压油缸向右运动并压紧工件。当进油压力升高至压力继电器 3 的设定值时，发出电信号使二位二通电磁换向阀 5 通电切换至上位，液压泵 1 卸荷，液压缸 8 由蓄能器 6 保压。当液压油缸压力下降时，压力继电器复位使泵启动，重新加载。调节压力继电器的工作区间，即可调节液压油缸中压力的最大和最小值。

② 执行元件换向　如图 7-26 所示，节流阀 5 设置在进油路上，用于调节液压油缸 7 的工作进给速率，二位二通电磁换向阀 4 提供液压油缸退回通路。二位四通电磁换向阀 3 为回

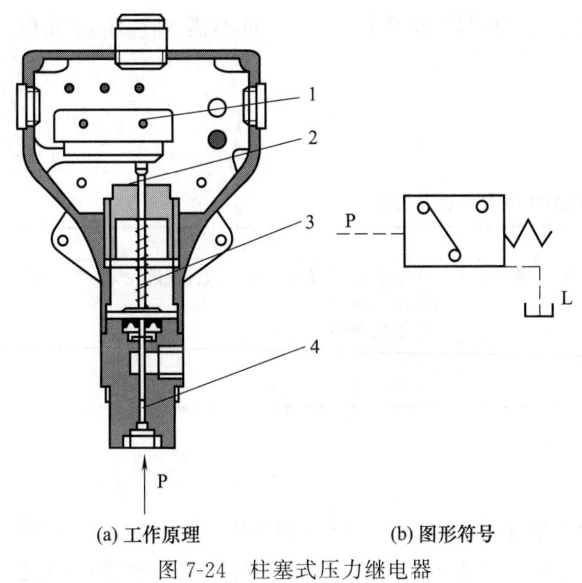

图 7-24　柱塞式压力继电器

1—微动开关；2—调定螺钉；3—顶杆；4—柱塞

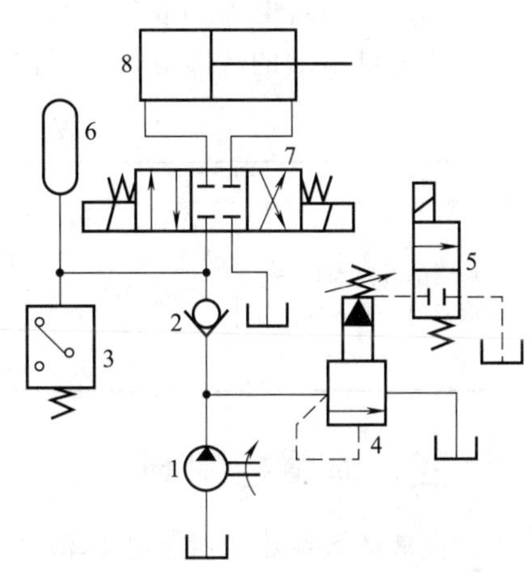

图 7-25　液压泵的卸荷与加载

1—定量泵；2—单向阀；3—压力继电器；4—先导式溢流阀；5—二位二通电磁换向阀；6—蓄能器；7—三位四通电磁换向阀；8—液压缸

路的主换向阀，在图 7-26 所示状态下，压力油经阀 3、阀 5 进入液压油缸 7 的无杆腔，当液压油缸右行碰上挡铁后，液压油缸进油路压力升高，压力继电器 6 发信号，使电磁铁 1YA 断电，阀 3 切换至右位，电磁铁 2YA 通电，阀 4 切换至左位，液压油缸快速返回。

③ 限压和保护作用　压力继电器经常用于液压系统的限压与安全保护。如图 7-27 所示，当二位四通电磁换向阀 3 通电切换至右位时，液压油缸无杆腔进油右行，当无杆腔压力超过顺序阀 6 的设定值时开启，由节流阀 5 引起的回油背压使压力继电器 4 动作发出信号，使二位四通电磁换向阀断电复至图 7-27 所示左位，液压油缸向左退回。回路特点是：压力

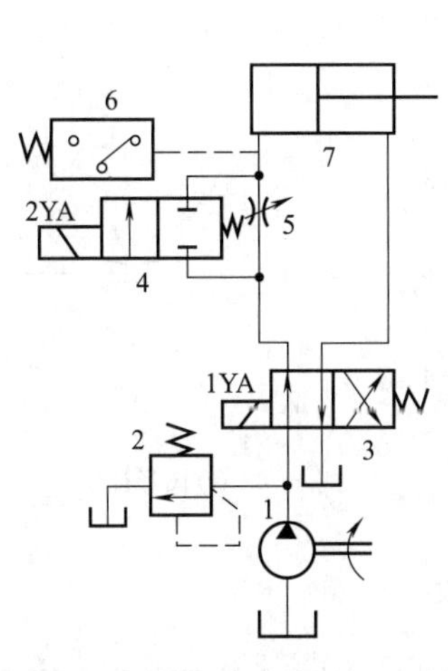

图 7-26　执行元件换向

1—定量泵；2—溢流阀；3—二位四通电磁换向阀；4—二位二通电磁换向阀；5—节流阀；6—压力继电器；7—液压油缸

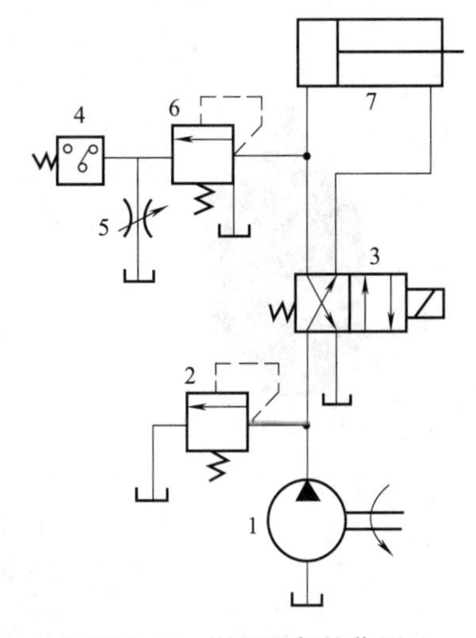

图 7-27　限压和保护作用

1—定量泵；2—溢流阀；3—二位四通电磁换向阀；4—压力继电器；5—节流阀；6—顺序阀；7—液压油缸

继电器承受的是低压，只需要低压元件，设定压力只需调整顺序阀，而不需调整压力继电器，精确方便。

(3) 压力继电器的故障分析与排除

压力继电器的故障分析与排除见表 7-8。

表 7-8 压力继电器的故障分析与排除

现　象	原　因	排　除
压力继电器本身产生的误发信号或不发信号	①柱塞与中体配合不好，或因有毛刺和不清洁，致使柱塞卡住 ②橡胶隔膜破裂 ③微动开关定位不牢或未压紧 ④微动开关不灵敏，复位性差	①应保证合适的配合间隙，清除毛刺，装配时要清洗干净 ②更换隔膜 ③重新装配 ④修理或更换微动开关

四、流量控制阀

在液压系统中，控制工作液体流量的阀称为流量控制阀，简称流量阀。常用的流量控制阀有节流阀、调速阀、分流阀等。其中节流阀是最基本的流量控制阀。流量控制阀通过改变节流口的开口大小调节通过阀口的流量，从而改变执行元件的运动速度，通常用于定量液压泵液压系统中。

1. 节流阀

(1) 常用的节流阀的类型

常用节流阀的类型有可调节流阀、不可调节流阀、可调单向节流阀等。

① 可调节流阀　图 7-28 所示为可调节流阀。节流口采用轴向三角槽形式，压力油从进油口 P_1 流入，经阀芯 3 右端的节流沟槽从出油口 P_2 流出。转动流量调整手轮 1，通过顶杆 2 使阀芯作轴向移动，可改变节流口通流截面积，实现流量的调节。弹簧 4 的作用是使阀芯向左抵紧在推杆上。这种节流阀结构简单，制造容易，体积小，但负载和温度的变化对流量的稳定性影响较大，因此只适用于负载和温度变化不大或执行机构速度稳定性要求较低的液压系统。

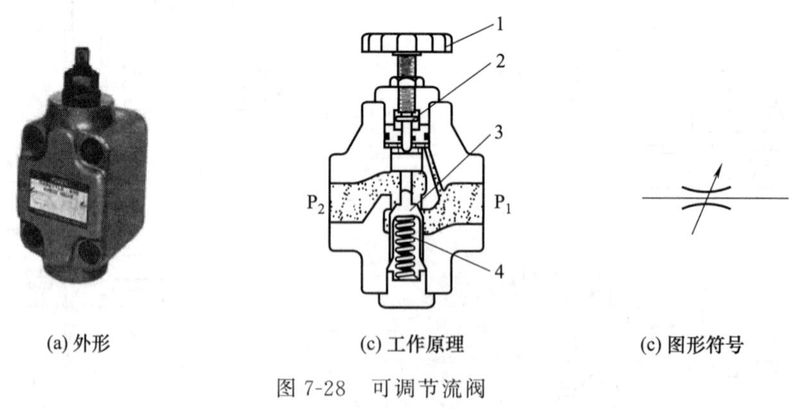

图 7-28　可调节流阀

1—流量调整手轮；2—顶杆；3—阀芯；4—弹簧

② 可调单向节流阀　图 7-29 所示为可调单向节流阀。从作用原理来看，可调单向节流阀是可调节流阀和单向阀的组合，在结构上是利用一个阀芯同时起节流阀和单向阀的两种作用。当压力油从油口 P_1 流入时，油液经阀芯上的轴向三角槽节流口从油口 P_2 流出，转动手轮可改变节流口通流面积大小而调节流量。当压力油从油口 P_2 流入时，在油压作用力作

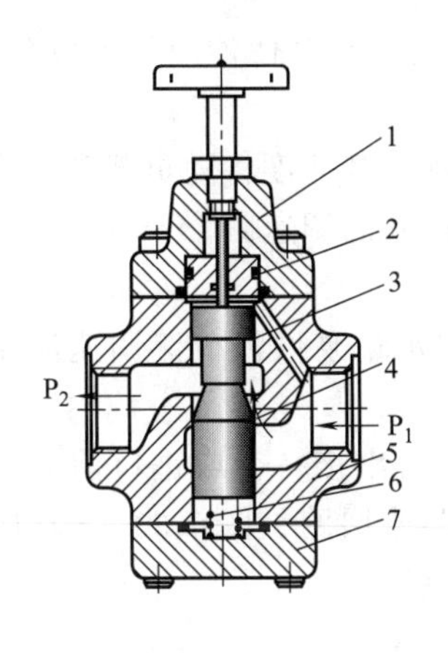

(a) 单向节流阀节流阀状态

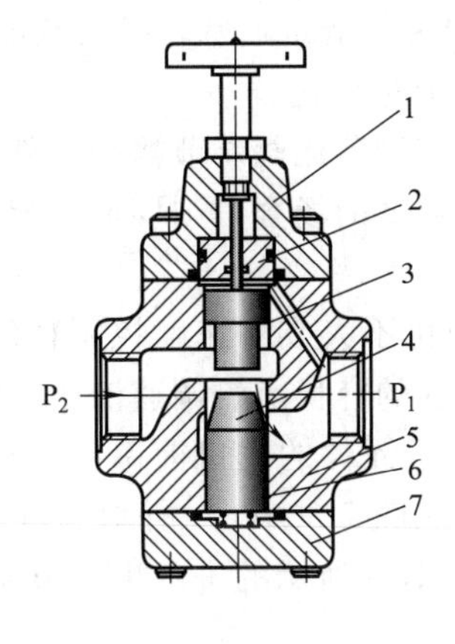

(b) 单向节流阀单向阀状态

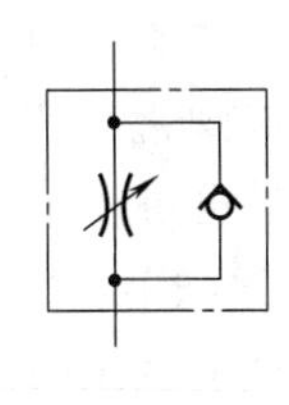

(c) 图形符号

图 7-29　可调单向节流阀

1—流量调整手轮；2—顶杆；3—上阀芯；4—下阀芯；5—下阀体；6—弹簧；7—阀盖

用下，阀芯下移，压力油从油口 P_1 流出，起单向阀作用。

（2）影响节流阀流量稳定的因素

油液流经小孔、狭缝或毛细管时，会产生较大的液阻，通流面积越小，油液受到的液阻越大，通过阀口的流量就越小。所以，改变节流口的通流面积，使液阻发生变化，就可以调节流量的大小，这就是流量控制的工作原理。大量实验证明，节流口的流量特性可以用下式表示：

$$q_v = kA_0(\Delta p)^n \tag{7-1}$$

式中　q_v——通过节流口的流量；

A_0——节流口的通流面积；

Δp——节流口前后的压力差；

k——流量系数，随节流口的形式和油液的黏度而变化；

n——节流口形式参数，一般在 0.5～1 之间，节流路程短时取小值，节流路程长时取大值。

节流阀是利用油液流动时的液阻来调节阀的流量的。产生液阻的方式：一种是薄壁小孔、缝隙节流，造成压力的局部损失；一种是细长小孔（毛细管）节流，造成压力的沿程损失。实际上各种形式的节流口是介于两者之间的。一般希望在节流口通流面积调好后，流量稳定不变，但实际上流量会发生变化，尤其是流量较小时变化更大。影响节流阀流量稳定的因素主要有如下几项。

① 节流阀前后的压力差　随外部负载的变化，节流阀前后的压力差 Δp 将发生变化，由式（7-1）可知，流量 q_v 也随之变化而不稳定。

② 节流口的形式　将影响流量系数 k 和参数 n。

③ 节流口的堵塞　当节流口的通流断面面积很小时，在其他因素不变的情况下，通过节流口的流量不稳定（周期性脉动），甚至出现断流的现象，称为堵塞。由于油液中的杂质、油液因高温氧化而析出的胶质、沥青等，以及油液老化或受到挤压后产生带电极化分子，对金属表面的吸附，在节流口表面逐步形成附着层，常会造成节流口的部分堵塞，它不断堆积又不断被高速液流冲掉，使节流口的通流断面面积大小发生变化，从而引起流量变化，严重时附着层会完全堵塞节流口而出现断流现象。

④ 油液的温度　压力损失的能量通常转换为热能，油液的发热会使油液黏度发生变化，导致流量系数 k 变化，而使流量变化。

由于上述因素的影响，使用节流阀调节执行元件运动速度，其速度将随负载和温度的变化而波动。在速度稳定性要求高的场合，则要使用流量稳定性好的调速阀。

(3) 节流阀的应用

节流阀常应用于负载变化不大或对速度控制精度不高的定量泵供油节流调速液压系统中，有时也可用于变量泵供油的容积节流调速液压系统中。

① 串联节流调速　在执行元件的进口前串接一个、出口后串接一个或进口前、出口后各串接一个节流阀，可以组成图 7-30 (a) 所示的进口节流调速回路、图 7-30 (b) 所示的出口节流调速回路或图 7-30 (c) 所示的进、出口节流调速回路。

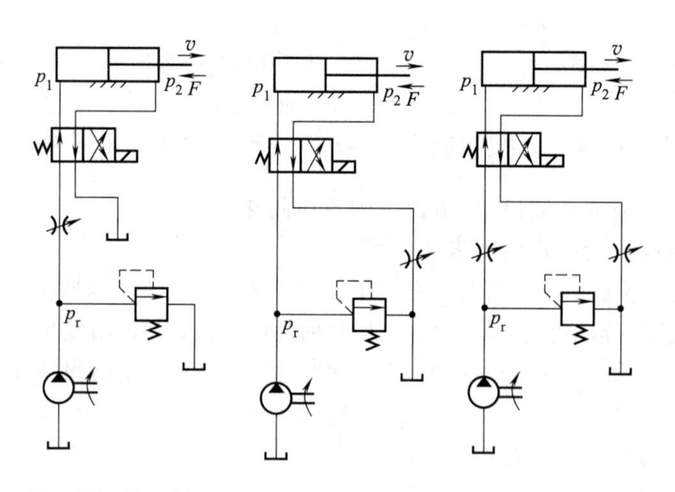

图 7-30　串联节流调速回路

② 并联节流调速　将流量控制阀设置在执行元件并联的支路上，如图 7-31 所示，用节流阀来调节流回油箱的油液流量，以实现间接控制进入液压油缸的流量，从而达到调速的目的。回路中溢流阀处于常闭状态，起到安全保护作用，故液压泵的供油压力随负载变化而变化。

③ 执行元件减速　如图 7-32 所示，二位四通换向阀 4 在左位工作时，液压泵 1 的压力

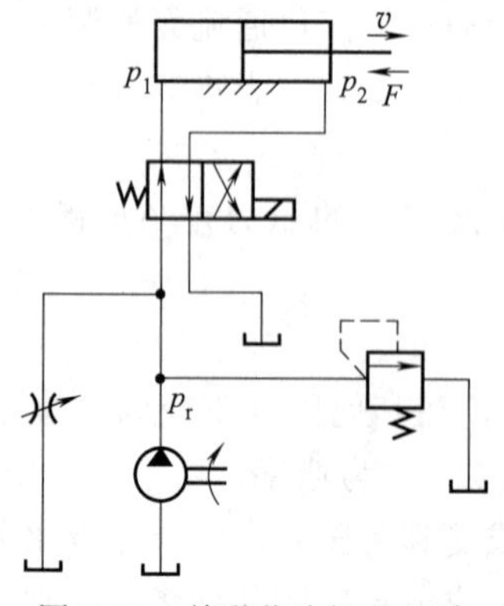

图 7-31　并联节流调速回路

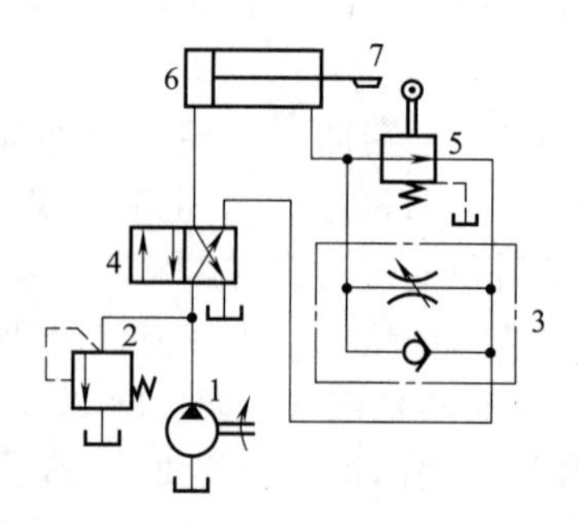

图 7-32　执行元件减速回路

1—液压泵；2—溢流阀；3—单向节流阀；4—换向阀；5—行程节流阀；6—液压油缸；7—挡块

油进入液压油缸 6 的无杆腔，活塞快速右行，液压油缸经行程节流阀 5 和换向阀 4 向油箱排油，活塞到达规定位置时，挡块 7 逐渐压下行程节流阀 5，使活塞运动减速至阀 5 的开口完全关闭，此时，液压油缸回油经单向节流阀 3 中的节流阀向油箱排油，液压油缸的速度由节流阀 3 的开度决定。当换向阀 4 切换至右位工作时，泵 1 的压力油经阀 4、单向节流阀 3 中的单向阀进入液压油缸 6 的有杆腔，液压油缸快速退回。该回路结构简单，减速行程可通过调整挡块 7 的位置实现。

（4）节流阀的故障分析与排除

节流阀的故障分析与排除见表 7-9。

表 7-9　节流阀的故障分析与排除

现　　象	原　　因	排　　除
节流调节作用失灵	①毛刺或污物堵住节流口 ②阀芯和阀孔的形位公差不好 ③阀芯和阀孔的配合间隙过大或过小 ④阀芯和阀孔出现拉伤	①清除毛刺和污物 ②研磨、修配公差 ③修配间隙 ④抛光
流量可调节，但不稳定	①油液未经精密过滤 ②节流口堵塞 ③节流阀调整好并锁紧后，由于机械振动或其他原因，会使锁紧螺钉松动，从而引起流量变化 ④系统中混进了空气，使油液的可压缩性大大增加，流量不稳定 ⑤外泄漏大造成流量不稳定	①节流阀前安设滤清器 ②清洗节流口，并查明油液污染等情况 ③消除机械振动的振源，可使用带锁调节手柄的节流阀 ④排除系统中的空气 ⑤减少系统发热，更换黏度指数高的油液
内泄漏大	①阀芯和阀孔的配合间隙过大 ②使用过程中磨损过大或有拉伤	①保证合适的配合间隙 ②电镀或重新加工阀芯并进行配研

2. 调速阀

调速阀用于控制液压系统中液体的流量，实现对液压系统的速度控制。

（1）调速阀的工作原理

调速阀是由定差减压阀与节流阀串联而成的组合阀。

图 7-33 所示为调速阀。调速阀是在节流阀 2 前面串接一个定差减压阀 1 组合而成。液

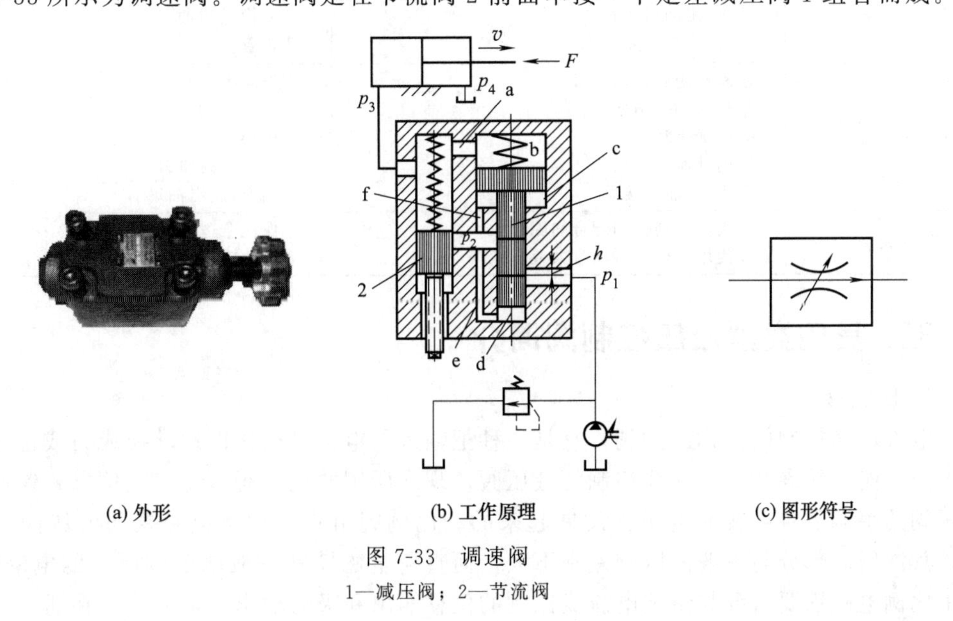

(a) 外形　(b) 工作原理　(c) 图形符号

图 7-33　调速阀

1—减压阀；2—节流阀

压泵的出口（即调速阀的进口）压力 p_1 由溢流阀调整基本不变，而调速阀的出口压力 p_3 则由液压油缸负载 F 决定。液压油先经减压阀产生一次压力降，将压力降到 p_2，然后液压油经通道 e、f 作用到减压阀的 d 腔和 c 腔；节流阀的出口压力 p_3 又经反馈通道 a 作用到减压阀的上腔 b，当减压阀的阀芯在弹簧力 F_s、液压油压力 p_2 和 p_3 作用下处于某一平衡位置时（忽略摩擦力和液动力等），则有

$$p_2A_1+p_2A_2=p_3A+F_s \tag{7-2}$$

式中，A、A_1 和 A_2 分别为 b 腔、c 腔和 d 腔内压力油作用于阀芯的有效面积，且 $A=A_1+A_2$，故

$$p_2-p_3=\Delta p=\frac{F_s}{A} \tag{7-3}$$

因为弹簧刚度较低，且工作过程中减压阀阀芯位移很小，可以认为 F_s 基本保持不变。故节流阀两端压力差 p_2-p_3 也基本保持不变，这就保证了通过节流阀的流量基本稳定。

（2）调速阀的应用

调速阀的优点是流量稳定性好，缺点是压力损失较大。常用于负载变化大而速度控制精度要求较高的定量泵供油节流调速液压系统中，有时也用于变量泵供油的容积节流调速液压系统中。

在定量泵供油节流调速液压系统中，可与溢流阀配合组成串联节流和并联调整回路或系统，其回路原理只要将图 7-30、7-31 所示的节流调速回路中的节流阀用调速阀替代即可。

（3）调速阀的故障分析与排除

调速阀的故障分析与排除见表 7-10。

表 7-10　调速阀的故障分析与排除

现　　象	原　　因	排　　除
定差减压阀不动作，调速阀如同一般节流阀	①减压阀芯被污物卡住 ②阻尼孔或反馈孔被污物卡住 ③进、出口压差过小	①清除污物 ②清除污物 ③检查
节流作用失灵	①减压阀阀芯被卡死 ②进、出油口接反 ③进、出口压差太小	①清除毛刺和污物 ②调换进出油口 ③检查
流量不稳定	①减压阀芯移动不灵活 ②反馈小孔阻塞 ③弹簧折断 ④内外泄漏量大 ⑤进、出油口接反	①清除毛刺和污物 ②清除污物 ③更换 ④检查泄漏原因 ⑤调换进、出油口
内泄漏大	①阀芯和阀孔的配合间隙过大 ②使用过程中磨损过大或有拉伤	①保证合适的配合间隙 ②电镀或重新加工阀芯并进行配研

五、其他类型液压控制阀简介

1. 比例阀

电液比例控制阀简称比例阀，它是一种把输入的电信号按比例地转换成力或位移，从而对压力、流量等参数进行连续控制的液压阀。现在所用的比例阀多是以比例电磁铁取代普通液压阀的手调装置或普通电磁铁发展起来的。比例阀由直流比例电磁铁与液压阀两部分组成，其液压阀部分与一般液压阀差别不大，而直流电磁铁和一般电磁阀所用的电磁铁不同，采用比例电磁铁要得到与给定电流成比例的位移输出和吸力输出。输入信号在通入比例电磁

铁时，要先经电放大器处理和放大。

（1）比例溢流阀

用比例电磁铁取代直动式溢流阀的手调装置，便成为直动式比例溢流阀。如图 7-34 所示，比例电磁铁的推杆通过弹簧座对调压弹簧施加推力。随着输入电信号强度的变化，比例电磁铁的电磁力将随之变化，从而改变调压弹簧的压缩量，使顶开锥阀的压力随输入信号的变化而变化，若输入信号是连续地、按比例地或按一定程度变化，则比例溢流阀所调节的系统压力也持续地按比例地或按一定程度变化。因此，比例溢流阀多用于系统的多级调压或实现连续的压力控制。

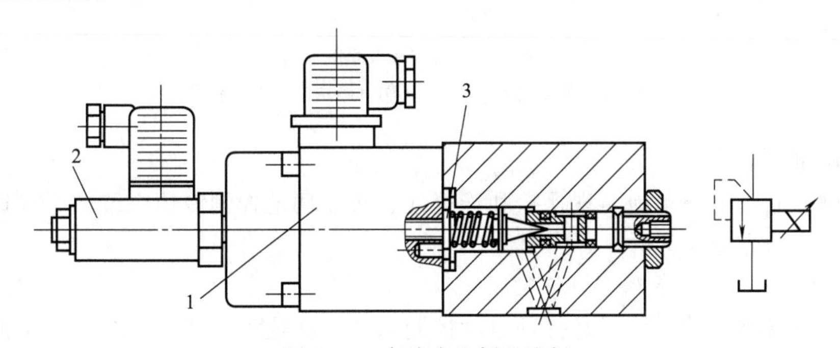

图 7-34　直动式比例溢流阀

1—比例电磁铁；2—位移传感器；3—弹簧座

把直动式比例溢流阀作先导阀与其他普通压力阀的主阀相配，便可组成先导式比例溢流阀、比例顺序阀和比例减压阀。

（2）比例换向阀

用比例电磁铁取代电磁换向阀中的普通电磁铁，便构成直动式比例换向阀，如图 7-35 所示。由于使用了比例电磁铁，阀芯不仅可以换位，而且换位的行程可以连续地或按比例地变化，因而连通油口间的通流面积也可以连续地或按比例地变化，所以比例换向阀不仅能控制执行元件的运动方向，而且能控制其速度。

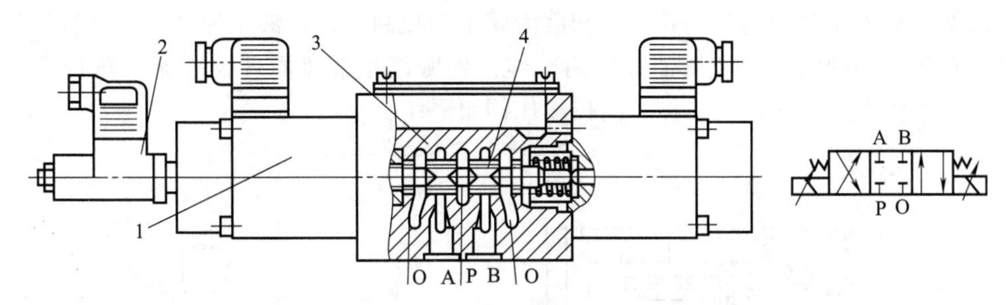

图 7-35　直动式比例换向阀

1—比例电磁铁；2—位移传感器；3—阀体；4—阀芯

（3）比例调速阀

用比例电磁铁取代节流阀或调速阀的手调装置，以输入电信号控制节流口的开度，便可连续地或按比例地远程控制其输出流量，实现执行部件的速度调节。图 7-36 所示为比例调速阀。节流阀芯由比例电磁铁的推杆操纵，输入的电信号不同，电磁力不同，推杆受力不同，与阀芯左端弹簧力平衡后，便有不同的节流口开度。由于定差减压阀已保证节流口前后压差为定值，所以一定的输入电流就对应一定的输出流量，不同的输入信号变化，就对应着

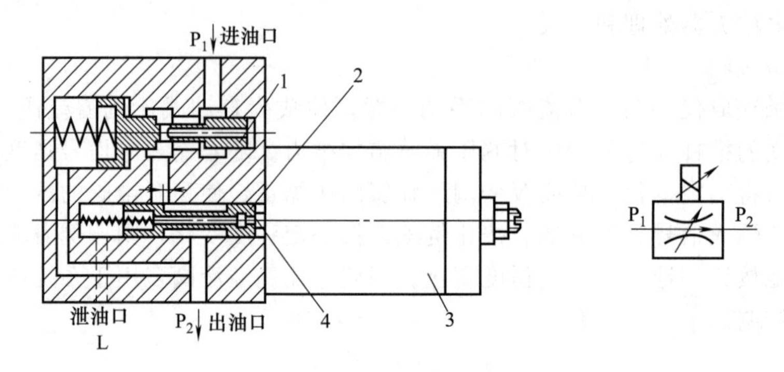

图 7-36 比例调速阀

1—定差减压阀；2—节流阀阀芯；3—比例电磁铁推杆操作装置；4—推杆

不同的输出流量变化。

电液比例控制阀能简单地实现遥控和连续地、按比例地控制液压系统的力和速度，并能简化液压系统，节省液压元件。

2．伺服阀

伺服系统（又称随动系统）是一种自动控制系统。在这种系统中，执行机构能以一定的精度自动按照输入信号的变化规律动作。采用液压控制元件和液压执行元件而组成的伺服系统，称为液压伺服系统。

液压伺服系统除了具有液压传动的各种优点外，还有功率放大、系统刚度大、反应快、伺服精度高等优点。它不但是液压技术中的一个新分支，而且也是控制领域中的一个重要组成部分。它广泛用于国防、航空、船舶、汽车和工程机械的液压控制系统中，在转向机构中，液压伺服系统的应用尤为突出。

（1）液压伺服控制原理

图 7-37 所示为一简单液压伺服系统原理。液压泵 3 是系统的能源，它以恒定的压力向系统供油，其供油压力由溢流阀 4 调定。伺服滑阀 1（在此系统中又称伺服阀或随动阀）和液压油缸 2 组成液压驱动装置。其中，伺服滑阀 1 是控制元件，液压油缸 2 是执行元件。其特殊之处在于滑阀的阀体与液压油缸连为一体。伺服阀按节流原理控制流入执行元件的流量、压力和液流方向，该系统又称为阀控液压伺服系统。

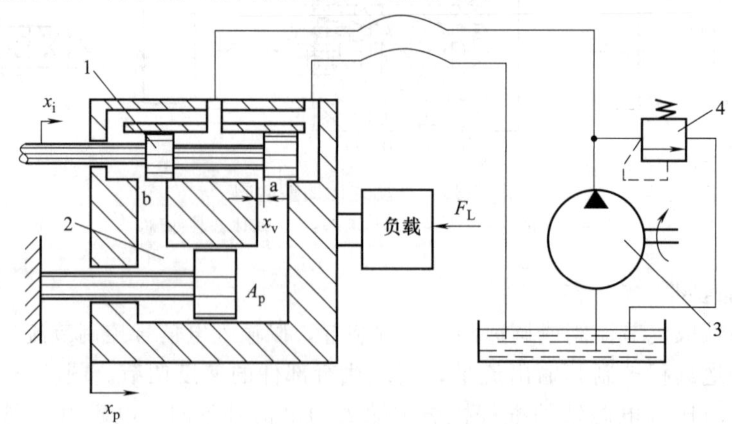

图 7-37 液压伺服系统原理

1—伺服滑阀；2—液压油缸；3—液压泵；4—溢流阀

该系统的工作原理如下：当伺服滑阀处在中间位置时，阀的四个阀口均关闭（阀芯凸肩宽度与阀体开口宽度相等），此时阀没有流量输出，液压油缸不动；当给阀一个输入位移，例如使阀芯向右移动 x_i，则阀口 a、b 有一个相应的开口量 x_v（$x_v=x_i$）；此时，压力油将经阀口 a 进入液压油缸的右腔，由于活塞杆固定不动，则压力油将推动缸体右移，液压油缸左腔中的油液经阀口 b 排出流回油箱；由于缸体与阀同为一体，故缸体右移也就意味着阀体右移，这样使阀的开口量逐渐减小；当缸体位移等于阀的输入位移时，阀的开口量 x_v将变为零，即阀口重新关闭，输出流量为零，液压油缸停止运动，处在一个新的平衡位置上，从而完成了液压油缸的输出位移对阀的输入位移的跟随运动；同样，若使阀芯反向移动，则液压油缸也将反向跟随运动。

（2）电液伺服阀的结构及工作原理

图 7-38 为典型的电液伺服阀的结构及工作原理。上半部分为电气-机械转换装置，即力矩马达，下半部分为前置级（喷嘴挡板）和主滑阀。当无电流信号输入时，力矩马达无力矩输出，与衔铁 3 固定在一起的挡板 5 处于中位，主滑阀阀芯 8 也处于中位。液压泵输出的油液从油口 P_1、P_2 以压力 p 进入主滑阀阀口，因阀芯两端台肩将阀口关闭，油液不能进入 A、B 口，经左右两边的固定节流孔 9 分别引到喷嘴 7，因两边的压力相等，故经喷射后油液流回油箱。由于挡板处于中位，两喷嘴与挡板的间隙相等，因而油液流经喷嘴的液阻相等，则喷嘴前的压力相等，主滑阀阀芯 8 两端压力相等，阀芯处于中位。

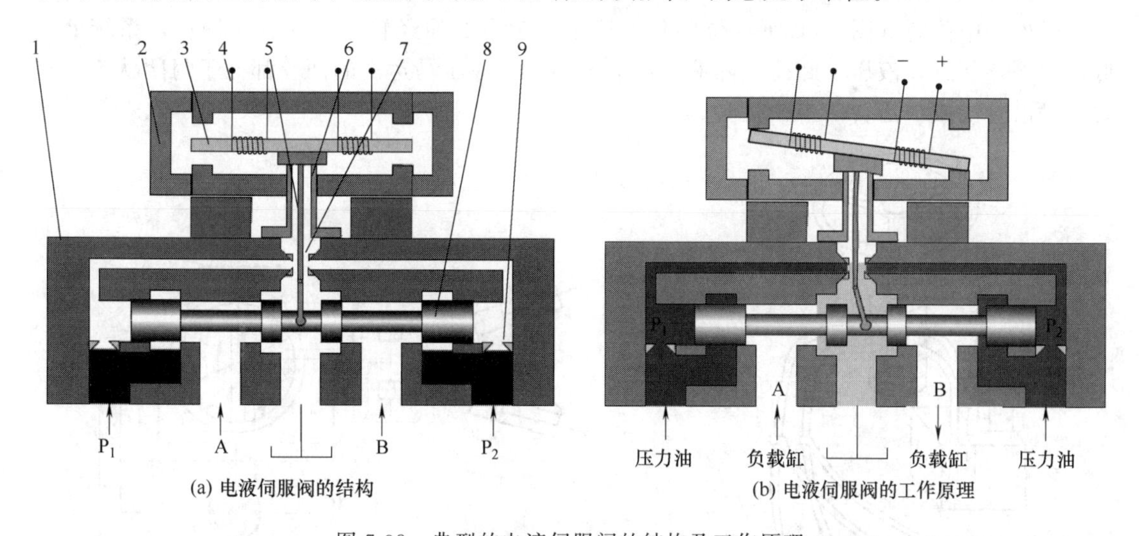

图 7-38　典型的电液伺服阀的结构及工作原理

1—阀体；2—永久磁铁；3—衔铁；4—线圈；5—挡板；6—弹簧管；7—喷嘴；8—主滑阀阀芯；9—固定节流孔

若线圈 4 输入电流，线圈中将产生磁通，使衔铁 3 上产生磁力矩。当磁力矩为顺时针方向时，衔铁 3 将连同挡板 5 一起绕弹簧管 6 的支点顺时针偏转，左喷嘴的间隙减小，右喷嘴的间隙增大，即压力 p_1增大，p_2减小，主滑阀阀芯 8 向右运动，开启阀口，油液与 B 相通，A 与油箱相通。在主滑阀阀芯 8 向右运动的同时，通过挡板下端弹簧管 6 的反馈作用使挡板 5 逆时针方向偏转，使左喷嘴的间隙增大，右喷嘴的间隙减小，于是压力 p_1减小，p_2增大。当主滑阀阀芯向右移到某一位置时，两端压力差 p_1-p_2形成的液压力通过反馈弹簧杆作用在挡板上的力矩、喷嘴液流压力作用在挡板上的力矩以及弹簧管 6 的反力矩之和与力矩马达产生的电磁力矩相等时，主滑阀阀芯 8 受力平衡，稳定在一定的开口下工作。

显然，改变输入电流大小，可成比例地调节电磁力矩，从而得到不同的主阀开口大小。

若改变输入电流的方向，主滑阀阀芯反向位移，可实现液流的反向控制。

(3) 液压伺服系统在工程机械中的应用

随着现代汽车和工程机械的发展，尤其是重型和特种用途车辆的发展，促使液压伺服转向机构的产生。液压伺服转向就是利用液压能来操纵行驶方向的伺服机构。液压伺服转向机构的任务在于提高转向性能，减轻驾驶员的劳动强度。因此，现代汽车、重型和特种用途车辆及工程机械广泛使用液压伺服转向机构。

转阀式液压伺服转向机构又称摆线式全液压转向装置。这种转向装置由转向阀与计量马达组成的液压转向器、转向液压油缸等组成。这种转向装置取消了转向盘和转向轮之间的机械连接，由液压油管连接。转向盘和液压转向器相连，转向液压油缸与转向梯形及转向轮相连。两根油管将转向器的压力油按转向要求输送到液压油缸相应的腔以实现转向。

图 7-39 所示为转阀式液压转向机构，与其他转向装置相比，其操纵轻便灵活、结构紧凑。由于没有机械连接，因此有易于安装布置、发动机熄火时仍能保证转向性能等特点。存在的主要问题是“路感”不明显，转向后转向盘不能自动回位，以及发动机熄火时手动转向比较费力。近几年来在大型拖拉机、叉车、装载机、挖掘机和汽车起重机等大中型车辆上应用较多。

图 7-40 所示为转阀式转向机构液压系统。整个系统由液压泵 1、液压油缸 8、转向器(包括转向阀 6 和计量液压马达 5)、溢流阀 2、双向缓冲阀 7 和单向阀 3、4 等组成。转向器的转阀处于中位时（图 7-40 所示位置）由液压泵 1 来的油经转向阀 6 返回油箱，系统处于低压空循环状态，液压泵卸荷。两液压油缸 8 和计量液压马达 5 的两腔都处于封闭状态。这时车辆沿直线或一定转向半径行驶。

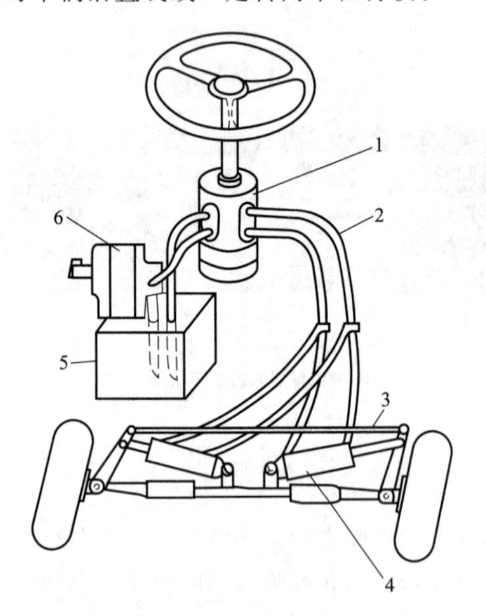

图 7-39　转阀式液压转向机构

1—液压转向器；2—油管；3—转向梯形拉杆；4—转向液压油缸；5—油箱；6—转向泵

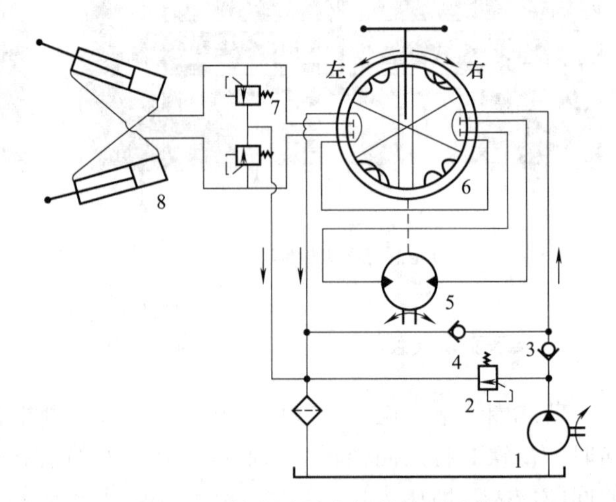

图 7-40　转阀式转向机构液压系统

1—液压泵；2—溢流阀；3,4—单向阀；5—计量液压马达；6—转向阀；7—双向缓冲阀；8—液压油缸

左转时，操纵转向盘控制阀 6 转到图 7-40 中“左”的油路位置。液压泵来的油打开单向阀 3，通过控制阀进入计量液压马达的右腔。计量液压马达的转子在压力油的作用下旋转，迫使转子另一侧的压力油经控制阀进入转向液压油缸相应的腔而实现左转向。这时液压

油缸的回油经控制阀返回油箱。计量液压马达转子的转动方向与转向盘转向相同。由于计量液压马达的转子带动控制阀套一起转动，从而消除了控制阀芯相对于阀套的转角，而使控制阀又处于中位。

当液压泵不工作时，系统油路循环全靠手动操纵。此时计量液压马达作为手动泵使用，单向阀 3 关闭，而单向阀 4 打开。油在液压系统中自行循环。单向阀 3 的作用是防止油液倒流而使转向轮偏转以及保护液压泵不受冲击。溢流阀 2 限制系统最高工作压力，保护系统安全。双向缓冲阀 7 用来防止在转向轮受到意外冲击时，由于油压突然升高而造成系统损坏。

3. 插装阀

插装阀又称逻辑阀，是一种较新型的液压元件，它的特点是通流能力大、密封性能好、动作灵敏、结构简单，主要用于流量较大的系统或对密封性能要求较高的系统。

图 7-41 所示为插装阀，由控制盖板 1、阀芯 4、阀套 2、弹簧 3 和插装块体 5 组成。控制盖板将锥阀组件封装在插装块体内，并且沟通先导阀和主阀，通过锥阀启闭对主油路通断起控制作用。因每个插装阀基本组件有且只有两个油口，故被称为二通插装阀。二通插装阀的工作原理相当于一个液控单向阀。

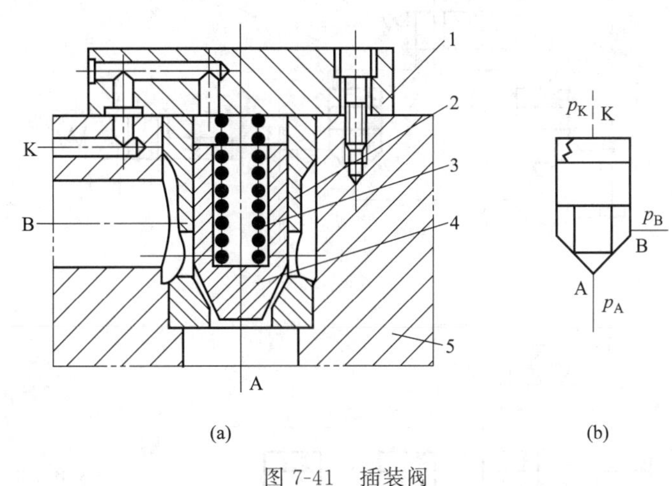

图 7-41　插装阀

1—控制盖板；2—阀套；3—弹簧；4—阀芯；5—插装块体

设工作油口 A、B 的压力分别为 p_A、p_B，控制油口 K 的压力为 p_K，作用面积分别为 A_A、A_B、A_K，阀芯上端复位弹簧力为 F_t，当 $p_KA_K+F_t>p_AA_A+p_BA_B$ 时，阀口关闭，当 $p_KA_K+F_t<p_AA_A+p_BA_B$ 时，阀口开启。

实际工作时，阀芯的受力状况是通过油口 K 的通油方式控制的。K 口通油箱，阀口开启；K 口与进油口相通，阀口关闭。

改变油口通油方式的阀称为先导阀。插装阀通过与先导阀组合，可组成方向控制阀、压力控制阀和流量控制阀。同一通径的三种组件安装尺寸相同，但阀芯的结构形式和阀套座直径不同。三种组件均有两个主油口 A 和 B、一个控制口 K。

（1）方向控制插装阀

图 7-42 所示为一些常用的方向控制插装阀。

图 7-42（a）所示为单向阀。当 $p_A>p_B$ 时，阀芯关闭，A 与 B 不通；当 $p_A<p_B$ 时，阀芯开启，A 与 B 相通。

图 7-42（b）所示为二位二通阀。当二位三通电磁阀断电时，阀芯开启，A 与 B 相通；

当电磁阀通电时，阀芯关闭，A 与 B 不通。

图 7-42（c）所示为二位三通阀。当二位四通电磁阀断电时，A 与 T 相通；当电磁阀通电时，A 与 P 相通。

图 7-42（d）所示为二位四通阀。当二位三通电磁阀断电时，A 与 T 相通，B 与 P 相通；当电磁阀通电时，A 与 P 相通，B 与 T 相通。

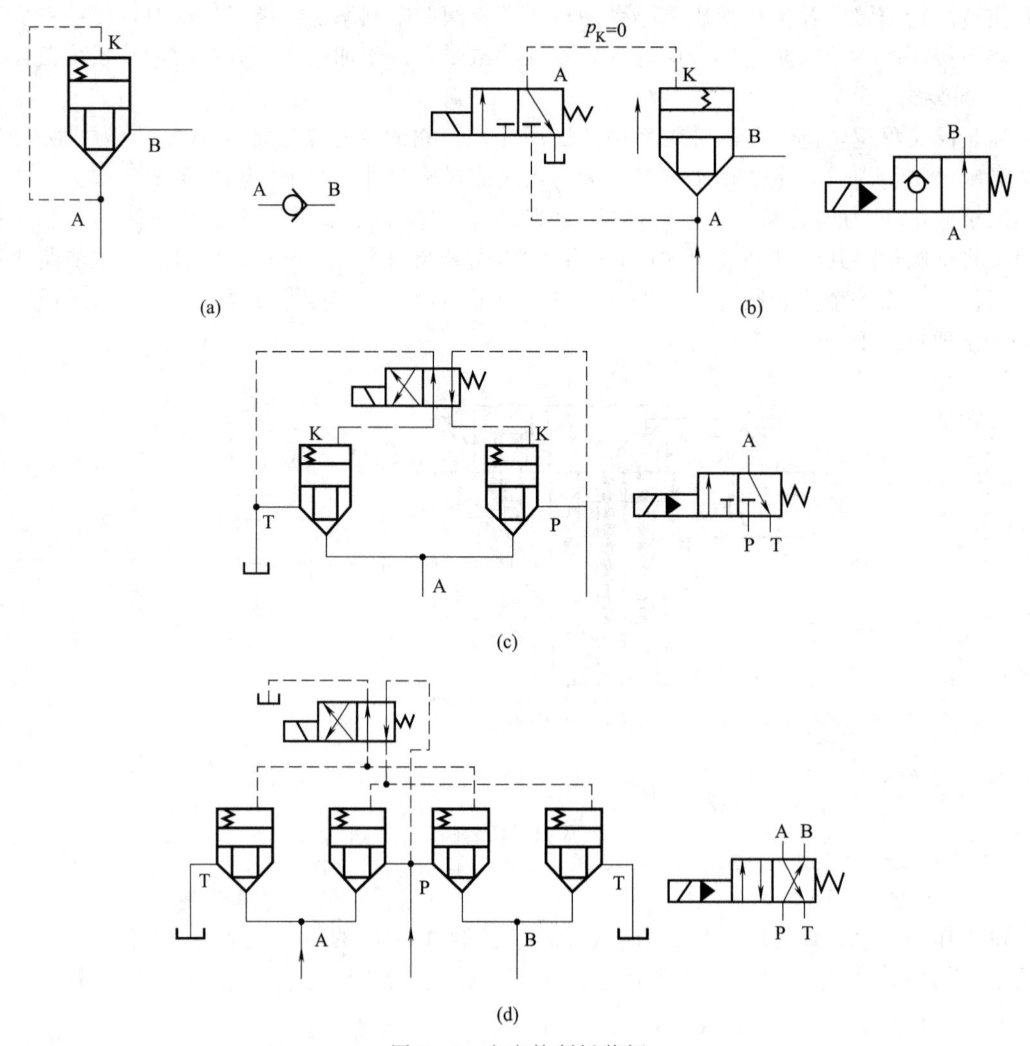

图 7-42　方向控制插装阀

（2）压力控制插装阀

常用的压力控制插装阀如图 7-43 所示。

图 7-43（a）中，如 B 接油箱，插装阀原理与先导式溢流阀相同；如 B 接负载，插装阀起顺序阀的作用。

图 7-43（b）所示为电磁溢流阀，当二位二通电磁阀通电时起卸荷作用。

（3）流量控制插装阀

插装节流阀如图 7-44 所示。在插装阀控制盖板上有阀芯限位器，用来调节阀芯的开度，从而起到流量控制阀的作用。若在插装阀前串联一个定差减压阀，则可组成二通插装调速阀。

4. 叠加阀

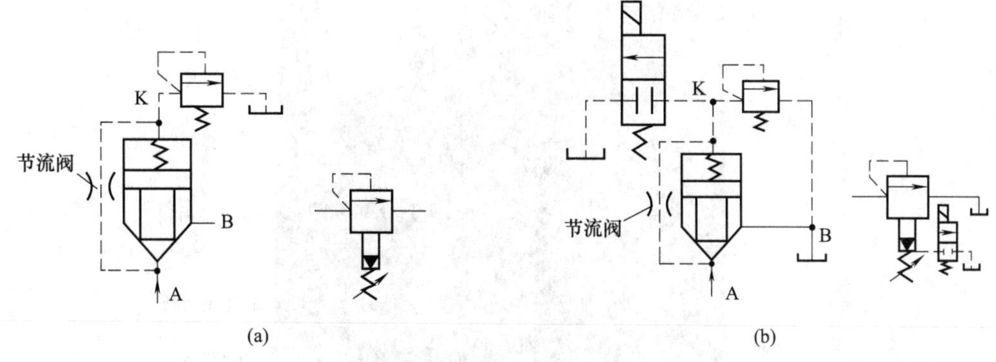

图 7-43　压力控制插装阀

叠加阀以板式阀为基础，单个叠加阀的工作原理与普通阀相同，所不同的是每个叠加阀都有四个油口 P、A、B、T，且上下贯通，每个叠加阀不仅起到单个阀的功能，而且还沟通阀与阀的流道。用叠加阀组成回路时，换向阀安装在最上方，对外连接油口开在最下边的底板上，其他的阀通过螺栓连接在换向阀和底板之间。图 7-45 所示为叠加阀的基本结构。由叠加阀组成的系统结构紧凑，配置灵活，设计制造周期短。

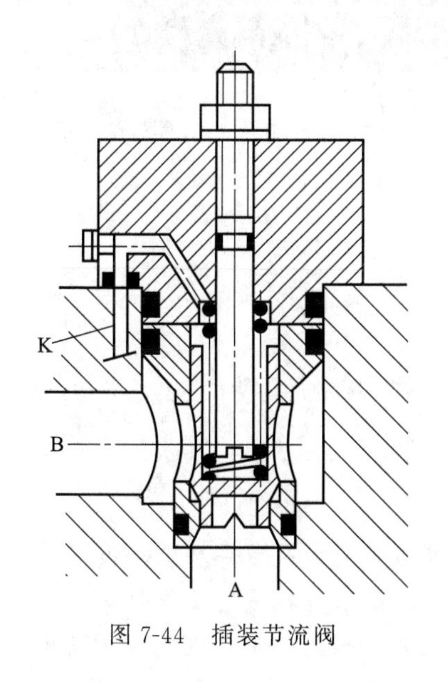

图 7-44　插装节流阀

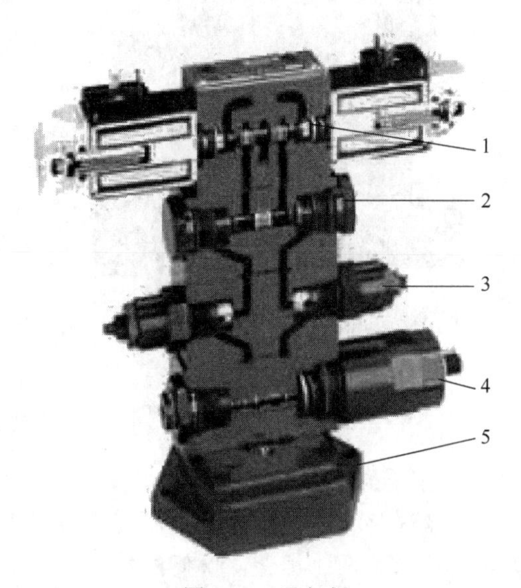

图 7-45　叠加阀

1—三位四通电磁换向阀；2—双向阀压锁；3—单向节流阀；4—减压阀；5—底板

校企链接

1. 主控阀

沃尔沃挖掘机的控制元件集成为主控阀（Main Kontrol Valve）。EC210B 挖掘机的主控阀包括控制执行元件的方向阀（7 个）、主溢流阀、负载单向阀、节流阀等。

方向阀的换向依靠手柄操作的行程控制。图 7-46 所示为 EC210B 挖掘机主控阀的右视图。

2. 溢流阀

直动式溢流阀和先导式溢流阀在沃尔沃挖机上都有应用。直动式溢流阀主要用于先导系统

图 7-46　EC210B 挖掘机主控阀的右视图

溢流阀和端口溢流阀。先导式溢流阀主要用于主系统。图 7-47 为先导系统的直动式溢流阀。

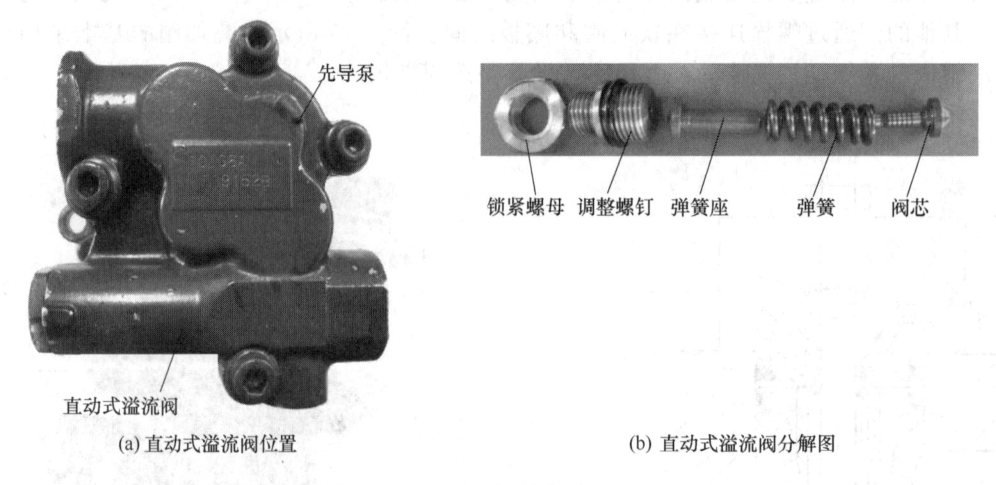

(a) 直动式溢流阀位置　　(b) 直动式溢流阀分解图

图 7-47　先导系统的直动式溢流阀

3. 液压伺服阀

为了满足工程机械克服不同负载的需要，工程机械的液压泵大多采用变量泵，根据系统需要调节变量泵的排量，以便能够充分利用发动机的功率和提高工程机械的工作效率。

图 7-48 所示为挖掘机泵控液压系统，泵组由主泵 6、主泵 7 和先导泵 5 组成。主泵 6 和主泵 7 为液压系统提供工作液压油，先导泵为液压系统提供先导控制油，也可为 PSV 阀提供控制液压油。

当主泵 6 或主泵 7 的压力、PSV 阀电流信号发生改变时，可推动负载活塞 1 发生位移，从而使伺服阀 2 的阀芯发生位移，或当 Pi 流量信号改变时，也可推动伺服阀 2 的阀芯发生位移，从而调节斜盘倾角。以主泵 6 为例，当伺服阀 2 工作在右位时，液压油进入伺服活塞 4 的大腔，因右侧作用面积大于左侧作用面积，右侧液压力大于左侧液压力，使伺服活塞 4 向左位移，斜盘倾角变小；当伺服阀 2 工作在左位时，伺服活塞大腔内的液压油泄回油箱，左侧液压力大于右侧液压力，使伺服活塞 4 向左位移，斜盘倾角变大。伺服活塞 4 的移动带动反馈杆 3 移动，使伺服阀 2 的阀体跟随移动，伺服阀关闭，使斜盘倾角保持在一定角度。当任一信号发生改变时，重新调节斜盘倾角。

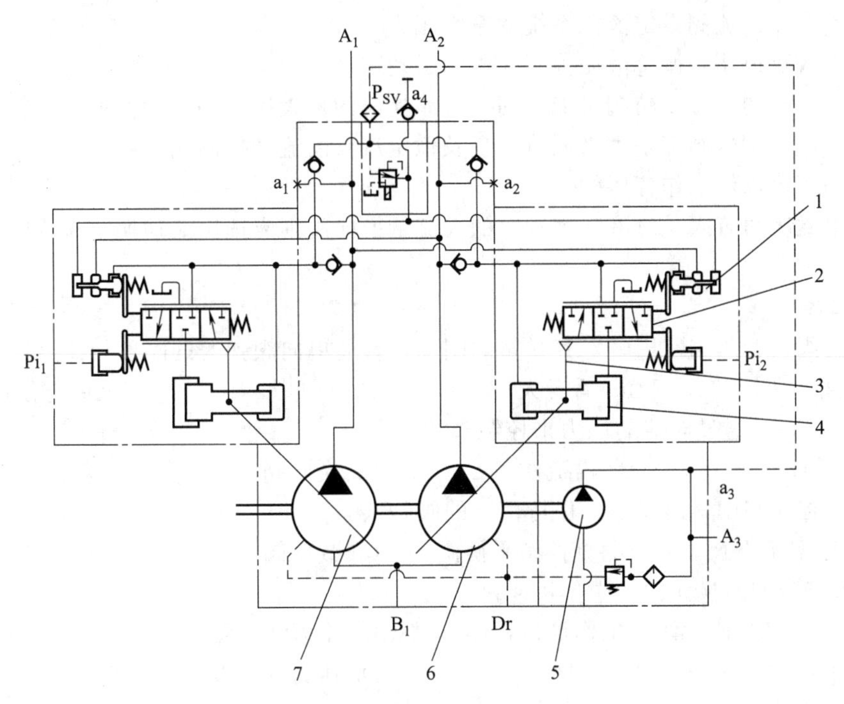

图 7-48　挖掘机泵控液压系统

1—负载活塞；2—伺服阀；3—反馈杆；4—伺服活塞；5—先导泵；6,7—主泵

单元习题

一、填空

1. 液压阀按照功用可分为______、______和______三类。

2. 调速阀是______和______串联而成的组合阀。

3. 电液伺服阀的结构分为上半部分______和下半部分______。

4. 滑阀机能为__________型的换向阀，在换向阀处于中间位置时液压泵卸荷；而__________型的换向阀处于中间位置时可使液压泵保持压力（各空白处只写一种类型）。

5. 溢流阀稳定的是______压力，减压阀稳定的是______压力。

6. 溢流阀在进油节流调速回路中作______阀用；在容积调速回路中作______阀用。

7. 压力继电器是利用____________来启闭电气触点的液电信号转换元件。

8. 顺序阀是以______为控制信号，在一定的__________作用下自动接通或者切断某一油路。

9. 控制滑阀移动的方法有______、______、______、______和______等。

10. 液压锁是两个____________的组合。

二、判断

1. 因液控单向阀关闭时密封性能好，故常用在保压回路和锁紧回路中。（　）

2. 采用调速阀的定量泵节流调速回路，无论负载如何变化始终能保证执行元件运动速度稳定。（　）

3. 为了改变油液流动方向应采用节流阀。（　）

4. 通常采用溢流阀设定液压系统的系统压力。（　）
5. 节流阀可以用于调整液压执行元件的运动速度。（　）
6. 同一规格的电磁换向阀机能不同，可靠换向的最大压力和最大流量不同。（　）
7. 节流阀和调速阀都是用来调节流量及稳定流量的流量控制阀。（　）
8. 单向阀可以用来作背压阀。（　）
9. 因电磁吸力有限，对液动力较大的大流量换向阀则应选用液动换向阀或电液换向阀。（　）

三、选择

1. 单向阀作背压阀使用时，其弹簧的刚度与普通单向阀弹簧的刚度相比（　）。
A. 前者大　B. 后者大　C. 一样大　D. 与使用场合有关
2. （　）是通过阀前的压力来控制阀的开启。
A. 减压阀　B. 溢流阀　C. 换向阀　D. 减速阀
3. 压力控制阀中，出口压力保持恒定的阀是（　）。
A. 先导型溢流阀　B. 直控型平衡阀　C. 减压阀　D. 外控型平衡阀
4. Y 型三位四通换向阀的中位机能是（　）。
A. 压力油口卸荷，两个工作油口锁闭　B. 压力油口锁闭，两个工作油口卸荷
C. 压力油口及工作油口都锁闭　D. 压力油口及工作油口都卸荷
5. 下列液压控制阀中不属于方向控制阀的是（　）。
A. 直控顺序阀　B. 液控单向阀　C. 电液换向阀　D. 电磁换向阀
6. 下列液压控制阀中不属于压力控制阀的是（　）。
A. 液控单向阀　B. 背压阀　C. 顺序阀　D. 溢流阀
7. 调速阀通过调节（　）来调节执行机构运动速度。
A. 油泵流量　B. 执行机构排量　C. 执行机构供油压力　D. 液压马达进油量
8. 对开度既定的节流阀的流量影响最大的是（　）。
A. 节流口吸附层厚度　B. 阀前、后油压差　C. 油黏度　D. 油黏度指数
9. 低压系统作安全阀的溢流阀，一般选择（　）结构。
A. 差动式　B. 先导式　C. 直动式　D. 锥阀式
10. 作定压阀的溢流阀，一般选择（　）结构。
A. 差动式　B. 先导式　C. 直动式　D. 比例式

四、简答

1. 简述单向控制阀的类型及作用。
2. 简述换向阀图形符号的含义。
3. 溢流阀有什么用途？说明其工作原理并画出其图形符号。
4. 减压阀有什么用途？说明其工作原理并画出其图形符号。
5 顺序阀有什么用途？说明其工作原理并画出其图形符号。
6. 溢流阀和顺序阀的异同有哪些？
7. 影响节流调速的因素有哪些？
8. 简述电液伺服阀的工作原理。
9. 简述插装阀的工作原理。
10. 举例说明各种液压元件在工程机械上的应用。

单元八　辅助元件的结构与维修

单元导入

液压辅助元件有油箱、过滤器、管件、蓄能器、热交换器和密封件等。液压辅助元件和液压元件一样，都是液压系统中不可缺少的组成部分。它们对系统的性能、效率、温升、噪声和寿命的影响不亚于液压元件本身，并且液压辅助元件使用数量多，分布很广，如果选择或使用不当，不但会直接影响系统的工作性能和使用寿命，甚至会使系统发生故障，因此必须予以足够的重视。

一、油箱

1. 油箱的功用

油箱在液压系统中的主要功用是储存油液、散发油液中的热量、沉淀污物并逸出油液中的气体。

2. 油箱的结构

油箱结构如图 8-1 所示。

为了保证油箱的功用，在结构上应注意以下几个方面。

① 应便于清洗；油箱底部应有适当斜度，并在最低处设置放油塞，换油时可使油液和污物顺利排出。

② 在易见的油箱侧壁上设置液位计（俗称油标），以指示油位高度。

③ 油箱应加装空气滤清器。

④ 吸油管与回油管之间的距离要尽量远些，并采用隔板隔开，分成吸油区和回油区，隔板高度约为油面高度的 3/4。

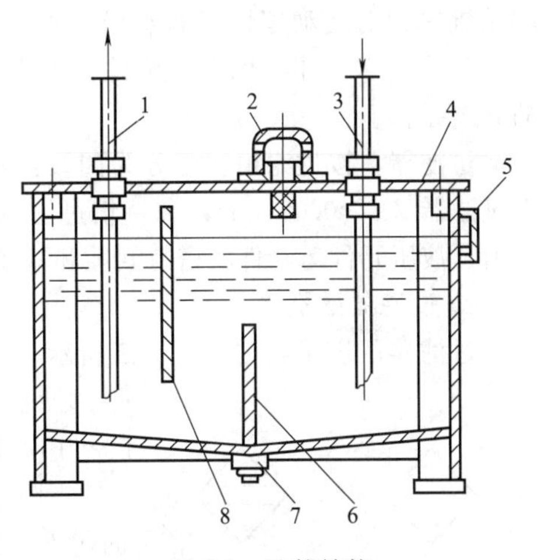

图 8-1　油箱结构

1—吸油管；2—空气滤清器；3—回油管；4—盖板；5—液位计；6,8—隔板；7—放油塞

⑤ 吸油管口离油箱底面距离应大于 2 倍油管外径，离箱壁距离应大于 3 倍油管外径以便四周进油。吸油管和回油管的管端应切成 45°的斜口，回油管的斜口应朝向箱壁。

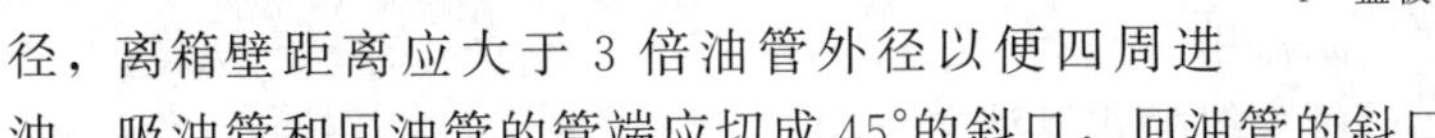

3. 油箱的容量

油箱的容量必须保证：液压设备停止工作时，系统中的全部油液流回油箱时不会溢出，而且还要有一定的储备空间，即油箱液面不超过油箱高度的 80%。液压设备管路系统内充满油液工作时，油箱内应有足够的油量，使液面不致太低，以防止液压泵吸油管处的滤油器吸入空气。通常油箱的有效容量为液压泵额定流量的 2～6 倍。

4. 油箱的故障分析与排除

油箱的故障分析与排除见表 8-1。

表 8-1 油箱的故障分析与排除

现　　象	原　　因	排　　除
油箱温升严重	①油箱设置在高温辐射源附近 ②液压系统的各种压力损失转化为热量造成油液升温 ③油液黏度选择不当 ④油箱散热面积为不够	①避开热源 ②正确设计液压系统，减少节流损失 ③正确选择油液黏度 ④增大散热面积
油箱内油液空气泡难以分离	①无隔板块 ②空气滤清器堵塞 ③使用了消泡性能不好的液压油	①设置隔板块 ②清洗空气滤清器 ③采用消泡性能好的液压油
油箱振动和噪声	①离振动源近 ②液压泵的进油阻力过大 ③油箱的油温较高	①隔离振动源 ②减少液压泵的进油阻力 ③保持油箱的较低油温

二、过滤器

1. 过滤器的功用

液压系统中因清洗不好而残留的切屑、焊渣、型砂、涂料、尘埃、棉丝，加油时混入的以及油箱和系统密封不良进入的杂质等外部污染与油液氧化变质的析出物混入油液中，会引起系统中相对运动零件表面磨损、划伤甚至卡死，还会堵塞控制阀的节流口和管路小口，使系统不能正常工作。因此，清除油液中的杂质，使油液保持清洁是确保液压系统能正常工作的必要条件。

过滤器，按过滤精度可分为四级：粗过滤器（$d \geqslant 0.1$mm）、普通过滤器（$d \geqslant 0.01$mm）、精过滤器（$d \geqslant 0.001$mm）和特精过滤器（$d \geqslant 0.0001$mm）。过滤精度的选择根据系统的工作压力、液压元件运动件的密封间隙和液压元件的重要程度。

2. 过滤器的类型

过滤器的图形符号如图 8-2 所示。常用的过滤器有网式、线隙式、烧结式、纸芯式和磁性过滤器等多种类型。

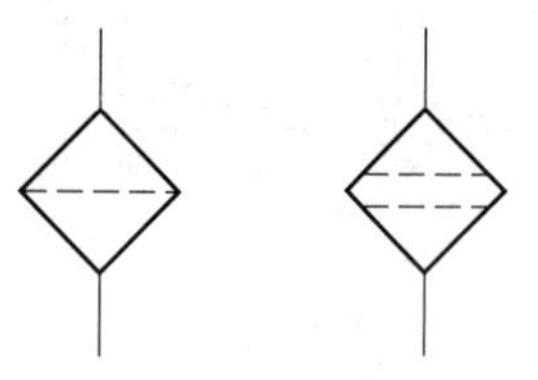

图 8-2 过滤器的图形符号

（1）网式过滤器

网式过滤器为周围开有很大窗口的金属或塑料圆筒，外面包着一层或两层方格孔眼的金属丝网，如图 8-3 所示。金属丝网没有外壳，过滤精度由网孔大小和层数决定。网式过滤器结构简单，清洗方便，通油能力大，过滤精度低，常作吸油过滤器用。

（2）线隙式过滤器

图 8-4 所示为线隙式过滤器，是用金属线（铜线或铝线）绕在筒形芯架外部，利用线间的缝隙过滤油液。芯架 2 上开有许多纵向槽 a 和径向孔 b，油液从金属线 3 缝隙中进入槽 a，再经孔 b 进入过滤器内部，然后从端盖 1 中间的孔进入吸油管路。这种过滤器结构简单，通油能力强，过滤效果好，但不易清洗，一般用于低压系统液压泵的吸油口。

（3）烧结式过滤器

烧结式过滤器的滤芯一般由金属粉末（颗粒状的锡青铜粉末）压制后烧结而成，通过金

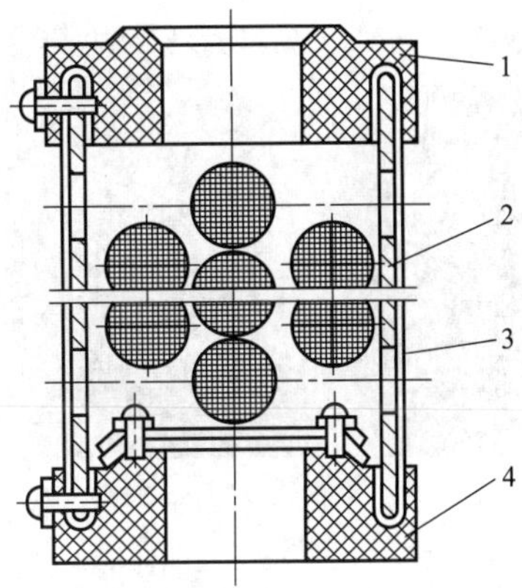

图 8-3 网式过滤器

1—上盖；2—圆筒；3—钢网；4—下盖

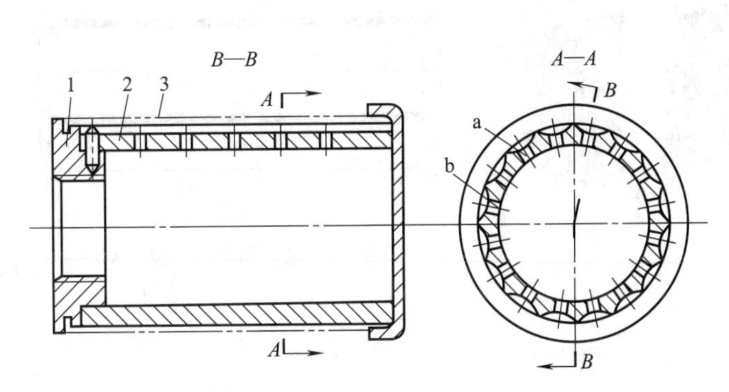

图 8-4 线隙式过滤器

1—端盖；2—芯架；3—金属线

属粉末颗粒间的孔隙过滤油液中的杂质。滤芯可制成板状、管状、杯状、碟状等。图 8-5 所示为管状烧结式过滤器，油液从壳体 2 左侧 A 孔进入，经滤芯 3 过滤后，从底部 B 孔流出。烧结式过滤器强度高，耐高温，耐腐蚀性强，过滤效果好，可在压力较大的条件下工作，是一种使用广泛的精过滤器。其缺点是通油能力低，压力损失较大，堵塞后清洗比较困难，烧结颗粒容易脱落等。

（4）纸芯式过滤器

图 8-6 所示为纸芯式过滤器，它是利用微孔过滤纸滤除油液中杂质的。纸芯 1 一般做成折叠形，以增大过滤面积，在纸芯内部有带孔的芯架 2，用来增加强度，以免纸芯被压力油压破。油液从滤芯外部进入滤芯内部，被过滤后从孔 a 流出。

纸芯式过滤器滤芯过滤精度可达 5～30μm，可在 32MPa 下工作。其结构紧凑，过滤精度高，用于需要精过滤的场合。其缺点是无法清洗，需经常更换滤芯。

（5）磁性过滤器

磁性过滤器用于过滤油液中的铁屑。简单的磁性过滤器可以用几块磁铁组成。

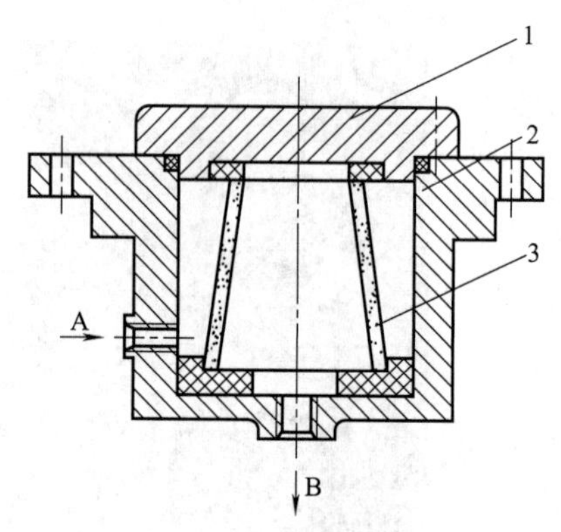

图 8-5　烧结式过滤器

1—顶盖；2—壳体；3—滤芯

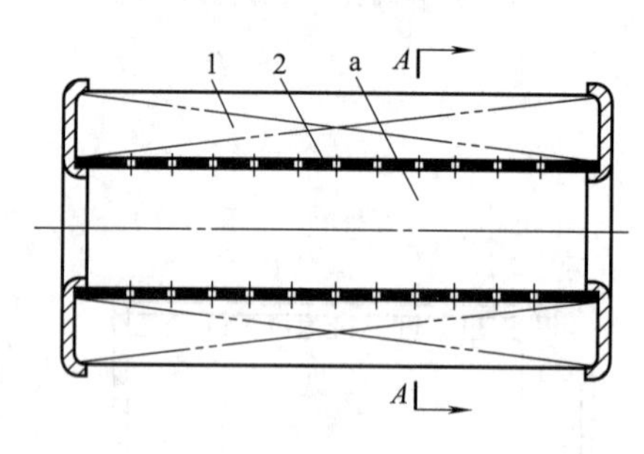

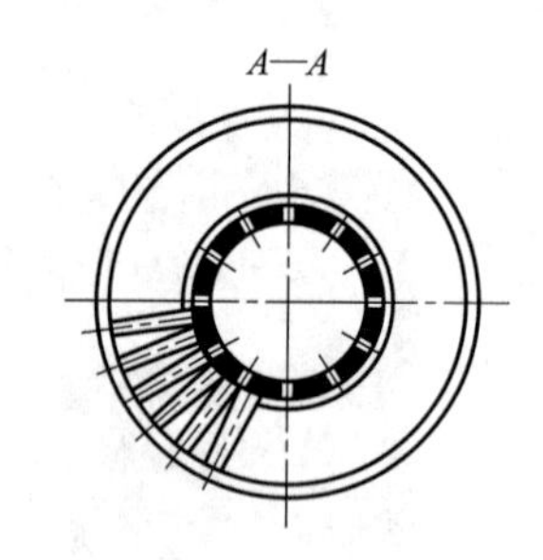

图 8-6　纸芯式过滤器

1—纸芯；2—芯架

3. 过滤器的安装

① 过滤器安装在液压泵的吸油管路上，如图 8-7（a）所示，可保护泵和整个系统。要求有较大的通流能力（不得小于泵额定流量的两倍）和较小的压力损失（不超过 0.02MPa），以免影响液压泵的吸入性能。为此，一般多采用过滤精度较低的网式过滤器。

② 过滤器安装在液压泵的压油管路上，如图 8-7（b）所示，用以保护除泵和溢流阀以外的其他液压元件。要求过滤器具有足够的耐压性能，同时压力损失应不超过 0.35MPa。为防止过滤器堵塞时引起液压泵过载或滤芯损坏，应将过滤器安装在与溢流阀并联的分支油路上，或与过滤器并联一个开启压力略低于过滤器最大允许压力的安全阀。

③ 过滤器安装在系统的回油管路上，如图 8-7（c）所示，不能直接防止杂质进入液压系统，但能循环地滤除油液中的部分杂质。这种方式过滤器不承受系统工作压力，可以使用耐压性能低的过滤器。为防止过滤器堵塞引起事故，通常和单向阀并联使用。

安装过滤器时应注意：一般过滤器只能单向使用，即进、出口不可互换；应便于拆卸滤芯；还应考虑过滤器及周围环境的安全。

滤油器不要安装在液流方向可能变换的油路上，必要时可增设流向调整板，以保证双向过滤。

4. 过滤器的故障分析与排除

过滤器的故障分析与排除见表 8-2。

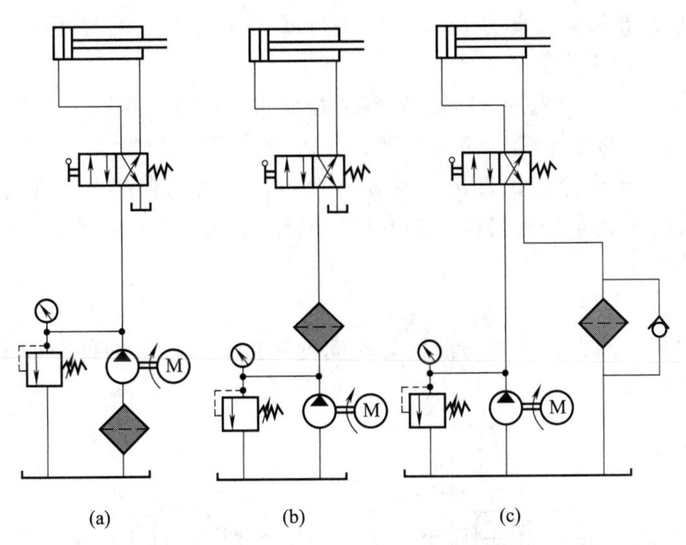

图 8-7　过滤器的安装位置

表 8-2　过滤器的故障分析与排除

现　　象	原　　因	排　　除
滤芯破坏变形	①滤芯工作时严重污染未及时清洗，流进与流出滤芯的压差过大 ②过滤器选用不当 ③在装有高压蓄能器的液压系统，因某种故障蓄能器油液反灌冲坏过滤器	①及时定期检查清洗过滤器 ②正确选用过滤器 ③更换

三、油管和管接头

1. 油管

(1) 油管的种类

油管的种类及应用场合见表 8-3。

表 8-3　油管的种类及应用场合

种　　类		特点及应用场合
硬管	钢管	能承受高压，油液不易氧化，价格低廉，但装配弯形较困难。常用的有 10、15 冷拔无缝钢管，主要用于中、高压系统中
	紫铜管	装配时弯形方便，且内壁光滑，摩擦阻力小，但易使油液氧化，耐压能力较低，抗振能力差。一般适用于中、低压系统中
软管	尼龙管	弯形方便，价格低廉，但寿命较短，可在中、低压系统中部分替代紫铜管
	橡胶管	由耐油橡胶夹以 1～3 层钢丝编织网或钢丝绕层做成。其特点是装配方便，能减轻液压系统的冲击、吸收振动，但制造困难，价格较贵，寿命短。一般用于有相对运动部件间的连接
	耐油塑料管	价格便宜，装配方便，但耐压能力低。一般用于泄油管

(2) 油管的安装要求

① 管道应尽量短，最好横平竖直，拐弯少。为避免管道皱折，减少压力损失，管道装配的弯曲半径要足够大，管道悬伸较长时要适当设置管夹。

② 管道最好平行布置，尽量避免交叉，平行或交叉的液压油管距离要大于 10mm，以防接触振动，并便于安装管接头。

③ 安装前的管子，一般先用 20%的硫酸或盐酸进行酸洗；酸洗后再用 10%的苏打水中和；最后用温水洗净，进行干燥、涂油处理，并进行预压试验。

④ 安装软管时不允许拧扭，直接安装要有余量，软管弯曲半径应不小于软管外径的 9 倍。弯曲处管接头的距离至少是管外径的 6 倍。若结构要求管子必须小于弯曲半径时，应选用耐压性能较好的管子。

2. 管接头

管接头用于油管与油管、油管与液压元件间的连接。管接头的种类很多，图 8-8 所示为几种常用的管接头结构。

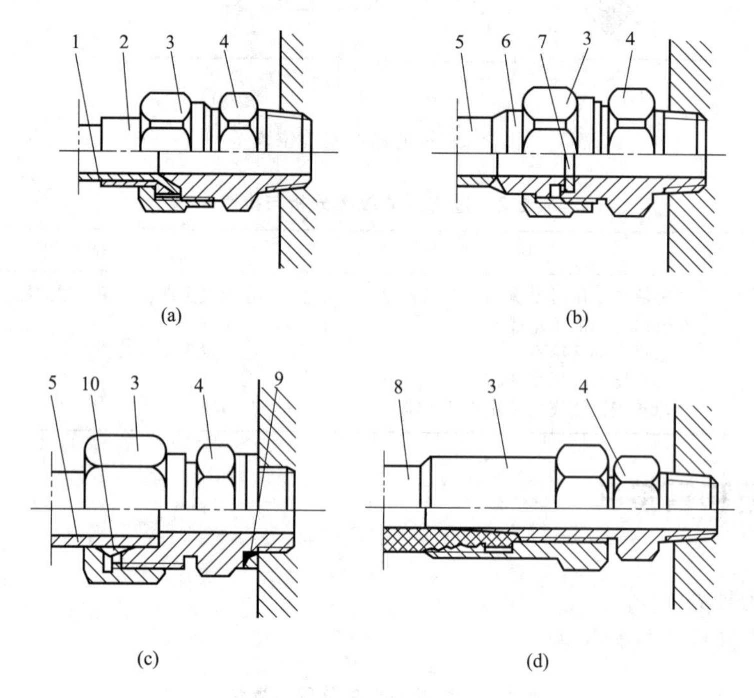

图 8-8　管接头

1—扩口薄管；2—管套；3—螺母；4—接头体；5—钢管；6—接管；
7—密封垫；8—橡胶软管；9—组合密封垫；10—夹套

图 8-8（a）所示为扩口式薄壁管接头，适用于铜管或薄壁钢管的连接，也可用来连接尼龙管和塑料管，在一般的压力不高的机床液压系统中，应用较为普遍。

图 8-8（b）所示为焊接式钢管接头，用来连接管壁较厚的钢管，用在压力较高的液压系统中。

图 8-8（c）所示为夹套式管接头，当旋紧管接头的螺母时，利用夹套两端的锥面使夹套产生弹性变形来夹紧油管。这种管接头装拆方便，适用于高压系统的钢管连接，但制造工艺要求高，对油管要求严格。

图 8-8（d）所示为高压软管接头，多用于中、低压系统的橡胶软管的连接。

3. 油管及管接头的故障分析与排除

油管及管接头的故障分析与排除见表 8-4。

表 8-4　油管及管接头的故障分析与排除

现　　象	原　　因	排　　除
漏油	①安装了劣质的液压油管 ②违规装配 ③油温过高，导致管路疲劳破坏或老化 ④油液污染使油管受到磨损和腐蚀 ⑤扩口管拧紧力过大或过松 ⑥焊接式管接头焊接处出现气孔、裂纹和夹渣等焊接缺陷 ⑦夹套式管接头相配部位不密合	①选用合格的液压油管 ②正确装配 ③正确使用液压系统，保持油温正常 ④严防油液污染 ⑤拧紧力合适 ⑥磨掉焊缝，重新焊接 ⑦重新装配
振动和噪声	①油泵和电机产生共振 ②管内油柱的振动 ③管内有空气 ④回油管不畅通	①两者的振动频率之比要在 1/3～3 的范围之内 ②改变管路长度 ③减少空气的进入 ④回油管尽可能短而粗或另辟一条油路

四、蓄能器

1. 作用

蓄能器是一种液压能的储存装置，它在液压系统中的主要功用是保压、补充泄漏、作辅助动力源、吸收液压冲击、消除压力脉动等。

① 作辅助动力源。在间歇工作或周期性动作中，蓄能器可以把泵输出的多余压力油储存起来。当系统需要时，由蓄能器释放出来。这样可以减少液压泵的额定流量，从而减小电机功率消耗。

② 系统保压或作紧急动力源。对于执行元件长时间不动作，而要保持恒定压力的系统，可用蓄能器来补偿泄漏，从而使压力恒定。对某些系统要求当泵发生故障或停电时，执行元件应继续完成必要的动作时，需要有适当容量的蓄能器作紧急动力源。

③ 吸收系统脉动，缓和液压冲击。蓄能器能吸收系统压力突变时的冲击，也能吸收液压泵工作时的流量脉动所引起的压力脉动。

2. 蓄能器的结构及工作原理

目前，常用的蓄能器是利用气体膨胀压缩进行工作的充气式蓄能器，有活塞式和气囊式两种，也有部分弹簧式蓄能器。

（1）弹簧式蓄能器

如图 8-9 所示，弹簧式蓄能器利用弹簧的压缩和伸长来储存、释放能量。结构简单、反应灵敏，但容量小，不适于高压。

（2）气囊式蓄能器

图 8-10 所示为气囊式蓄能器。这种蓄能器中气体和油液由皮囊隔开。皮囊用耐油橡胶作原料与充气阀一起压制而成，囊内储放惰性气体。这种结构使气、液密封可靠，并且因皮囊惯性小而克服了活塞式蓄能器响应慢的弱点，因此它的应用范围非常广泛，其缺点是工艺性较差。

（3）活塞式蓄能器

图 8-11 所示为活塞式蓄能器。活塞的上部为压缩空气，气体由气门充入。液压油经油孔进入蓄能器的下部。气体和油液由活塞隔开，利用气体的压缩和膨胀来储存、释放压力能。活塞随下部液压油的储存和释放在缸筒内产生相对滑动。

活塞式蓄能器的结构简单，使用寿命长。但因活塞有一定的惯性及受到摩擦力作用，反

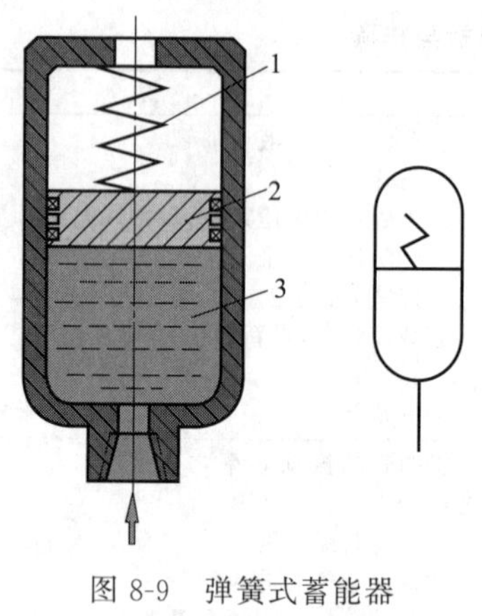

图 8-9　弹簧式蓄能器

1—弹簧；2—活塞；3—油液

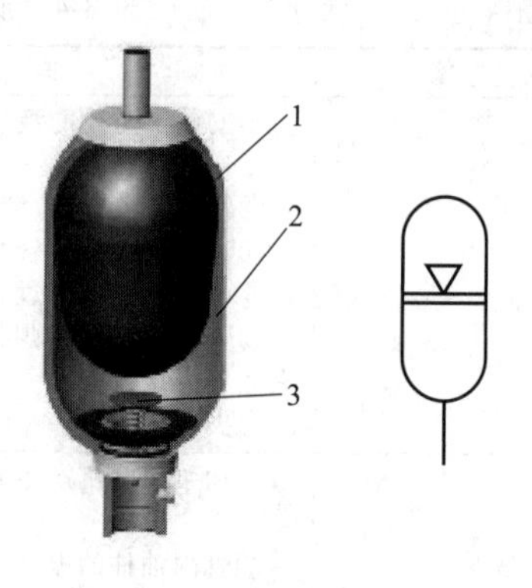

图 8-10　气囊式蓄能器

1—气囊；2—壳体；3—提升阀

应不够灵敏，所以不宜用于缓和冲击、脉动以及低压系统中。

3. 蓄能器的安装使用注意事项

在安装及使用蓄能器时应注意以下几点。

① 气囊式蓄能器中应使用惰性气体。

② 蓄能器是压力容器，搬运和拆装式应将充气阀打开，排出充入的气体，以免因振动或碰撞而发生意外事故。

③ 蓄能器的油口应向下垂直安装。

④ 如图 8-12 所示，蓄能器与液压泵之间安装单向阀，以防止液压泵停车或卸载时蓄能器内油液倒流；应在蓄能器与液压系统的连接处设置截止阀，以供充气、调整或维修使用。

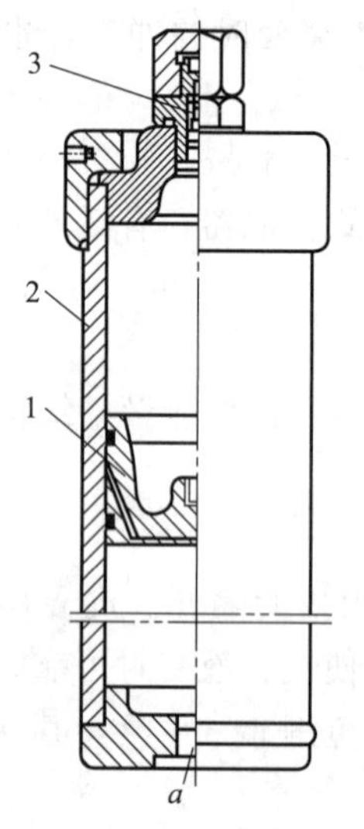

图 8-11　活塞式蓄能器

1—活塞；2—缸筒；3—充气阀

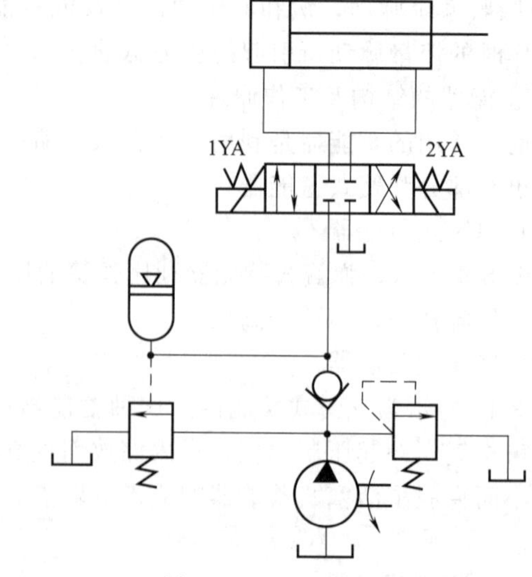

图 8-12　蓄能器的安装

4. 蓄能器的故障分析与排除

蓄能器的故障分析与排除见表 8-5。

表 8-5　蓄能器的故障分析与排除

现　　象	原　　因	排　　除
压力下降严重,需经常补气	充气阀阀芯松动	加橡胶垫或修磨密封锥面使之密合
蓄能器不起作用	①气阀漏气严重 ②皮囊破损进油	①加强密封,并加补氮气门 ②更换

五、热交换器

液压系统的工作温度一般希望保持在 30～50℃的范围内，最高不超过 55℃，最低不低于 15℃。如果液压系统靠自然冷却仍不能使油温控制在上述范围内时，就必须安装冷却器；反之，如环境温度太低，无法使液压泵启动或正常运转时，就必须安装加热器。加热器和冷却器统称为热交换器。

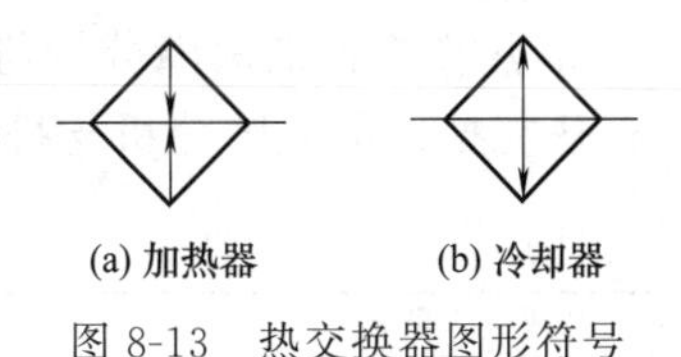

图 8-13　热交换器图形符号

热交换器图形符号如图 8-13 所示。

1. 冷却器

冷却器一般分为水冷和风冷两类。

水冷式冷却器有多种形式，图 8-14（a）所示为蛇形管式冷却器，冷却器直接装在油箱内，冷却水在蛇形管内通过，将油中热量带走，其结构简单，但散热面积小，冷却效果差。图 8-14（b）所示为多管式水冷却器，是一种强制对流式冷却器，水从管内流过，而油液在水管周围流动，散热效率高，但体积大、重量大。

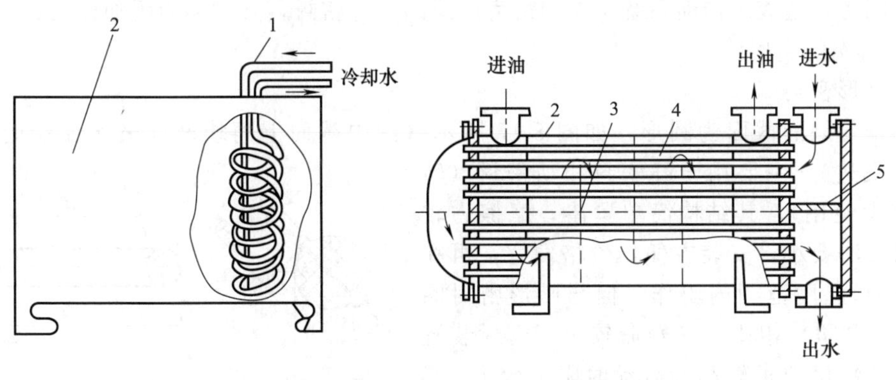

图 8-14　水冷却器

1—蛇形管；2—壳体；3—水道；4—冷却管；5—进水槽

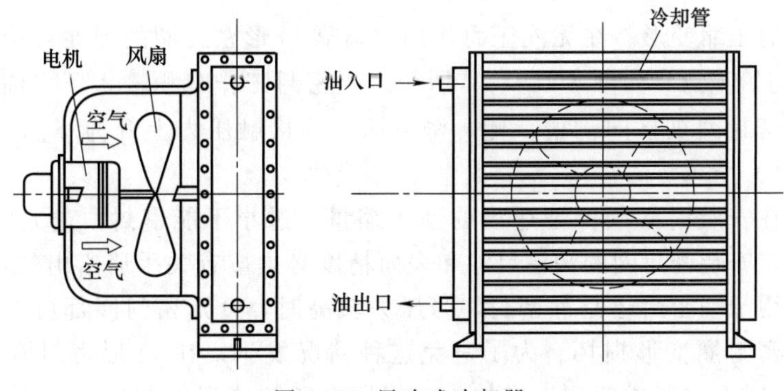

图 8-15　风冷式冷却器

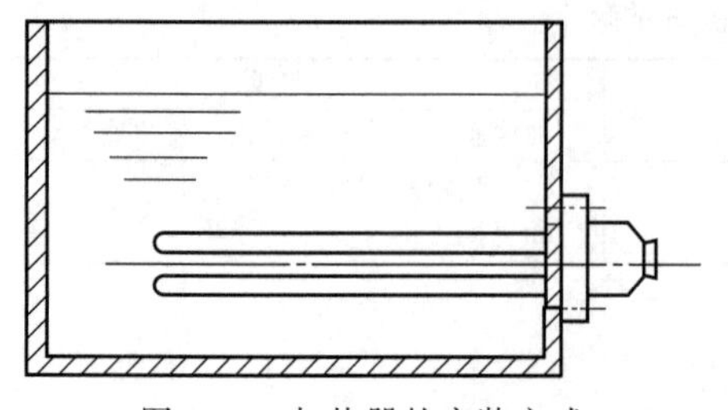
图 8-16 加热器的安装方式

风冷式冷却器一般用风扇吹风进行冷却（图8-15）。风冷式冷却效率低于水冷式，但使用时不需用水，特别适用于行走机械的液压系统。

冷却器一般安装在回油路，以免承受高压。

2. 加热器

液压系统中油液的加热一般采用电加热器，其安装方式如图 8-16 所示。由于直接与加热器接触的油液温度可能很高，会加速油液老化，故应慎用。

3. 热交换器的故障分析与排除

热交换器的故障分析与排除见表 8-6。

表 8-6 热交换器的故障分析与排除

现 象	原 因	排 除
冷却性能下降	①冷却水量不足 ②散热面积不足，散热表面脏污 ③冷却器水油腔积气	①增加进水量 ②增加散热面积，清洗内外表面积垢 ③拧下螺塞排气
漏油、漏水	①端盖和筒体结合面焊接不良 ②冷却水管破裂	①补焊 ②更换水管和密封

六、密封件

密封圈密封是液压传动系统中应用最为广泛的一种密封，其材料为耐油橡胶、尼龙等。

1. 密封圈的类型

(1) O 形密封圈

O 形密封圈的截面为圆形，如图 8-17 所示（图中截面上两块凸起表示压制时由分模面挤出的飞边）。主要用于静密封和动密封（转动密封较少使用），其结构简单紧凑，摩擦力较其他密封方法要小，安装方便，价格便宜，可在 $-40\sim120$℃温度范围内工作。但与唇形密封圈（如 Y 形密封圈）相比，其寿命较短，密封装置机械部分的精度要求较高，启动时阻力较大。O 形密封圈的使用速度范围为 0.005～0.3m/s。

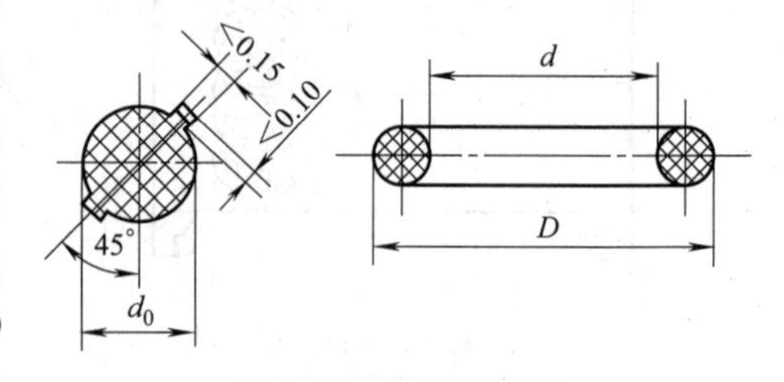

图 8-17 O 形密封圈

D—公称外径；d—公称内径；d_0—断面直径

图 8-18 所示为 O 形密封圈密封原理。O 形密封圈属于挤压式密封，密封圈装入密封槽后，其截面受到一定的压缩变形。在无液压力作用时，靠 O 形密封圈的弹性对接触面产生预接触压力 p_0 实现初始密封，如图 8-18（a）所示；当密封工作容积输入压力油后，在液压力的作用下，O 形密封圈被挤向沟槽一侧，密封面上的接触压力上升为 p_m，提高了密封效果，如图 8-18（b）所示。

O 形密封圈在安装时必须保证适当的预压缩量，过小不能密封，过大则摩擦力增大，且易损坏。因此，安装密封圈的沟槽尺寸和表面精度必须按有关手册给出的数据严格执行。O 形密封圈无论用于动密封还是静密封，当压力较高时，O 形密封圈都可能被压力油挤进配合间隙，引起密封圈变形损坏。为了避免这种情况发生，在 O 形密封圈的一侧或两侧（决定于压力油作用于一侧或两侧）增加一个聚四氟乙烯或尼龙制成的挡圈，如图 8-19 所

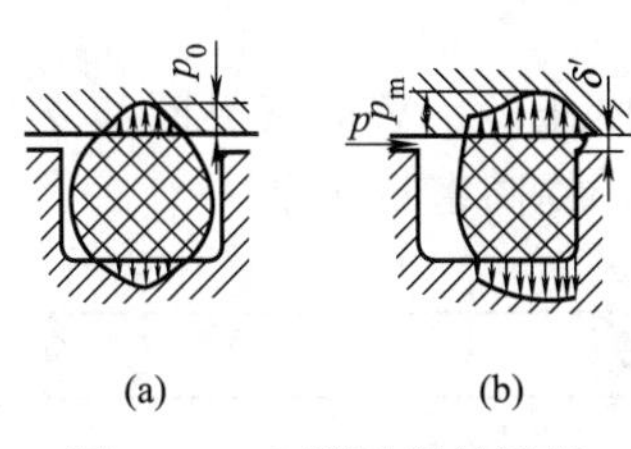

图 8-18　O 形圈密封原理

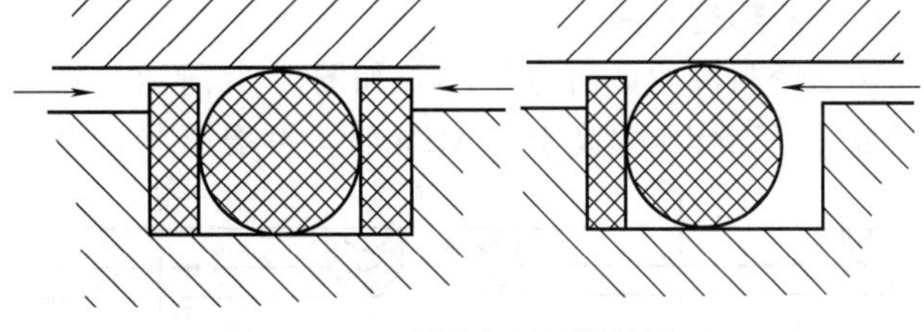

图 8-19　O 形圈密封挡圈的设置

示，挡圈的厚度为 1.25～2.5mm。在动密封中，当压力大于 10MPa 时，就要用挡圈，此时密封压力可达 32MPa；在静密封中，当压力超过 32MPa 时，也要使用挡圈，此时压力最高可达 70MPa。

（2）Y 形密封圈

Y 形密封圈的截面呈 Y 形，如图 8-20 所示，属唇形密封圈。它是一种密封性、稳定性和耐压性较好，摩擦阻力小，寿命较长的密封圈，故应用也很普遍。Y 形密封圈主要用于往复运动的动密封中。

Y 形密封圈的密封作用是依赖于它的唇边与配合面的紧密接触，并在压力油作用下产生较大的接触压力，达到密封目的。当液压力升高时，唇边与配合面贴得更紧，接触压力更高，密封性能更好。Y 形密封圈从低压到高压的压力范围内均表现了良好的密封性能，且能自动补偿唇边的磨损。

根据截面长宽比例的不同，Y 形密封圈可分为宽断面和窄断面两种。

图 8-21 所示为宽断面 Y 形密封圈。Y 形密封圈安装时，唇口端应对着压力高的一侧。当压力变化较大、滑动速度较高时，要使用支承环，以固定密封圈，如图 8-21（b）所示。宽断面 Y 形密封圈一般适用于工作压力小于 20MPa、工作温度为－30～100℃、使用速度小于 0.5m/s 的工作场合。

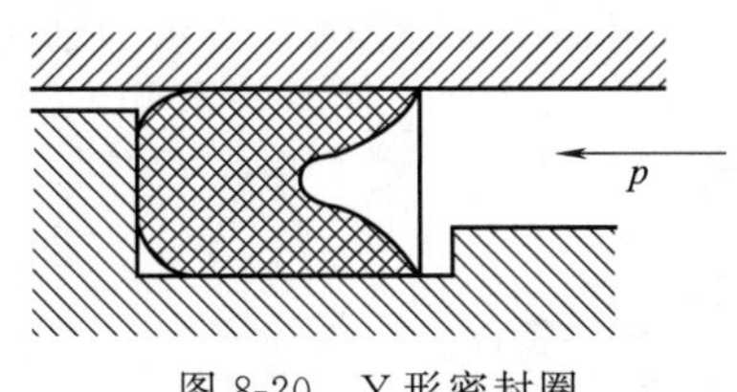

图 8-20　Y 形密封圈

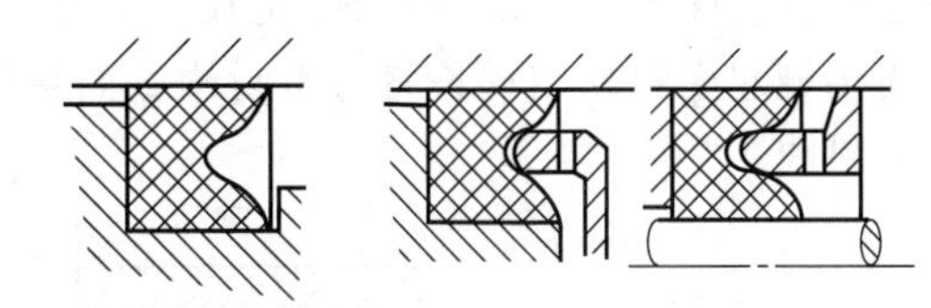

(a) Y形密封圈的密封作用　(b) 带支承环的Y形密封圈

图 8-21　宽断面 Y 形密封圈

图 8-22 所示为窄断面 Y 形密封圈。窄断面 Y 形密封圈是宽断面 Y 形密封圈的改型产品，其截面的长宽比有两倍以上，因而不易翻转，稳定性好，它有等高唇 Y 形密封圈和不等高唇 Y 形密封圈两种。后者又有孔用和轴用之分，其短唇与密封面接触，滑动摩擦阻力小，耐磨性好，寿命长；长唇与非运动表面有较大的预压缩量，摩擦阻力大，工作时不易窜动。窄断面 Y 形密封圈一般适于在工作压力小于 32MPa、使用温度为－30～100℃的条件下工作。

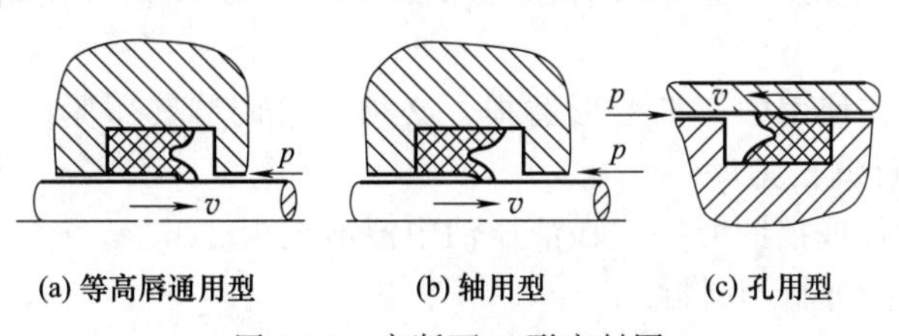

(a) 等高唇通用型　(b) 轴用型　(c) 孔用型

图 8-22　窄断面 Y 形密封圈

（3）V形密封圈

V形密封圈的截面为V形，如图8-23所示。V形密封装置由压环、V形密封圈和支承环组成。当工作压力高于10MPa时，可增加V形密封圈的数量，提高密封效果。

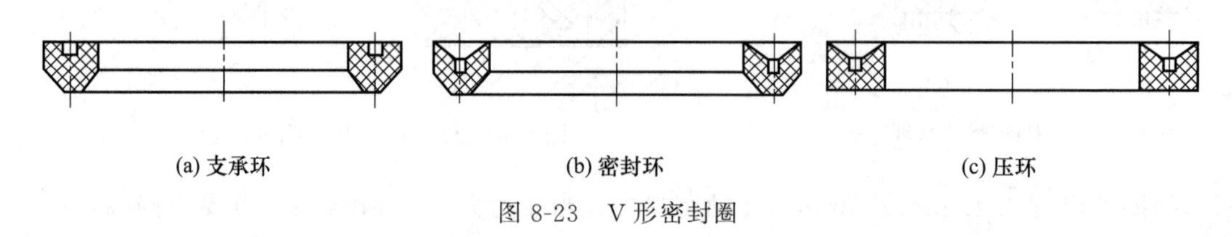

(a) 支承环　(b) 密封环　(c) 压环

图8-23　V形密封圈

安装时，V形密封圈的开口应面向压力高的一侧。V形密封圈的密封性能良好，耐高压，寿命长，通过调节压紧力，可获得最佳的密封效果，但V形密封装置的结构尺寸较大，故摩擦阻力也大。V形密封圈主要用于活塞及活塞杆的往复运动密封。它适宜在工作压力小于50MPa、温度为－40～80℃的条件下工作。

2. 密封元件的安装

密封元件的安装质量对密封性能和使用寿命均有重要影响，在更换安装过程中必须注意下列几点。

① 熟悉密封件结构，掌握拆除、安装顺序。拆除所用的工具必须恰当，防止因选用工具不当而造成密封部位缺陷。有些密封件更换需要使用专用工具。

② 安装前要检查密封件质量和密封槽尺寸、表面状况。密封件质量不好（变形、伤痕、飞边、毛刺）、库存时间过长（老化）都不允许使用。密封槽有磕碰和划伤应修整。

③ 为了减少装配阻力及损伤，应在密封圈安装通过部位涂润滑脂或工作油；应避免密封圈有过大的拉伸而引起塑性变形。应防止带入铁屑、砂土及棉纱等杂物。

④ 安装唇形密封圈，除应使唇口正对压力油方向外，还特别要分清楚轴用密封件和孔用密封件。图8-24（a）所示的是孔用窄密封圈，密封圈的短唇与相对滑动的液压油缸内壁表面接触起密封作用，长唇与密封槽底面接触起固定和密封作用。图8-24（b）所示为轴用窄密封圈。

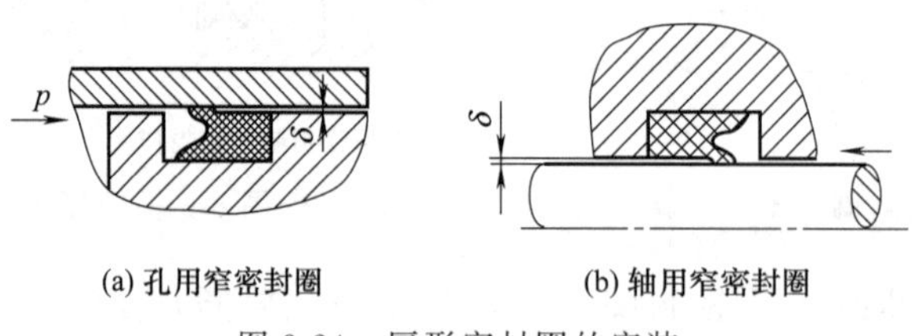

(a) 孔用窄密封圈　(b) 轴用窄密封圈

图8-24　唇形密封圈的安装

⑤ 安装V形夹织物橡胶密封圈时，如不能从轴向装入，或者当规格不能满足需要而选用相邻大小规格的密封圈时，可切口安装（注意纯橡胶密封圈不能切口安装）。切口的方向是从密封圈的唇边开始向底边呈45°；相邻密封圈的切口必须相互交错90°（2个时则交错180°）安装。

由于V形密封圈在使用中逐渐变形磨损，必须经常调节其压紧力。调节的方法一般采用加调整垫片或用螺母调松紧度。

⑥ 采用皮革密封件或挡圈时，应在液压油中浸泡至少24h。

3. 密封装置的故障分析与排除

密封装置的故障分析与排除见表8-7。

表 8-7　密封装置的故障分析与排除

现　象	原　因	排　除
漏油	密封装置损坏	更换

校企链接

在挖掘机中，辅助元件得到了大量的应用，图 8-25 所示为沃尔沃挖掘机辅助元件的应用。

图 8-25　沃尔沃挖掘机辅助元件的应用

单元习题

一、填空

1. 为了便于检修，蓄能器与管路之间应安装______，为了防止液压泵停车或卸载时蓄能器内的压力油倒流，蓄能器与液压泵之间应安装______。

2. 选用过滤器应考虑______、______、______和其他功能，它在系统中可安装在______、______、______和单独的过滤系统中。

3. 常用的液压油管有______、______、______和______。

4. 冷却器分为______和______两种。

5. 常用的液压辅助元件有______、______、______、______和______。

二、判断

1. 油箱在液压系统中的功用只是储存液压系统所需的足够油液。（　）

2. 液压系统中，在泵的进油口处通常设置精过滤器。（　）

3. 密封圈密封是液压传动系统中应用最为广泛的一种密封，密封圈有 O 形、Y 形、V 形及组合式等多种结构形式，其材料为耐油橡胶，尼龙等。（　）

4. 油箱中吸油区和回油区的隔板高度应为标准油面高度的一半。（　）

5. 液压管路排布的第一原则是要整齐。（　）

6. 液压管路排布时要注意油管之间的距离不得小于10mm，以防接触引起振动。 (　　)

7. 气囊式蓄能器原则上应该油口向上垂直安装。 (　　)

8. 气囊式蓄能器中可充入氧气和氮气。 (　　)

9. 蓄能器与液压泵之间应装设单向阀，以防止液压泵停止工作时蓄能器中的压力油倒灌。 (　　)

10. 纸质滤芯和化纤滤芯可用超声波清洗或者在清洗液中清洗。 (　　)

三、选择

1. 关于液压系统的油箱，下列说法错误的是（　　）。

A. 回油管出油方向应朝向泵的进油管口　B. 泄油管出口可放在液面之上

C. 吸油管常与回油管、泄油管置于隔板两侧　D. 通气孔应设空气滤网及孔罩

2. 液压系统的油箱内隔板（　　）。

A. 应高出油面　B. 约为油面高度的1/2

C. 约为油面高度的3/4　D. 可以不设

3. 液压系统油箱内设隔板是为了（　　）。

A. 增强刚度　B. 减轻油面晃动　C. 防止油漏光　D. 利于散热和分离杂质

4. 油箱的油液温度不宜大于（　　）。

A. 35℃　B. 65℃　C. 70℃　D. 15℃

5. 液压系统中冷却器一般安装在（　　）。

A. 油泵出口管路上　B. 回油管路上

C. 补油管路上　D. 无特殊要求

6. 液压系统中关于蓄能器用途叙述错误的是（　　）。

A. 短时间内大量供油　B. 维持系统油压

C. 可使油泵流量增加　D. 吸收系统液压冲击

7. 蓄能器与液压管路之间应设（　　）。

A. 节流阀　B. 减压阀　C. 截止阀　D. 单向阀

8. 属一次性过滤器的是（　　）。

A. 金属纤维型　B. 金属网式　C. 线隙式　D. 纸质

9. 常用于粗过滤的过滤器是（　　）。

A. 金属网式　B. 纸质　C. 线隙式　D. 烧结式

10. 过滤器的过滤精度常用（　　）作为尺寸单位。

A. μm　B. mm　C. nm　D. mm^2

模块三 工程机械液压基本回路

模块案例

汽车起重机是一种安装在汽车底盘上的起重运输设备。QY-8型汽车起重机的外形结构如图3所示，主要由汽车1、转台2、支腿3、吊臂变幅液压油缸4、基本臂7、吊臂伸缩液压油缸5和起升机构6等组成。汽车起重机在工作时主要完成支腿收放、吊臂变幅、吊臂伸缩、转台回转和吊重起升等动作，这些动作的实现都是靠液压系统来驱动的，并且各部分都是一个独立的、能够完成某种特定功能的简单回路。

也就是说，任何一种液压传动系统无论如何复杂，都是由一些能够完成特定控制功能的基本回路组成的。液压基本回路的种类较多，按其功能不同可分为压力控制回路、方向控制回路、速度控制回路。

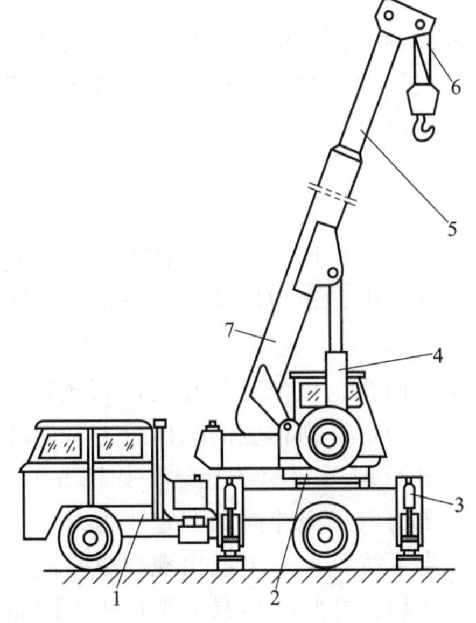

图3 QY-8型汽车起重机的外形结构

1—汽车；2—转台；3—支腿；4—吊臂变幅液压油缸；
5—吊臂伸缩液压油缸；6—起升机构；7—基本臂

模块目标

知识目标	能力目标
熟练掌握压力控制回路的类型、作用及组成	能够在液压试验台上熟练搭接出压力控制回路
熟练掌握方向控制回路的类型、作用及组成	能够在液压试验台上熟练搭接出方向控制回路
熟练掌握速度控制回路的类型、作用及组成	能够在液压试验台上熟练搭接出速度控制回路
掌握各种基本回路的特点及在液压传动系统中的应用	能够对各种回路进行压力、流量和速度的调试

单元九　压力控制回路

单元导入

如图3所示的汽车起重机在工作时出现整个液压系统无压力的故障现象，调整溢流阀调节手轮无效。经检查，是由于溢流阀弹簧的折断使压力油经溢流阀直接流回油箱而导致整个液压系统无压力，更换溢流阀弹簧后，故障消失。

汽车起重机液压系统中安装有溢流阀来调定系统的压力，使液压系统有一定的压力，能够承受一定的负载，并且不出现超载现象，是一种基本调压回路，是液压基本回路中压力控制回路中的一种。

压力控制回路是利用通过控制和调节液压系统或某一支路的压力来满足执行机构对力或力矩要求的回路。压力控制回路种类较多，一般可分为调压回路、减压回路、增压回路、卸荷回路、保压回路和缓冲补油回路等。

一、调压回路

调压回路的作用是控制液压系统整体或某一支路的压力，使其保持恒定或不超过某个数值，以防止系统过载。在液压系统中，常用溢流阀来调定供油压力或限制系统的最高压力。

1. 单级调压回路

图9-1（a）所示为单级调压回路，该回路是在液压泵出口处并联安装一个溢流阀而成。液压系统工作时，通过调节溢流阀，得到相应的输出压力，使液压泵在溢流阀的调定压力下工作，从而实现了对液压系统进行调压和稳压控制。如图9-1（b）所示，如果将液压泵改为变量泵，则当液压泵的工作压力低于溢流阀的调定压力时，没有油液通过溢流阀，溢流阀不工作，起不到调压作用。但当系统负载过大或出现故障，液压泵的工作压力上升并达到溢流阀的调定压力时，溢流阀将开启，并将液压泵的工作压力限制在溢流阀的调定压力下，使液压系统不会因过载而受破坏，从而保护了液压系统，此时，溢流阀起安全阀的作用，用于限定变量泵的最大供油压力。

2. 二级调压回路

图9-2所示为二级调压回路，可实现两种不同的系统压力控制。由先导式溢流阀2和直动式溢流阀4各调一级，当二位二通电磁阀3处于图9-2所示位置时，系统压力由先导式溢流阀2调定，当电磁阀3得电后处于下位时，系统压力由直动式溢流阀4调定。但要注意，直动式溢流阀4的调定压力一定要小于先导式溢流阀2的调定压力，否则不能实现调整作用；当系统压力由直动式溢流阀4调定时，先导式溢流阀2的先导阀口关闭，但主阀开启，液压泵的溢流流量经主阀流回油箱。

3. 多级调压回路

图9-3所示为三级调压回路，三级压力分别由溢流阀1、2、3调定。当两电磁铁1YA、

2YA均不带电时，系统压力由主溢流阀1调定。当1YA得电时，系统压力由溢流阀2调定。当2YA得电时，系统压力由溢流阀3调定。这样，就实现了三级调压。如果液压系统需要更多级压力，就可以根据三级调压回路的原理通过外接更多的溢流阀来实现。在这种调压回路中，溢流阀2和溢流阀3的调定压力都要小于阀1的调定压力，而阀2和阀3的调定压力之间没有一定的关系。

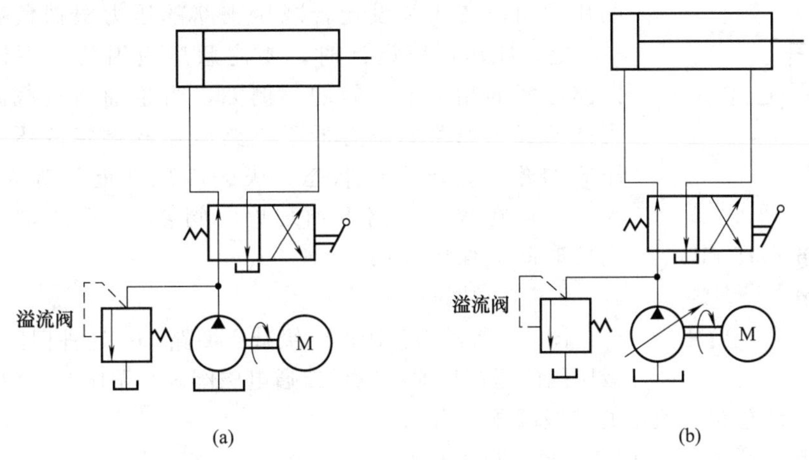

图9-1　单级调压回路

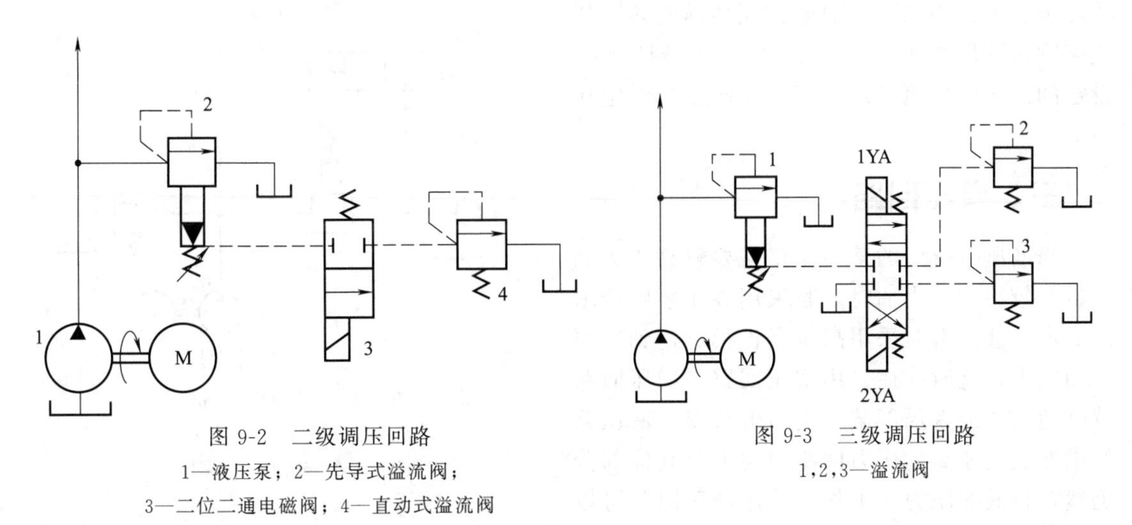

图9-2　二级调压回路

1—液压泵；2—先导式溢流阀；3—二位二通电磁阀；4—直动式溢流阀

图9-3　三级调压回路

1,2,3—溢流阀

4. 无级调压回路

图9-4所示为无级调压回路，该回路是在液压泵1的出口处并联一个比例电磁溢流阀2。系统工作时，调节比例电磁溢流阀2的输入电流I，即可实现系统压力的无级调节。这种调压回路不但结构简单，压力切换平稳，而且更容易使系统实现远距离控制或程序控制。

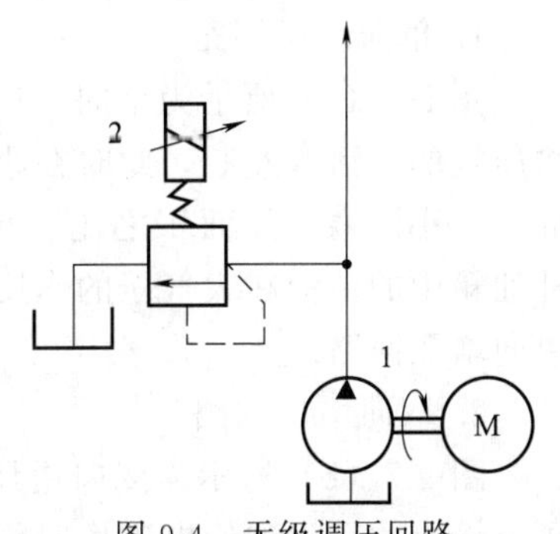

图9-4　无级调压回路

1—液压泵；2—比例电磁溢流阀

二、减压回路

在单泵供油的多支路液压系统中，不同的支路需要有不同的、稳定的、可以单独调节的较主油路低的压力，如液压系统中的控制油路、夹紧回路、润滑油路等压力较低，因此液压系统中必须设置减压回路，其功用是使系统中的某一部分油路具有较系统压力低的稳定压力。常用的减压方法是在需要减压的液压支路前串联减压阀。

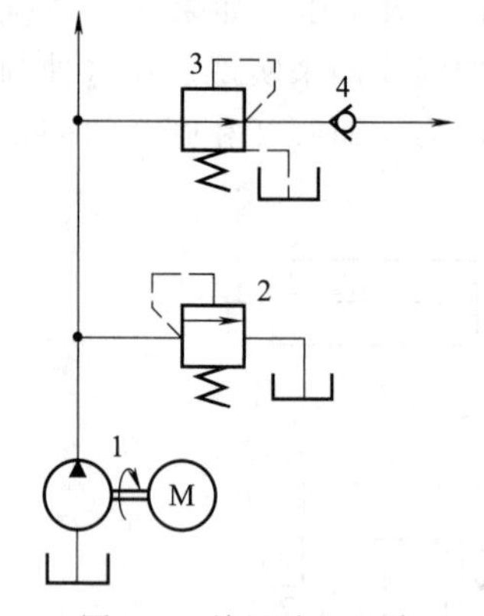

图 9-5　单级减压回路
1—液压泵；2—溢流阀；
3—减压阀；4—单向阀

1. 单级减压回路

图 9-5 所示为常用的单级减压回路，在回路中，主油路的压力由溢流阀 2 设定，减压支路的压力根据负载由减压阀 3 调定。减压回路设计时，要注意避免因负载不同可能造成回路之间的相互干涉问题。例如，当主油路负载减小时，有可能造成主油路的压力低于支路减压阀调定的压力，这时减压阀的开口处于全开状态，失去减压功能，造成油液倒流。为此，可在减压支路上加装单向阀 4，以防止油液倒流，起到短时间的保压作用。

2. 二级减压回路

图 9-6 所示为常用的二级减压回路。在这种回路中，先导式减压阀的遥控口通过二位二通电磁阀 3 与调压阀 4 相连接，通过调压阀的压力调整获得预定的二级减压。当二位二通电磁阀断开时，减压支路输出减压阀 2 的设定压力；当二位二通电磁阀接通时，减压支路输出调压阀 4 设定的二次压力。调压阀 4 设定的二次压力值必须小于减压阀 2 的设定压力值。

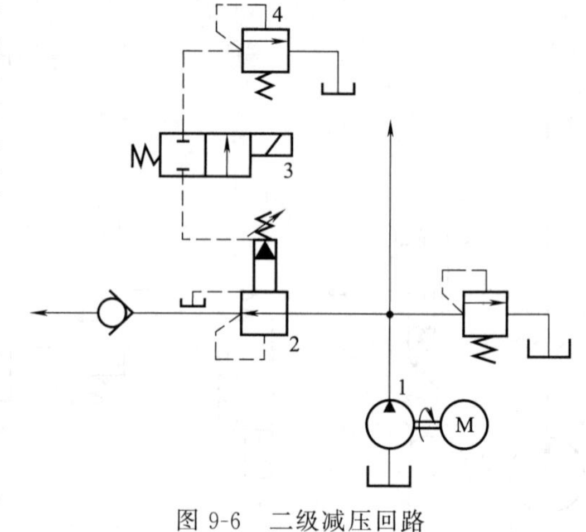

图 9-6　二级减压回路
1—液压泵；2—减压阀；
3—二位二通电磁阀；4—调压阀

三、增压回路

当液压系统中的某一支路需要较高压力而流量却较小的压力油时，若采用高压泵则会增加成本，甚至有时采用高压泵也很难达到所要求的压力，这时往往采用增压回路。增压回路就是使系统或者局部某一支路上获得比液压泵的供油压力还高的压力回路，而系统其他部分仍然在较低的压力下工作。采用增压回路可以减少能源耗费，降低成本，提高效率。常用的增压回路有单向增压回路和双向增压回路。

1. 单向增压回路

图 9-7（a）所示为单向增压回路。在图 9-7（a）所示位置时，系统的供油压力 p_1 进入增压缸的大活塞左腔，此时在小活塞右腔即可得到所需的较高压力 p_2，增压倍数等于增压缸大、小活塞工作面积之比（A_1/A_2）。当二位四通电磁换向阀处在右位时，增压缸返回，补油箱中的油液在大气压的作用下经单向阀补入小活塞右腔。这种回路只能间断增压，称为单向增压回路。

2. 双向增压回路

图 9-7（b）所示为双向增压回路，能连续输出高压油。在图 9-7（b）所示位置时，液压泵输出的压力油经电磁换向阀和单向阀 1 进入增压缸左端 a、b 腔，增压缸活塞向右移动，大活塞 c 腔的油流回油箱，右端小活塞 d 腔增压后的高压油经单向阀 4 输出，单向阀 2 和单

向阀 3 在压力差的作用下关闭。当增压缸活塞移到最右端时，电磁换向阀的电磁铁通电，阀芯右位工作，液压泵输出的压力油经电磁换向阀和单向阀 2 进入增压缸左端 c、d 腔，增压缸活塞向左移动，大活塞 b 腔的油流回油箱，左端小活塞 a 腔输出的高压油经单向阀 3 输出。这样，增压缸的活塞不断往复运动，两端交替输出高压油，从而实现连续供油。

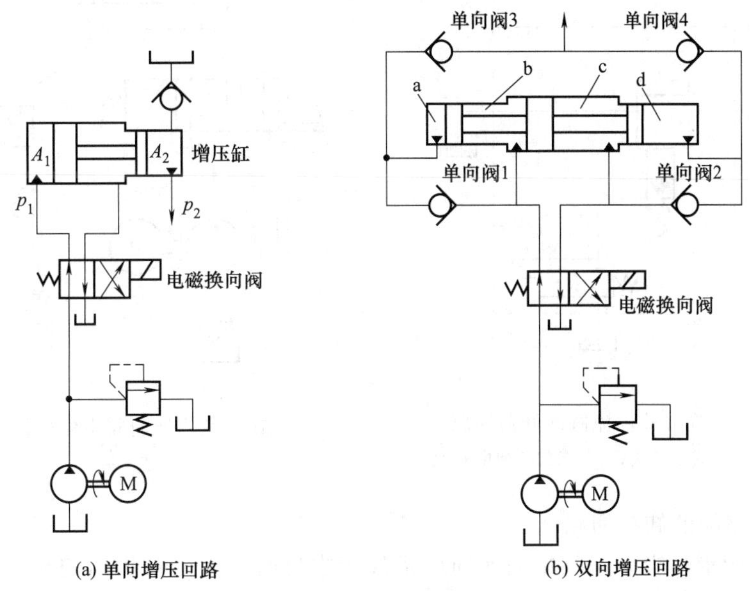

图 9-7　增压回路

四、卸荷回路

卸荷回路是指使液压泵在输出功率接近于零的情况下运转，其输出的油液在很低的压力下直接流回油箱，或者以最小的流量排出压力油，以减小功率损耗，降低系统发热，延长泵使用寿命的液压回路。常见的卸荷方式有如下几种。

1. 利用二位二通阀的卸荷回路

如图 9-8 所示，当二位二通阀左位工作，泵排出的液压油以接近零压状态流回油箱以节省动力并避免油温上升。图 9-8 中二位二通阀以手动操作，也可利用电磁铁操作。注意二位二通阀的额定流量必须和泵的流量相适应。

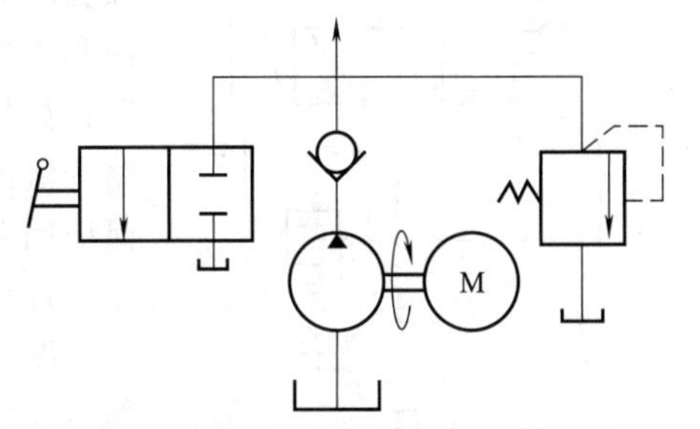

图 9-8　利用二位二通阀的卸荷回路

2. 利用先导式溢流阀的卸荷回路

如图 9-9 所示，在先导式溢流阀 2 的远程控制口连接二位二通电磁换向阀 3。当电磁阀通电，二位二通换向阀右位工作，先导式溢流阀 2 的远程控制口与油箱相通，这时先导式溢流阀 2 主阀阀口在很低的压力下打开，泵排出的液压油全部流回油箱，泵出口压力几乎是零。注意图 9-9 中二位二通电磁换向阀只通过很少流量，因此可用小流量规格。在实际应用上，此二位二通电磁换向阀和溢流阀组合在一起，此种组合称为电磁控制溢流阀。

3. 利用换向阀中位机能的卸荷回路

如图 9-10（a）所示，当三位四通换向阀处于中位时，泵排出的液压油直接经换向阀流回油箱，泵的工作压力接近于零。回路中三位四通换向阀中位机能必须是 M 型、H 型或 K 型，如图 9-10（b）所示。这是工程机械液压系统常用的卸荷方法之一，使用时应注意三位四通换向阀的流量必须和泵的流量相适应。

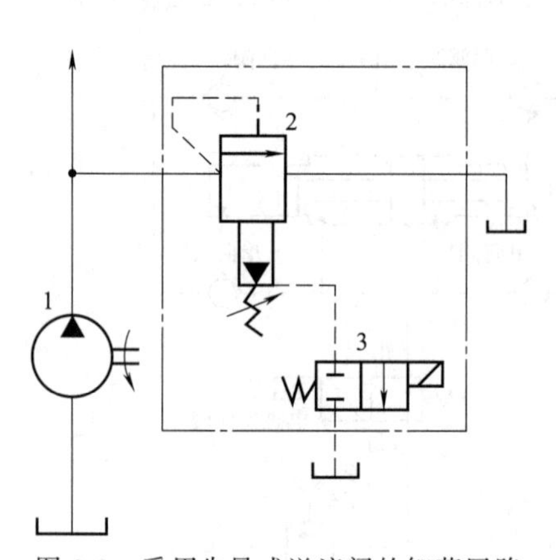

图 9-9　采用先导式溢流阀的卸荷回路

1—液压泵；2—先导式溢流阀；3—二位二通电磁换向阀

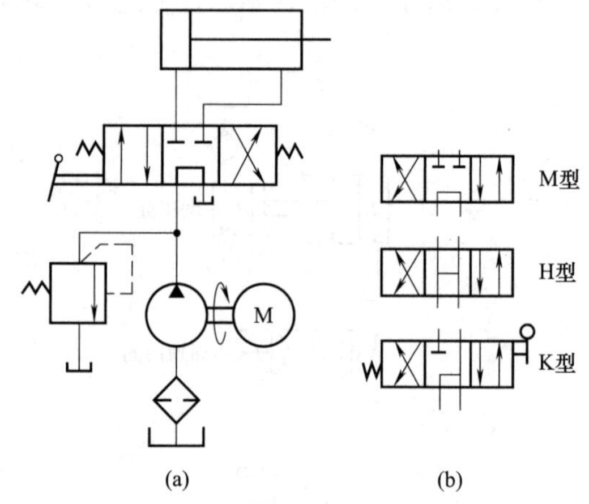

图 9-10　利用换向阀中位机能的卸荷回路

4. 利用多路阀的卸荷回路

如图 9-11 所示，当多路阀中的换向阀都处于中位时，液压泵排出的液压油直接经多路阀流回油箱，泵实现卸荷。这是工程机械液压系统中普遍采用的一种卸荷回路。它可以同时控制几个执行元件。

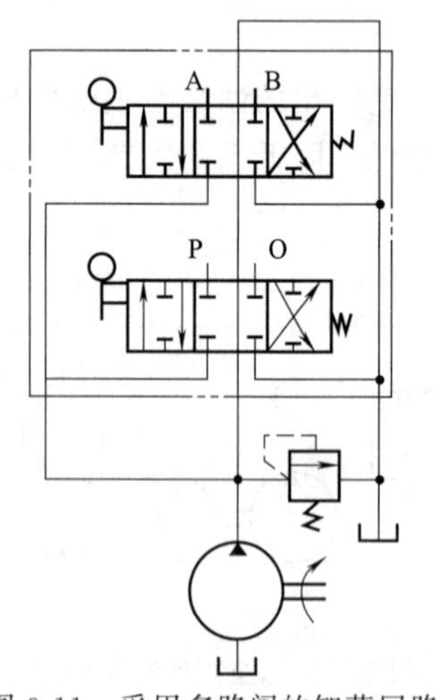

图 9-11　采用多路阀的卸荷回路

五、保压回路

保压回路是当执行元件停止运动时，使系统稳定地保持一定压力的回路。保压回路需要满足压力稳定、工作可靠、保压时间和经济等方面的要求。如果对保压稳定性能要求不高和维持保压时间较短，则可以采用简单、经济的单向阀保压；如果保压性能要求较高，则应该采用补油的办法弥补回路的泄漏，从而维持回路的压力稳定。下面介绍几种常用的保压回路。

1. 自动补油保压回路

图 9-12 所示为自动补油保压回路。这种回路的保压功能主要由液控单向阀 3 和电接点式压力表 4 实现。系统正常工作时，电磁换向阀 2 的电磁铁 1YA 通电左位工作后，液压泵 1 供给的液压油经过电磁换向阀左位进入液压油缸 5 无杆腔。当无杆腔压力达到压力表的上限值时，其触点接通，使电磁铁 1YA 断电，换向阀回到中位，液压泵卸荷。当压力下降到压力表的下限值时，压力表发出信号又使电磁铁 1YA 通电，液压泵又开始向液压油缸供油，使液压油缸无杆腔压力上升，当无杆腔压力达到上限时，电接点式压力表又使电磁铁 1YA 断电。这种回路能够长时间自动地向液压油缸补充高压油，使其压力稳定在某一范围内而实现保压作用。它利用了液控单向阀具有一定保压性能的特点，又克服了直接开动液压泵保压消耗功率的缺点。

2. 蓄能器保压回路

图 9-13 所示为蓄能器保压回路。在图 9-13（a）所示的回路中，当主换向阀 6 在左位工作时，液压油缸向前运动且压紧工件，进油路压力升高至调定值，压力继电器动作使二通阀 2 通电，泵卸荷，单向阀 3 自动关闭，液压油缸则由蓄能器 5 保压。当缸内压力不足时，压力继电器复位使泵重新工作。保压时间的长短取决于蓄能器容量，调节压力继电器的工作区间即可调节缸中压力的最大值和最小值。图 9-13（b）所示为多缸系统中的蓄能器保压回路。这种回路中，当主油路压力降低时，单向阀 2 关闭，支路由蓄能器 3 保压补偿泄漏，压力继电器 4 的作用是当支路压力达到预定值时发出信号，使主油路开始动作。

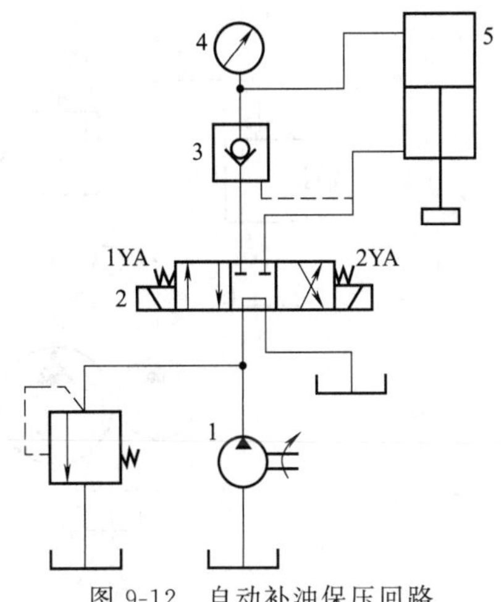

图 9-12　自动补油保压回路

1—液压泵；2—电磁换向阀；3—液控单向阀；4—电接点式压力表；5—液压油缸

3. 液压泵保压回路

如图 9-14（a）所示，当系统压力较低时，低压大流量泵 1 和高压小流量泵 2 同时向系统供油。当系统压力升高到卸荷阀 4 的调定压力时，泵 1 卸荷，此时高压小流量泵 2 使系统压力保持为溢流阀 3 的调定值，泵 2 的流量只需略高于系统的泄漏量，以减少系统发热。也可采用限压式变量泵来保压，如图 9-14（b）所示。当系统进入保压状态时，由限压式变量泵向系统供油，维持系统压力稳定。由于只需补充保压回路的泄漏量，因此配备的限压式变量泵输出的流量很小，功率消耗也非常小。

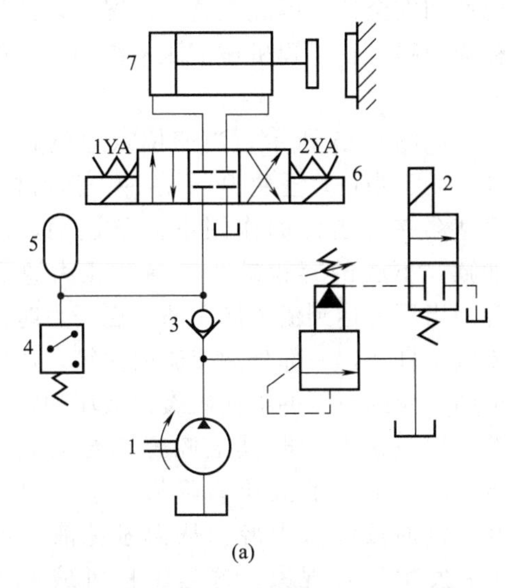

(a)

1—液压泵；2—二通阀；3—单向阀；4—压力继电器；5—蓄能器；6—主换向阀；7—液压油缸

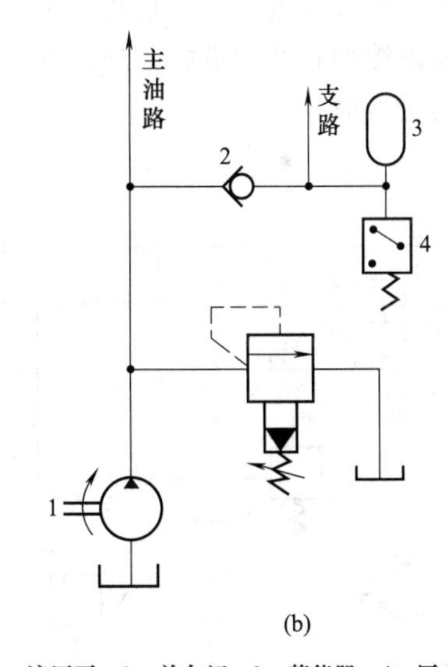

(b)

1—液压泵；2—单向阀；3—蓄能器；4—压力继电器

图 9-13　蓄能器保压回路

六、缓冲补油回路

工程机械在作业过程中，经常会遇到一些预计不到的冲击载荷。此外，执行元件在骤然制动或换向时，运动部件和油流的惯性作用也会给系统带来很大的液压冲击。这种冲击促使

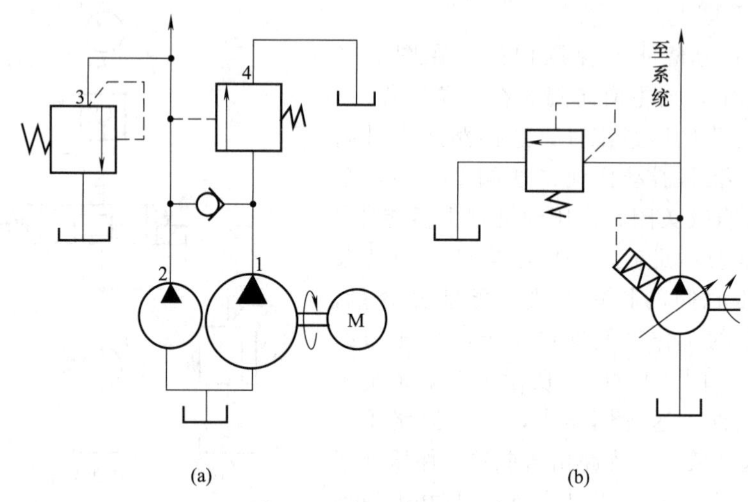

图 9-14　液压泵保压回路

1—低压大流量泵；2—高压小流量泵；3—溢流阀；4—卸荷阀

系统的局部油路压力升高，同时伴随局部油路压力降低，使系统中的元件和管路发生噪声、振动、破坏和气穴现象，严重危害系统工作的平稳性和安全性。因此在这种情况下，液压系统就必须考虑缓冲和补油措施，通常是设置缓冲补油回路。在工程机械液压系统中，一般将缓冲补油同时考虑。

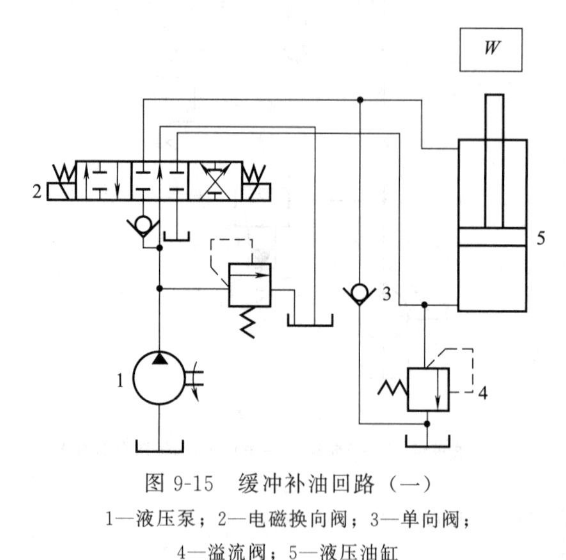

图 9-15　缓冲补油回路（一）

1—液压泵；2—电磁换向阀；3—单向阀；4—溢流阀；5—液压油缸

如图 9-15 所示，当三位六通电磁换向阀 2 处于中位，重物 W 下落冲击活塞杆时，活塞会在冲击力的作用下向下运动，液压油缸 5 下腔的容积减少，油液压力急剧上升，当压力达到溢流阀 4 的开启压力时，溢流阀 4 打开，一部分油液流回油箱，从而避免油管受到高压冲击而破裂；液压油缸 5 下腔容积减小的同时其上腔容积会变大，液压油缸 5 上腔油液压力降低，单向阀 3 打开，将油液导入上腔，从而避免液压油缸上腔发生气穴现象。这是工程机械液压系统常用的缓冲补油回路。

图 9-16（a）所示为将一对溢流阀以相反方向连接在液压油缸的两边油路上。当液压油缸制动或换向时，因惯性作用使油路过载，此时相应的溢流阀立即打开，高压油向低压油道移出，起到缓冲作用。这种回路结构简单、反应灵敏，只是没有考虑低压油路的补油问题。

图 9-16（b）所示为由四个单向阀和一个溢流阀组成的桥式缓冲补油回路。当右边油路过载左边油路产生负压（真空）时，右边油路的高压油将通过单向阀 2 和溢流阀 5 溢回油箱；而左边油路则可通过单向阀 4 从油箱补油。若是左边油路过载，右边油路产生负压，根据同样道理，也能获得缓冲补油。这种回路缓冲和补油都比较充分，结构比较简单，但因两边油道共用一个溢流阀，故适用于液压马达两边油路过载压力调定值相同的场合，例如液压

起重机回转机构的液压回路等。

图 9-16（c）所示为采用两个溢流阀和两个补油单向阀的缓冲补油回路。其中右边油路由溢流阀 3 防止过载，由单向阀 2 实现补油；左边油路则由溢流阀 4 防止过载，由单向阀 1 补油。这种回路的特点是两边油路的过载压力可分别调整，适应性较好，应用比较普遍。

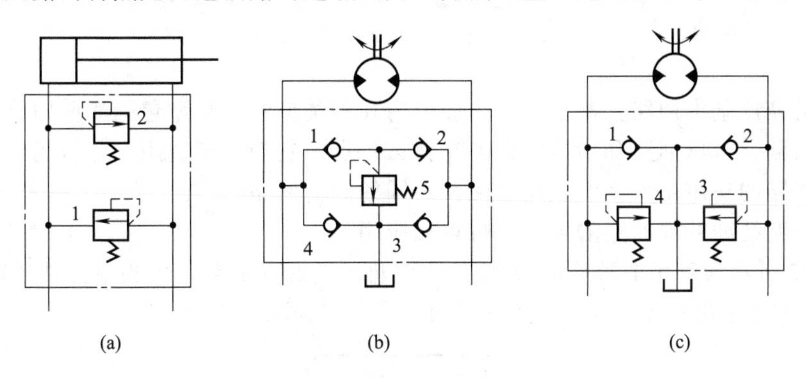

(a)　1，2—溢流阀

(b)　1，2，3，4—单向阀；5—溢流阀

(c)　1，2—单向阀；3，4—溢流阀

图 9-16　缓冲补油回路（二）

校企链接

沃尔沃挖掘机每个执行元件都采用了图 9-16（c）所示的缓冲补油回路。表 9-1 为各执行元件缓冲压力值。

表 9-1　各执行元件缓冲压力值

执行元件	溢流阀压力/MPa
动臂液压油缸	36
斗杆液压油缸	
铲斗液压油缸	
回转马达	27
行走马达	40

单元习题

一、填空

1. 液压基本回路按照作用不同，可分为________、________和________三种类型。

2. 按照使用目的不同，压力控制回路又可分为________、________、________、________、________和________等回路。

3. 调压回路的作用是控制系统的________压力，使其不超过调定值。

4. 增压回路中实现增压的主要元件是________。

5. 减压回路主要用于________、________和________等辅助油路，其回路压力由________阀调定。

二、判断

1. 串联了定值减压阀的支路，始终能获得低于系统压力调定值的稳定的工作压力。（　）

2. 采用卸荷回路是为了减小液压系统功率损失。（　）

3. 保压回路是当执行元件停止运动时，使系统稳定地保持一定压力的回路。 （ ）

4. 增压回路是使系统或者局部某一支路上获得比液压泵的供油压力还高的压力回路，而系统其他部分仍然在较低的压力下工作。 （ ）

5. 缓冲补油回路是为了避免执行元件受到冲击时，使系统中的元件和管路发生噪声、振动、破坏和气穴现象。 （ ）

三、简答

1. 什么是液压基本回路？基本回路一般分为几种类型？各类型包括哪些回路？

2. 调压回路、减压回路和增压回路各有什么特点？它们分别适用于什么场合？

3. 卸荷回路的功用是什么？试绘出两种不同的卸荷回路。

4. 举例说明缓冲补油回路的类型、特点和应用。

5. 图 9-17 所示为利用电液换向阀 M 型中位机能的卸荷回路。但当电磁铁通电后，换向阀并不工作，液压油缸也不运动。试分析产生原因，并提出解决方案。

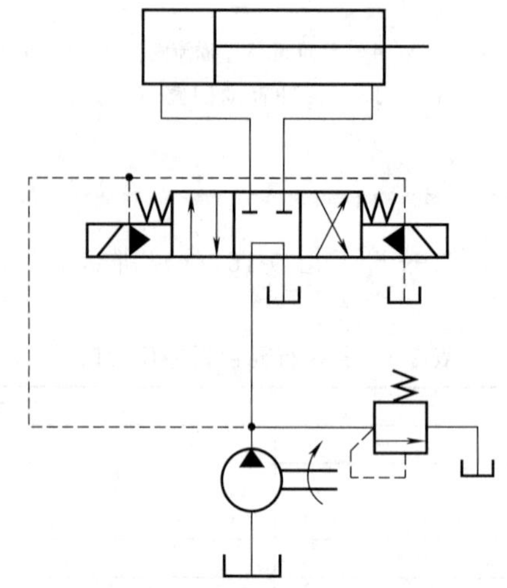

图 9-17 利用电液换向阀 M 型中位机能的卸荷回路

单元十　速度控制回路

单元导入

图3所示的汽车起重机在发动机供油量不变，变幅手柄行程不变（即变幅换向阀开度不变）的情况下，工作时出现吊臂降速不稳，越降越快，同时发动机转速自动增高，而且吊重越大，这种现象越明显。经检查，是由于顺序阀弹簧的折断而使变幅回路中的平衡阀没有起到调节与限速作用，更换顺序阀弹簧后，故障消失。汽车起重机变幅液压回路中所用的限速回路是液压速度控制回路中的一种。

速度控制回路是控制和调节液压执行元件运动速度的回路。根据被控制执行元件的运动状态、方式以及调节方法，速度控制回路可分为调速回路、限速回路、同步回路、制动回路等。

一、调速回路

调速回路用于调节执行元件的运动速度。在该回路中，执行元件的运动速度由下式确定：

液压油缸　　$v=Q/A$ (m/s)

液压马达　　$\omega=Q/q$ (rad/s)

式中　Q——输入执行元件工作腔的实际流量，m^3/s；

q——液压马达的排量，m^3/rad；

A——液压油缸活塞的有效作用面积，m^2。

由以上公式可知，实现执行元件速度调节的基本途径如下：改变输入液压执行元件的流量Q，如液压油缸调速；改变有效工作容积，如液压马达调速。因此，液压传动系统速度调节的方法可分为节流调速和容积调速两类。挖掘机上同时采用节流调速和容积调速。

改变液压油缸的有效作用面积A或液压马达的排量q，均可以达到改变速度的目的。但改变液压油缸有效作用面积的方法在实际中不容易现实，只能用改变进入液压执行元件的流量或用改变液压马达的有效工作容积即排量的方法来调速。

1. 节流调速回路

利用节流的方法，即改变液流截面积大小的方法调节进入执行元件的流量，达到改变执行元件运动速度的目的称为节流调速。这种调速方法适用于定量泵和定量执行元件所组成的液压系统。节流调速回路构成简单，操作方便，能获得较低的运动速度，能实现无级调速。

挖掘机液压系统普遍采用控制换向阀的阀口开度的方法来实现节流调速。一般而言，换向阀阀芯移动时，同时改变了进油口、回油口和旁通油口的节流口大小。

(1) 节流阀调速

根据节流阀在回路中安装位置不同，节流调速具有三种基本形式。

① 进油节流调速回路　如图10-1 (a) 所示，节流阀安装在液压油缸的进油路上，液压

泵输出的压力油经节流阀进入液压油缸，调节节流阀开度的大小即可调节进入液压油缸的流量从而调节液压油缸的工作速度。液压泵的多余流量经溢流阀流回油箱。

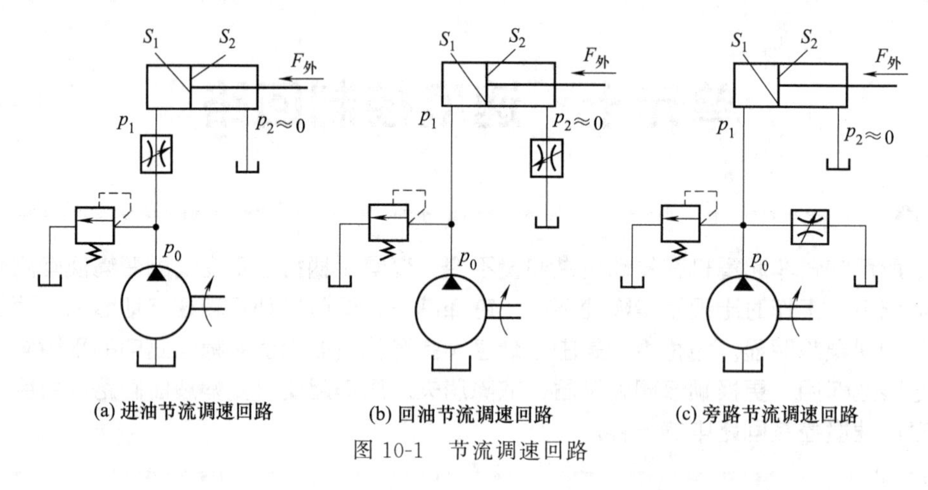

图 10-1　节流调速回路

该回路在工作过程中溢流阀处于经常开启状态，所以液压泵总是按溢流阀的调整压力供油，与外载荷的变化无关。当工作机构匀速运动时，作用在液压油缸活塞两端的力是相互平衡的，即

$$p_1 S_1 = F_外 + p_2 S_2$$

式中　p_1、p_2——液压油缸左、右腔的油压力；

S_1、S_2——左、右腔活塞的有效承压面积；

$F_外$——外载荷。

该液压油缸的回油直通油箱，如不计回油管路中的压力损失，则回油压力 $p_2=0$，故上式可写为

$$p_1 S_1 = F_外 \qquad 或 \qquad p_1 = \frac{F_外}{S_1}$$

节流阀前后压力差 Δp 为

$$\Delta p = p_0 - p_1 = p_0 - \frac{F_外}{S_1}$$

式中　p_0——液压泵供油压力，由溢流阀调定并基本不变。

从上式可以看出，当液压油缸承受的外载荷 $F_外$ 增加时，节流阀前后的压力差 Δp 就降低，通过节流阀的流量减小，液压油缸的运动速度随之降低。同理，当外载荷减小时液压油缸运动速度也会随之提高。由于液压油缸的运动速度随外载荷而变化，所以进油节流调速回路不能保证液压油缸运动速度的平稳性；由于没有背压，当外载荷突然变小时可能产生突然快进，使运动更加不平稳。在回油路上加一个背压阀可以改善这种情况，但背压阀要消耗一部分能量。另外，油液通过节流阀时要发热，进入液压油缸的油温较高，使泄漏增加。

② 回油节流调速回路　如图 10-1（b）所示，节流阀安装在回油路，限制液压油缸的回油量，从而限制了进入液压油缸的流量。调节节流阀开度的大小，同样可达到调节液压油缸运动速度的目的。液压泵多余流量经溢流阀流回油箱。

该回路在工作过程中供油压力由溢流阀调定，基本上保持不变。当工作机构匀速运动时，作用在活塞两端的力是相互平衡的，即

$$p_1 S_1 = p_2 S_2 + F_外$$

式中　p_1——液压油缸左腔进油压力；

p_2——液压油缸右腔回油压力；

$F_外$——外载荷。

如略去管路及阀类的压力损失，则 $p_1 = p_0$，由于回路上装有节流阀，故 $p_2 \neq 0$，于是上式可写为

$$p_2 = p_0 \frac{S_1}{S_2} - \frac{F_外}{S_2}$$

节流阀两端压差为

$$\Delta p = p_2 - 0 = p_0 \frac{S_1}{S_2} - \frac{F_外}{S_2}$$

从上式可知，由于 p_0 基本上为一定值，当外载荷增大时 Δp 就减小，通过节流阀的流量也随着减小，液压油缸运动速度降低；反之运动速度提高。因此，回油节流调速同样存在着运动速度随外载荷变化而变化的问题。同时从上式可以看出，液压油缸回油压力（即为背压力）的大小由 $F_外$ 决定。$F_外$ 越小时，背压力 p_2 越大。所以当从液压油缸大腔进压力油而外载荷又很小时，由于活塞作用面积 $S_1 > S_2$，背压力 p_2 可能超过液压泵的供油压力 p_0。这就需要提高液压油缸回油腔和回油管路的结构强度和密封性能。回油节流调速的主要特点是节流阀在回油路，因而产生较大的背压，使运动比较平稳。

进油节流调速和回油节流调速的回路，在工作过程中液压泵的供油压力和流量是不变的，且液压泵流量和溢流阀调整压力按最大运动速度和最大外载荷来选择。这样，当液压系统低速轻载工作时，能量损耗相当大，且损耗的能量又转化为热能使系统油温升高。因此，在高压大流量液压系统中很少应用。

③ 旁路节流调速回路　图 10-1（c）所示节流阀安装在分支油路中和液压油缸并联。液压泵输出的压力油分成两路，一路进入液压油缸，另一路经节流阀流回油箱。调节支油路上节流阀的流量即可改变经主油路进入液压油缸的流量，从而达到调速的目的。在正常工作时溢流阀不开启，只有当系统过载时溢流阀才打开起安全保护作用。

在工作过程中液压泵的供油压力 p_0 为

$$p_0 = p_1 = \frac{F_外}{S_1}$$

由上式可以看出，液压泵供油压力 p_0 和外载荷成正比，它不是一定值。所以这种调速方法比前述两种方法的效率高，液压系统发热小；但液压油缸运动速度受外载荷变化的影响大，平稳性更差，且调速范围小。这种调速回路仅用于系统功率较大，速度较高，运动稳定性要求低，且调速范围较小的场合。

（2）换向阀调速

工程机械液压系统一般很少使用专门的节流阀调速，而是利用控制换向阀的阀口开度来实现节流和采取调节发动机油门的方法来改变速度。

① 手动换向阀调速回路　手动换向阀直接用操纵杆来推动滑阀移动，劳动强度较大，速度微调性能较差，但结构简单。常用于中小型液压机械。图 10-2（a）所示为由手动 M 机能三位换向阀控制的进油节流兼回油节流调速回路。按图 10-2（a）所示方向阀芯正向右移，泵的卸荷通道被切断，同时打开阀口 f1 和 f2，将泵供给的压力油从阀口 f1 引入左腔，而将右腔的油经阀口 f2 引回油箱。调节阀口的通流面积 S_1 和 S_2 实质上就是借助节流阻尼来改变主油路流阻的大小，重新分配油流，从而实现无级调速。这种调速回路具有进油节流和回

油节流两种基本形式的综合调速特性。

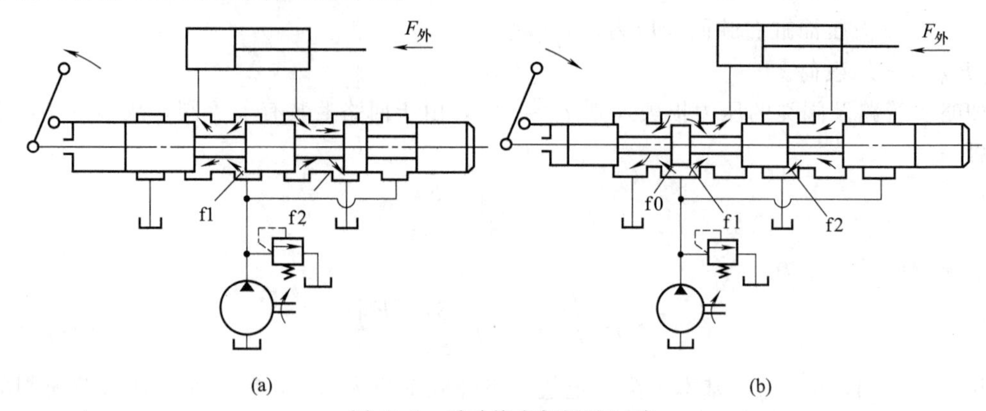

图 10-2 手动换向阀调速回路

图 10-2（b）所示为 M 机能换向阀控制的旁路节流兼回油节流调速回路。这里的换向阀与前述换向阀虽属同一机能，但轴向尺寸不同。按图 10-2（b）所示方向阀芯正向左移，泵输出的油进入阀内分成两路，一部分通过阀口 f0 从旁路流回油箱，另一部分通过阀口 f1 进入液压油缸左腔。回路的油压随着旁路节流阀口 f0 的关小而升高，直到推动活塞工作。这时缸右腔的回油则通过阀口 f2 排回油箱。随着阀芯左移，阀口 f0 逐渐关小而阀口 f1 和 f2 逐渐扩大，使旁路流阻增大而主油路流阻减小，旁路流量减少而缸获得增速。换向后，就要利用节流阀口 f2 来实现回油节流调速。因此，这种调速回路在不同载荷下具有旁路节流和回油节流的调速特性，常用于功率较大而速度稳定性要求不高的机械。

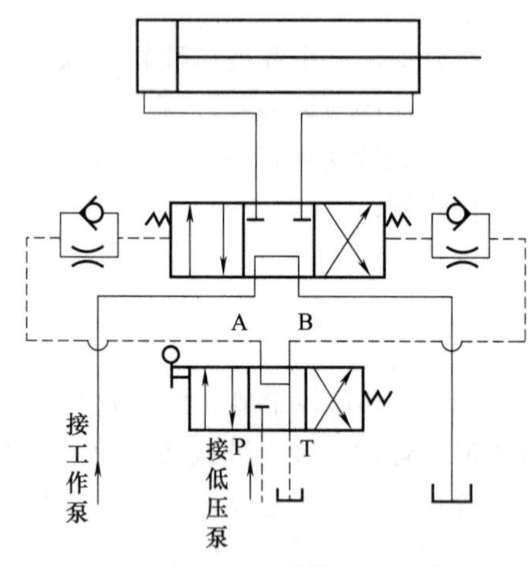

图 10-3 节流式先导控制阀调速回路

② 节流式先导控制阀调速回路 目前在大型工程机械中，越来越广泛地应用节流式先导控制或减压阀式先导控制的多路换向阀来进行换向和调速。图 10-3 所示为节流式先导控制阀的调速回路。先导阀接低压控制油路，它是一个旁路节流的 Y 机能手动三位换向阀。主阀则是 M 机能的液动三位换向阀，接高压工作油路。操纵先导阀接左位或右位时，控制油液便推动主阀芯向右或向左移动。由于先导阀为旁路节流，控制油路中的油压随着阀内旁路节流口的关小而逐渐升高。同时在主阀内通过控制油路的油压力与两边回位弹簧的作用力平衡，来控制主阀芯的位移量，即阀口的开度。因此。操纵先导阀的手柄即能控制主阀的移动方向和阀口开度，从而达到换向和调速的目的。当先导阀回至中位时，由于阀的机能是 Y 型，A、B、T 油口相通，主阀两端控制油压基本为零，阀芯靠弹簧力回至中位，于是执行元件被制动，工作油路卸荷。这种回路是以操纵小阀来控制大阀动作，因此具有放大作用，操作省力。

2. 容积调速回路

容积调速回路有多种形式，根据调速特性不同可分为有级调速回路和无级调速回路。

(1) 有级调速回路

在多泵和多执行元件的定量系统中，可采用分流与合流交替或并联与串联交替等方法来实现有级调速。

图 10-4 所示为靠合流阀来改变泵组连接的有级调速回路。合流阀 3 处于左位时，泵 1 和泵 2 单独向各自分管的执行元件供油，此时为低速状态；若换向阀 4 控制的执行元件不工作，则可将合流阀 3 置于右位工作，使泵 1 和泵 2 共同向换向阀 5 控制的执行元件供油，此时为高速状态。调速范围视两泵的流量而定。

图 10-5 所示为某机械行走机构的调速回路（图中表示单侧）。回路中两个相同的液压马达彼此连在一起，共同驱动某一侧的行走机构。在图 10-5 所示位置时，两个相同的马达 1 和 2 并联工作，为低速状态；电磁换向阀 3 换向后两马达转入串联工作的高速状态，这时速度提高一倍，但输出转矩减少一半。

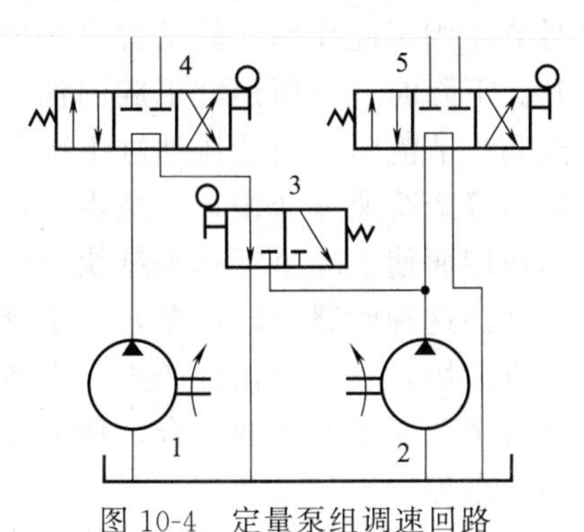

图 10-4　定量泵组调速回路
1,2—液压泵；3—合流阀；4,5—换向阀

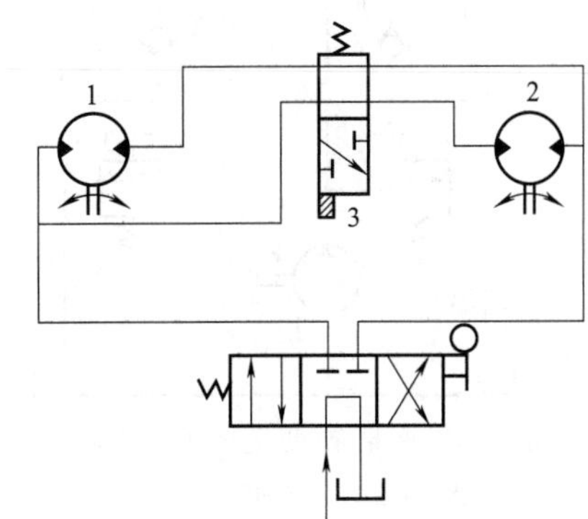

图 10-5　定量马达组调速回路
1,2—液压马达；3—电磁换向阀

（2）无级调速回路

无级调速回路是直接改变液压泵或液压马达的排量来实现无级调速。它不需要节流和溢流，能量利用比较合理，效率高而发热少，在大功率工程机械的液压系统获得越来越多的应用。

按照液压泵和液压马达组合方式的不同，容积式无级调速回路有三种基本形式。

① 变量泵-定量马达（或缸）容积调速回路　图 10-6 所示为应用变量泵和定量马达（或缸）组成的容积调速回路，通过改变液压泵排量来调节液压马达（或缸）的运动速度。该回路效率高，马达（或缸）输出转矩（或推力）为恒值，调速范围较大，元件泄漏对速度影响大，适用于功率大的场合。

② 定量泵-变量马达容积调速回路　图 10-7 所示为采用定量泵和变量马达的调速回路。通过改变液压马达的排量来进行无级调速。回路最大压力由溢流阀 3 调定。补油泵 4 持续补油以补偿系统泄漏，保持低压管路内的压力。该回路功率高，输出功率为恒值，但调速范围小，元件泄漏对速度影响大，适用于大功率的场合。

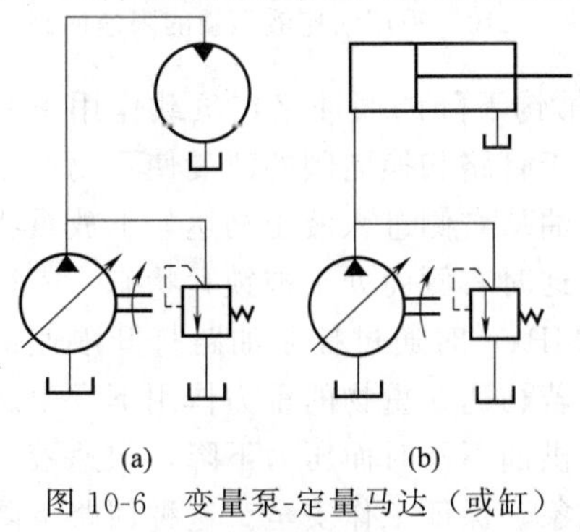

图 10-6　变量泵-定量马达（或缸）组成的调速回路

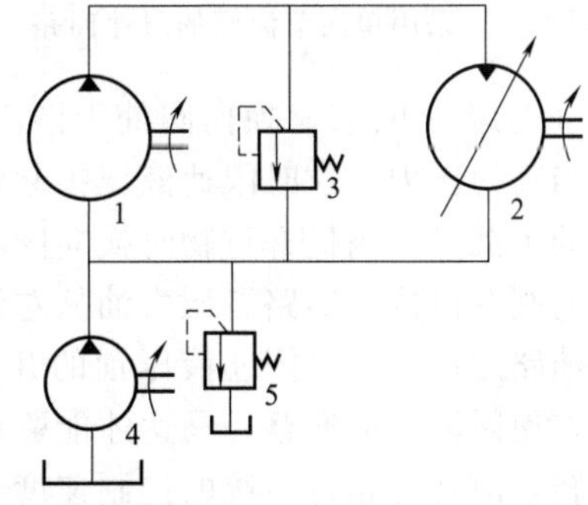

图 10-7　定量泵-变量马达组成的调速回路
1—定量泵；2—变量马达；3—溢流阀；
4—补油泵；5—补油溢流阀

③ 变量泵-变量马达容积调速回路　图 10-8 所示为采用变量泵和变量马达的调速回路，这种容积调速回路是上述两种容积调速回路的组合，具有上述两种调速回路的特点，其调速范围也进一步扩大。

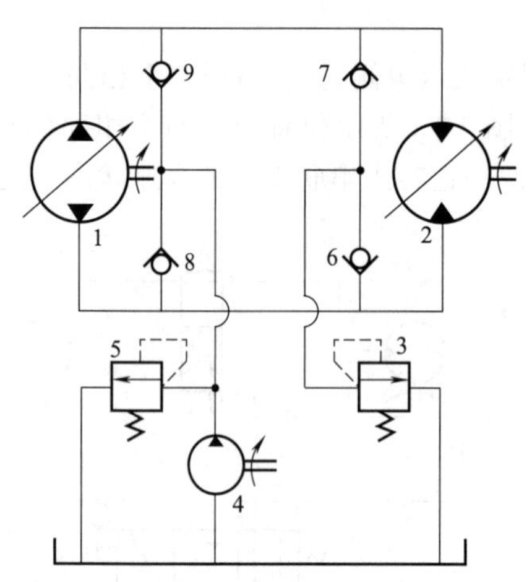

图 10-8　变量泵-变量马达容积调速回路

1—双向变量泵；2—双向变量马达；3—溢流阀；4—补油泵；5—补油溢流阀；6,7,8,9—单向阀

二、限速回路

图 10-9 所示为挖掘机动臂缸应用的单向节流阀的限速回路。当提升动臂时，压力油可从单向阀进入液压油缸下腔推动活塞上升。此时节流阀不起作用，故动臂可按要求速度提升。下降时，液压油缸下腔回油必须经过节流阀，节流阻力使液压油缸下腔建立背压，使动臂降落速度变慢，避免由于载荷及自重的作用而使下降速度越来越快以至超过控制速度。这种回路比较简单，但下降速度不稳，重载快，轻载慢，且产生较大节流损失。只适用于要求不高的场合，例如液压挖掘机和叉车等。

图 10-10 所示为液压起重机起升机构所采用的限速回路。在其吊钩下降的回油路上，装了一个由远控顺序阀和单向阀构成的限速液

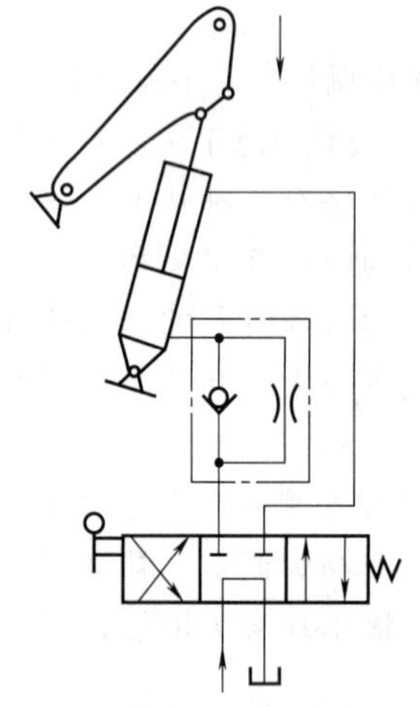

图 10-9　采用单向节流阀的限速回路

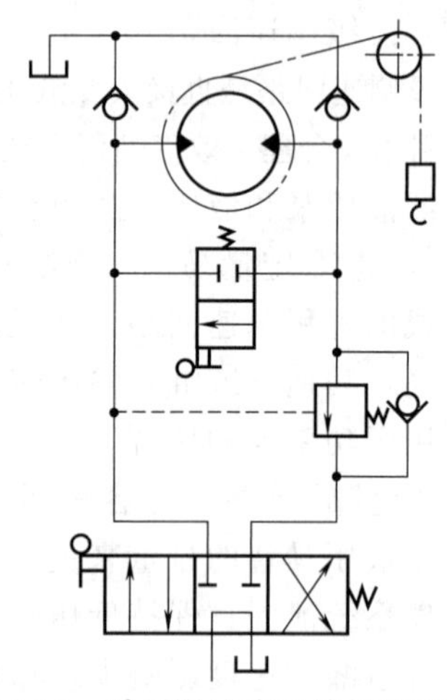

图 10-10　采用限速液压锁的限速回路

压锁（也称平衡阀）。换向阀处于图 10-10 所示位置时，吊钩下降的回油路在负载作用下具有相当高的压力，这时限速液压锁起锁紧作用，以防止由于管路和换向阀的泄漏使重物产生过大的下沉量。当提升重物时换向阀右位接入回路，压力油从右侧进入液压马达，下放重物时换向阀左位接入回路，压力油从左侧进入液压马达，但这时右侧尚处于被锁紧状态，需待左侧油路的油压超过限速液压锁的开锁压力（约为 2～3MPa）时通过控制油路打开限速液压锁，使回油形成通路，马达才能驱动卷筒使重物下降。若马达在重物的重力作用下发生超速运转，即转速超过系统的控制速度时，左侧油路由于泵供油不及时而压力下降，限速液压锁便在弹簧力作用下关小阀口增加回油阻力，消除超速现象，保证工作安全。这种回路下降速度相对比较平稳，不受载荷大小的影响，在液压起重机的起升、变幅伸缩臂等机构的回路

中普遍应用。一般多称这种回路为平衡回路。

图 10-11 所示为采用单向节流阀的限速回路。当提升油缸时，压力油从单向阀进入液压油缸的下腔，推动活塞上升，此时节流阀不起作用，油缸可按要求的速度提升。当油缸下降时，单向阀关闭，液压油缸下腔的液压油只从节流阀处通过，节流阻力使液压油缸下腔建立背压，使动臂降落速度变慢，达到限速的目的。部分挖掘机的动臂油缸、斗杆油缸采用类似的回路。

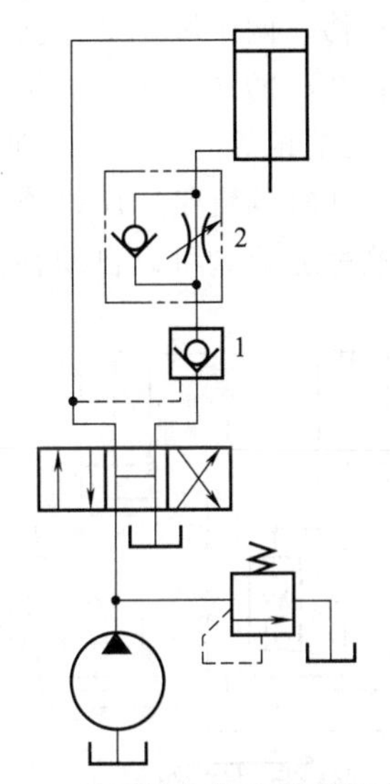

图 10-11　采用单向节流阀的限速回路

1—远程液控单向阀；2—单向节流阀

三、同步回路

同步回路用以实现两个或多个液压油缸的同步运动，即不论外载荷如何都能保持相同的位移（位移同步）或相同的速度（速度同步）。由于回路泄漏、负载变化以及制造误差等因素的影响，完全同步是难以达到的，只能是基本同步。

1. 采用机械连接的同步回路

这种同步回路利用刚性梁、齿轮、齿条等机械零件使两个液压油缸的活塞杆间建立刚性的运动联系，来实现位移同步。

图 10-12 所示为采用机械连接的同步回路。两液压油缸利用刚性梁机械连接，靠连接刚度强行实现同步位移。这种同步方法结构简单，成本低。但由于连接的机械零件在制造安装中有误差，不易获得很高的同步精度。此外，采用刚性梁机械连接的同步回路，当油缸的负载差别较大时会发生卡死现象，故只用于两油缸负载差别不大的情况，如用于挖掘机的动臂油缸等机构中。

2. 采用分流阀的同步回路

图 10-13 所示为采用分流阀的同步回路。在图 10-13 所示位置时压力油经换向阀分两路

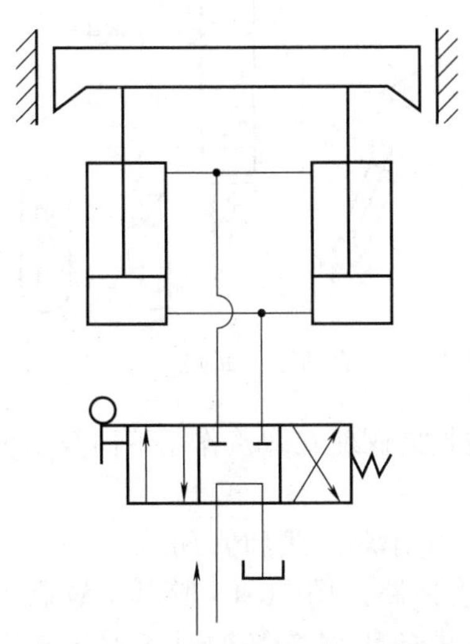

图 10-12　采用机械连接的同步回路

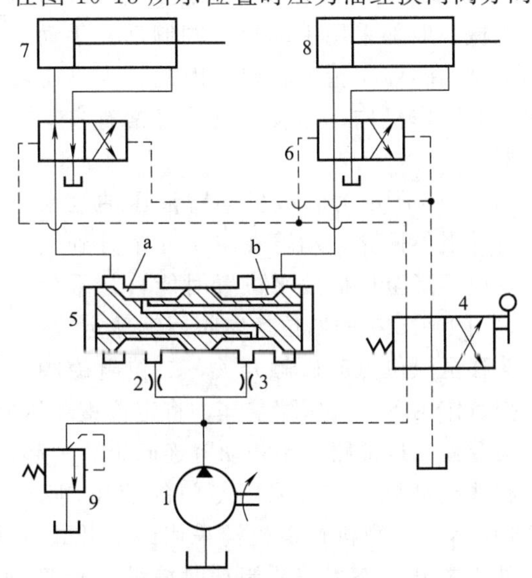

图 10-13　采用分流阀的同步回路

1—液压泵；2,3—节流孔；4—二位二通阀；5—分流阀芯；6—换向阀；7,8—液压缸；9—溢流阀

分别经过节流孔 2 和 3 至分流阀的左右两腔，然后经环槽 a 和 b 分别进入液压缸 7 和 8 使两个活塞右移。两个固定节流孔 2 和 3 大小相同。当两缸的负载相同时分流阀芯 5 处于中间位置，阀芯左腔的油压 $p_{左}$ 等于其右腔的油压 $p_{右}$。因此，两个节流孔前后压力差 $p-p_{左}$ 和 $p-p_{右}$ 也是相等的。于是，通过节流孔 2 和 3 的流量也相等。因为通过节流孔的流量就是进入液压油缸的流量，所以液压缸 7 和 8 的两个活塞的运动速度相同，即实现了两缸的同步运动。这种分流阀可以自动补偿活塞上载荷变化的影响。例如，当作用于液压缸 7 活塞上的负载增加时，液压缸 7 左腔中的油压升高。开始时分流阀芯 5 尚未动作，于是阀芯右侧的油压 $p_{右}$ 也随之升高，阀芯便向左移动。结果使环槽 a 的通道加大，液阻减小，使环槽 b 的通道减小，液阻加大，导致 $p_{右}$ 有所降低，而 $p_{左}$ 有所提高，直到阀芯在新的位置达到平衡。这时，平衡后的 $p_{左}$ 和 $p_{右}$ 仍是相等的。故两缸活塞仍保持同步运动。采用分流阀的同步回路结构紧凑，同步精度高，但两缸负载不能相差很大。

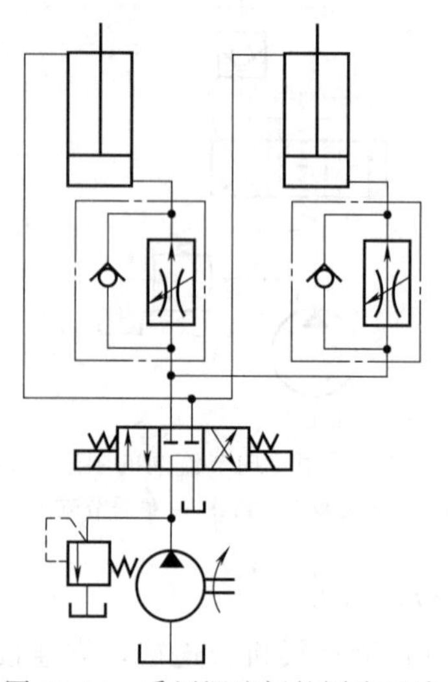

图 10-14　采用调速阀的同步回路

3. 采用调速阀的同步回路

如图 10-14 所示，两个液压油缸并联，两个调速阀分别调节两个液压油缸活塞的运动速度。由于调速阀具有当负载变化时能够保持流量稳定的特点，所以只需仔细调整两个调速阀开口的大小，就能使两个液压油缸保持同步。

四、制动回路

为使运动着的工作机构在任意需要的位置上停止下来，并防止在停止后因外界影响而发生漂移或窜动，可采用制动回路，最简单的方法是利用换向阀进行制动。例如滑阀机能为 M 型或 O 型的换向阀，在它回复中位时可切断执行元件的进、回油路，使执行元件迅速停止运动。工程机械一般都采用手动换向阀制动。手动换向阀制动的停位精度较差，因此较大型工程机械的工作机构，如装载机动臂常有自动限位器。

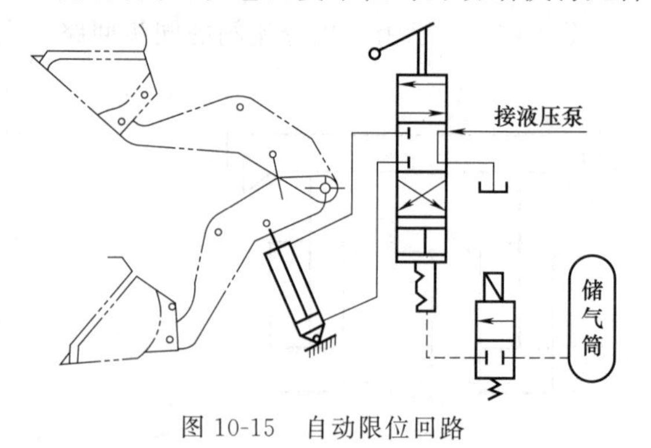

图 10-15　自动限位回路

图 10-15 所示为装载机动臂液压油缸采用的自动限位回路。动臂在将铲斗举升到最高位置或下降至最低放平位置时能自行限位制动。图 10-15 中的四位换向阀用钢球定位。当铲斗移至限位点时碰触开关，二位电磁阀便在弹簧作用下接入压缩空气，将定位钢球压回槽内。四位换向阀便在弹簧作用下回复中位切断动臂缸的进油路，于是动臂连同铲斗一起被限位制动。

有些运动机构需要采用专门的液压制动器。液压制动器有常开式和常闭式两种。图 10-16 所示为装载机行走机构采用的常开式气顶油盘式制动回路。图 10-16 所示位置制动器正处于常开状态。需要制动时操纵二位换向阀，储气筒中的压缩空气被引入增压缸大腔，推动活塞使小腔排出压力油。压力油进入夹钳中的两对柱塞缸，通过柱塞夹住轮毂上的制动圆盘，于是车轮被制动。这种回路简单可靠，应用较多。

图 10-17 所示为带补油装置的液压马达制动回路。液压马达在工作时，溢流阀 6 起安全作用。当换向阀回中位时，液压马达在惯性作用下有继续转动的趋势，它此时所排出的高压油经溢流阀限压，溢流阀 1、2 用来限制液压马达反转和正转时产生的最大冲击压力，起制动缓冲作用。另一侧靠单向阀从油箱吸油。液压马达制动过程中有泄漏，为避免马达在换向制动过程中产生吸油腔吸空现象，用单向阀 3 和 4 从油箱向回路补油。该回路中的溢流阀既限制了换向阀回中位时引起的液压冲击，又可以使马达平稳制动。

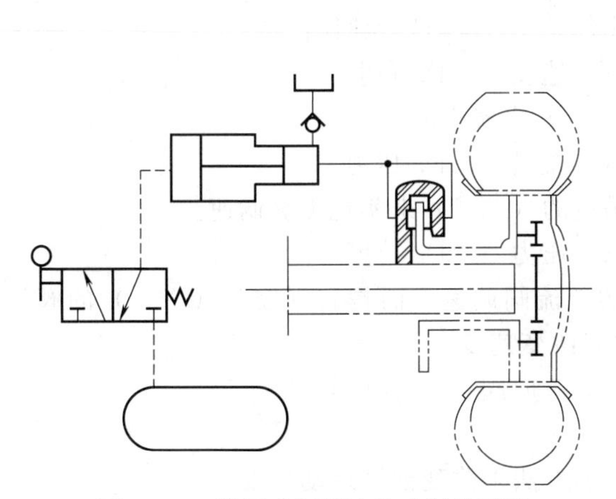

图 10-16　常开式气顶油盘式制动回路

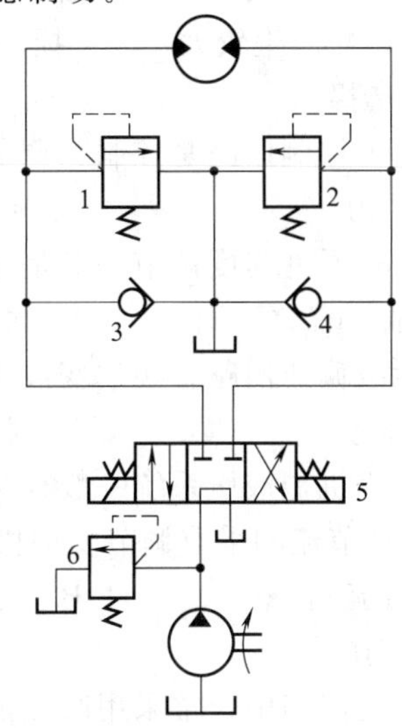

图 10-17　带补油装置的液压马达制动回路

1,2,6—溢流阀；3,4—单向阀；5—换向阀

校企链接

沃尔沃挖掘机液压系统中使用了大量的速度控制回路，如采用先导控制换向阀调速回路控制动臂液压油缸、斗杆液压油缸的运动速度。图 10-18 所示为行走回路简图，利用节流阀控制行走马达的速度和运动平稳性。

行走回路主要由三位六通换向阀 1、行走马达 2、单向阀 3 和节流阀 4 组成。当高压油从 A 口流入行走回路时，一路油液打开左单向阀，流入行走马达；另一路压力油通过节流阀进入平衡阀的左腔，推动阀芯向右移动，三位六通换向阀左位工作，行走马达回油路接通，马达旋转输出机械能带动履带转动，实现挖掘机的行走。当马达转速过快时，左侧压力降低，换向阀芯向左移动，回油口减小，背压增大，使马达转速降低。当高压油从 B 口流入行走回路时，挖掘机倒退。

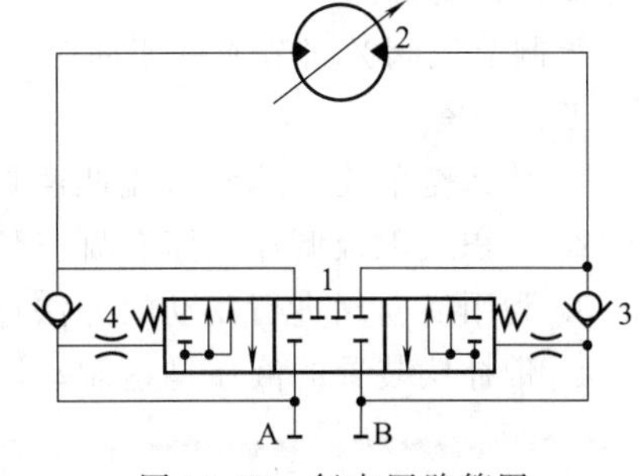

图 10-18　行走回路简图

1—三位六通换向阀；2—行走马达；3—单向阀；4—节流阀

单元习题

一、填空

1. 液压传动系统速度调节的方法可分为______调速和______调速两类。

2. 根据节流阀在回路中安装位置不同，节流调速具有________节流调速回路、回油节流调速回路和________节流调速回路三种基本形式。

3. 机械连接双缸同步回路中，当两个油缸的______差别较大时会发生________现象。

4. 液压回路中最简单的制动方法是利用中位滑阀机能为______型或______型的换向阀进行制动。

5. 单向节流阀的限速回路中，液压油缸运行速度不稳，重载时速度______，轻载时速度______，并产生较大______损失。

二、选择

1. 速度控制回路是控制和调节液压执行元件（　　）的单元回路。

A. 压力　B. 流量　C. 速度　D. 负载

2. 执行元件速度调节一般是通过改变（　　）来实现的。

A. 油缸有效面积　B. 油缸直径　C. 流量　D. 压力

3. 无级调速回路直接改变液压泵或液压马达的（　　）来实现无级调速。

A. 排量　B. 流量　C. 压力　D. 速度

4. 工程机械液压系统一般很少使用专门的节流阀调速，而是利用控制（　　）的阀口开度来实现节流和采取调节发动机油门的方法来改变速度。

A. 溢流阀　B. 减压阀　C. 单向阀　D. 换向阀

三、判断

1. 调速回路中，常采用改变油缸工作面积的方法来改变油缸运动速度。（　　）

2. 变量泵和定量执行元件所组成的液压系统，可采用节流阀调速的方法。（　　）

3. 进油节流调速回路在工作过程中，溢流阀作为安全阀使用，处于常闭状态。（　　）

4. 挖掘机液压系统普遍采用控制换向阀的阀口开度的方法来实现节流调速。（　　）

5. 同步回路用以实现两个或多个液压油缸的同步运动，能够实现位移或速度的完全同步。（　　）

四、绘制回路

绘制节流阀旁路节流调速回路。

五、简答

1. 什么是节流调速？节流调速具有哪些特点？

2. 容积式无级调速回路有哪三种基本形式？各有哪些特点？

3. 利用换向阀进行制动的方法存在什么样的问题？

4. 带补偿装置的液压马达制动回路中，溢流阀和单向阀分别起什么作用？

单元十一　方向控制回路

单元导入

图 3 所示的汽车起重机在使用过程中出现了一支腿伸出后无法收回的情况，同时，故障支腿活塞杆在设备长时间闲置时有一定的降落现象。经检查，是由于液压锁出现故障而使锁紧功能不足，更换液压锁后，故障消失。汽车起重机支腿液压回路中所用的锁紧回路是液压基本回路中方向控制回路中的一种。

方向控制回路是用来控制液压系统油路中液流的通、断或流向的回路，从而来控制执行元件的启动、停止和改变运动方向等。常用的方向控制回路有换向回路、顺序回路、锁紧回路和浮动回路四种。

一、换向回路

换向回路是用来改变执行元件运动方向的油路，使液压油缸和与之相连的运动部件在其行程终端处变换运动方向，要求换向灵敏、稳定可靠、换向精度合适。换向回路可以通过采用各种换向阀或改变双向变量泵的输油方向来实现。其中换向阀有手动换向阀、电磁换向阀和电液换向阀。手动换向阀需要人工操作，换向精度和平稳性不高，常用于换向不频繁、自动化要求不高的场合；电磁换向阀换向动作快，能够实现自动化，应用较多；电液换向阀的换向时间可以调整，换向较平稳，适合大流量的液压系统；双向变量泵的换向回路换向平稳，但是构造复杂，不适于换向频率较高的场合。

图 11-1（a）所示为使用二位三通阀的换向回路，液压油缸为单作用液压油缸。当二位三通阀 2 处于右位时，液压泵 1 向液压油缸 3 左腔供油，活塞伸出；当二位三通阀 2 处于左位时，液压油缸在弹簧作用下退回。图 11-1（b）也是使用二位三通阀的换向回路，同时也是差动回路。

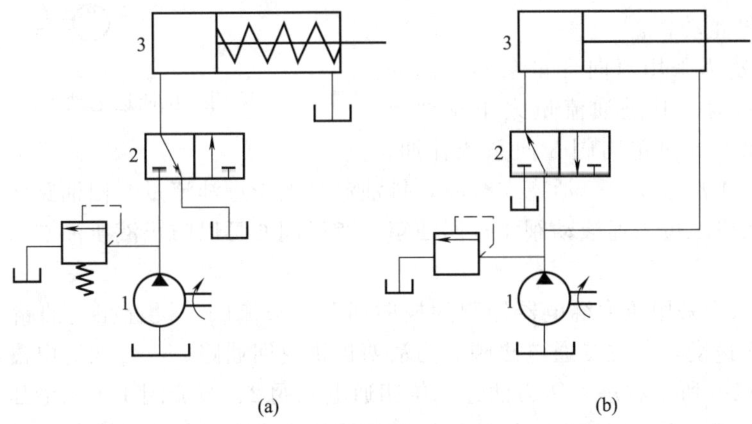

图 11-1　采用二位三通阀的换向回路

1—液压泵；2—二位三通阀；3—液压油缸

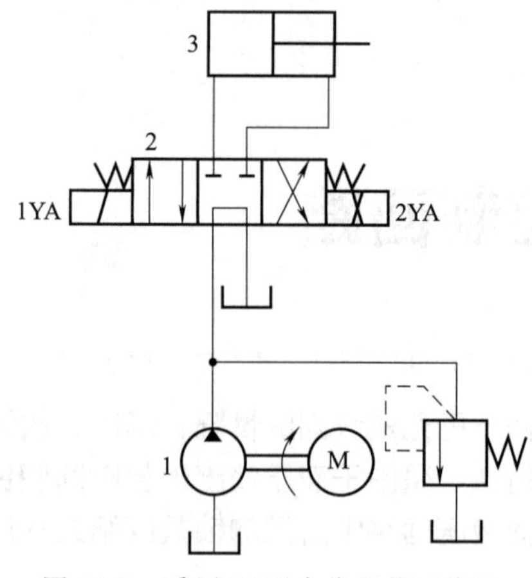

图 11-2　采用 M 型中位机能三位四通电磁换向阀的换向回路

1—液压泵；2—电磁阀；3—液压油缸

图 11-2 所示为采用 M 型中位机能三位四通电磁换向阀的换向回路。当电磁阀 2 的电磁铁 1YA 通电时，该阀切换至左位，液压泵 1 的液压油经电磁阀 2 进入液压油缸 3 的无杆腔，液压油缸的活塞右行，有杆腔的油液经电磁阀 2 流回油箱。行程终了，发信装置（如行程开关）发信，电磁铁 1YA 断电，2YA 通电，此时，电磁阀 2 切换至右位，液压泵 1 的液压油经电磁阀 2 进入液压油缸 3 的有杆腔，液压油缸的活塞左行，无杆腔的油液经电磁阀 2 流回油箱，实现了液压油缸的换向。当电磁铁 1YA 和 2YA 均断电时，电磁阀 2 处于图 11-2 所示中位，液压泵的油液直接经电磁阀 2 流回油箱，实现卸荷。

图 11-3 所示为采用三位四通电液换向阀的换向回路。先导电磁阀的电磁铁 1YA 通电时，先导电磁阀左位工作，液压泵提供的控制液压油经油路 K1 和先导电磁阀至液动换向阀的左端控制腔，液动换向阀的右端控制腔经先导电磁阀通油箱。于是，主阀切换至左位，主油路中液压泵的液压油经先导电磁阀进入液压油缸的无杆腔，活塞右行，有杆腔的油液经主阀流回油箱。2YA 通电时，先导电磁阀将切换至右位工作，控制液压油经油路 K1 和先导电磁阀到主阀的右端控制腔，左端控制腔通油箱。于是，主阀切换至右位，主油路中液压泵的液压油经先导电磁阀进入液压油缸的有杆腔，活塞左行，无杆腔的油液经主阀流回油箱，从而实现液压油缸的换向。当电磁铁 1YA 和 2YA 均断电时，先导电磁阀处于图 11-3 所示中位，进油口 P′关闭，主阀在两边弹簧作用下处于中位，主油路进油口 P 也关闭，液压油缸停止动作。

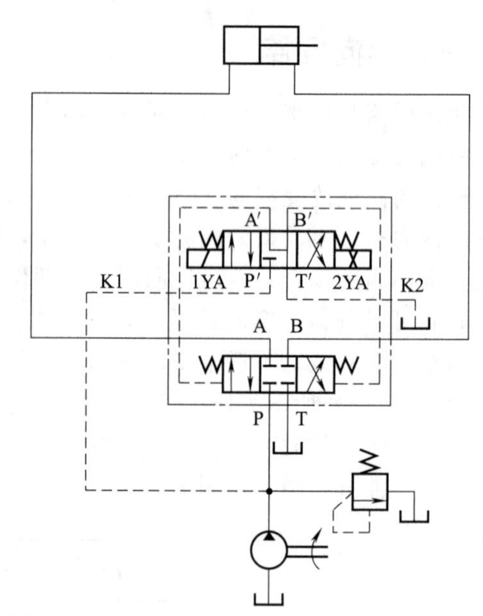

图 11-3　采用三位四通电液换向阀的换向回路

图 11-4 所示为采用双向变量泵的换向回路。当活塞右行时，其进油流量大于排油流量，可用辅助泵 2 通过单向阀 3 向系统补油；而当双向变量泵 1 油流换向、活塞左行时，排油流量大于进油流量，回油路多出的流量通过进油路的压力操纵二位二通液动阀 4 排回油箱。背压阀 6 可以防止液压油缸活塞左行回程时超速。

图 11-5 所示为采用压力继电器控制的换向回路。节流阀 4 设置在进油路上调节液压油缸 6 的活塞工作速度，二位二通电磁阀 3 为活塞提供退回通路。二位四通电磁阀 2 为回路的主换向阀。图 11-5 所示状态，压力油经二位四通电磁阀 2、节流阀 4 进入液压油缸 6 的无杆腔，当活塞右行碰上固定挡块后，液压油缸进油路压力升高，压力继电器 5 动作发信，使电磁铁 1YA 断电，二位四通电磁阀 2 切换至右位，电磁铁 2YA 通电，二位二通电磁阀 3 切换

至左位，活塞快速返回。

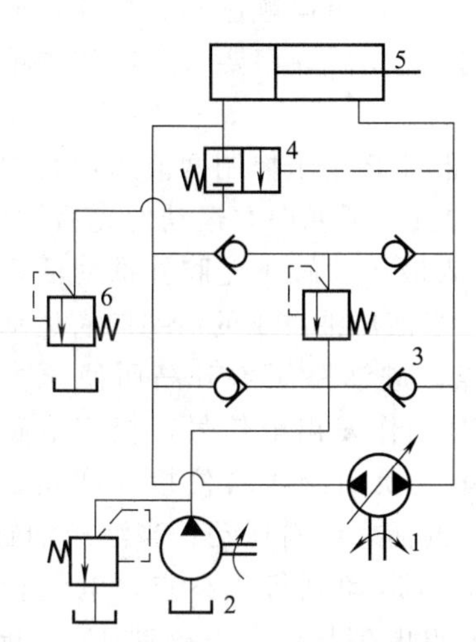

图 11-4　采用双向变量泵的换向回路

1—双向变量泵；2—辅助泵；3—单向阀；4—二位二通液动阀；5—液压油缸；6—背压阀

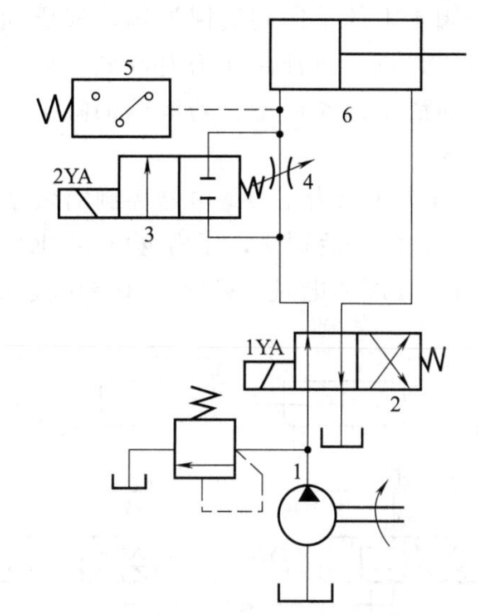

图 11-5　采用压力继电器控制的换向回路

1—液压泵；2—二位四通电磁阀；3—二位二通电磁阀；4—节流阀；5—压力继电器；6—液压油缸

二、顺序回路

顺序回路的功能是使多个液压油缸按照预定顺序依次动作。这种回路常用的控制方式有压力控制和行程控制两种。

1. 压力控制的顺序回路

压力控制的顺序回路利用油路的油压变化来控制多个液压油缸顺序动作。常用顺序阀和压力继电器来控制多个液压油缸顺序动作。

图 11-6 所示为顺序阀控制的顺序回路。单向顺序阀 4 用来控制两液压油缸的活塞向右运动的先后次序，单向顺序阀 3 用来控制两液压油缸的活塞向左运动的先后次序。当电磁换向阀未通电时，液压油进入液压油缸 1 的左腔和阀 4 的进油口，液压油缸 1 右腔中的油液经阀 3 中的单向阀流回油箱，液压油缸 1 的活塞向右运动，而此时进油路压力较低，单向顺序阀 4 处于关闭状态；当液压油缸 1 的活塞向右运动到行程终点，进油路压力升高到单向顺序阀 4 的调定压力时，单向顺序阀 4 打开，液压油进入液压油缸 2 的左腔，液压油缸 2 的活塞向右运动；当液压油缸 2 的活塞向右运动到行程终点后，电气行程开关（图中未

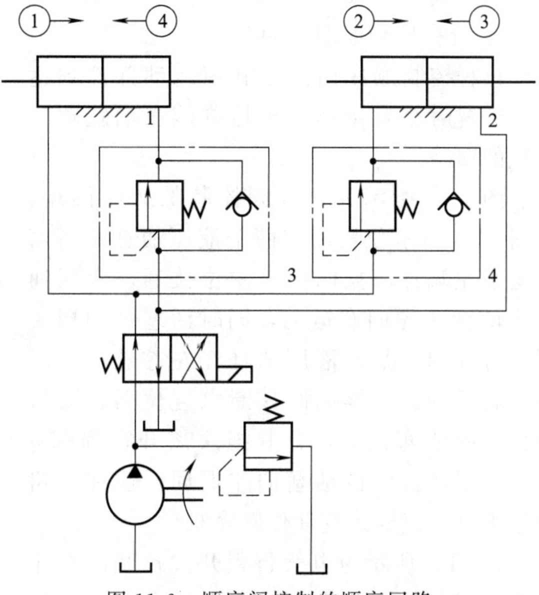

图 11-6　顺序阀控制的顺序回路

1,2—液压油缸；3,4—单向顺序阀

画出）发出电信号时，电磁换向阀通电而换向，此时进入液压油缸 2 左腔中的油液经单向顺序阀 4 中的单向阀流回油箱，液压油缸 2 的活塞向左运动；当液压油缸 2 的活塞向左到达行程终点，进油路压力升高到单向顺序阀 3 的调定压力时，单向顺序阀 3 打开，液压油缸 1 的活塞向左运动。若液压油缸 1 和 2 的活塞向左运动无先后顺序要求，可省去单向顺序阀 3。

图 11-7 所示为压力继电器控制的顺序回路。压力继电器 1KP 用于控制两液压油缸的活塞向右运动的先后顺序，压力继电器 2KP 用于控制两液压油缸的活塞向左运动的先后顺序。当电磁铁 2YA 通电时，换向阀 3 右位接入回路，液压油进入液压油缸 1 左腔并推动活塞向右运动；当液压油缸 1 的活塞向右运动到行程终点，进油路压力升高而使压力继电器 1KP 动作发出电信号，相应电磁铁 4YA 通电，换向阀 4 右位接入回路，液压油缸 2 的活塞向右运动；当液压油缸 2 的活塞向右运动到行程终点，电气行程开关而发出电信号时，电磁铁 4YA 断电而 3YA 通电，阀 4 换向，液压油缸 2 的活塞向左运动；当液压油缸 2 的活塞向左运动到终点碰到挡铁时，进油路压力升高而使压力继电器 2KP 动作发出电信号，相应 2YA 断电而 1YA 通电，换向阀 3 换向，液压油缸 1 的活塞向左运动。为了防止压力继电器发出误动作，压力继电器的动作压力应比先动作的液压油缸最高工作压力高 0.3～0.5MPa，但应比溢流阀的调定压力低 0.3～0.5MPa。

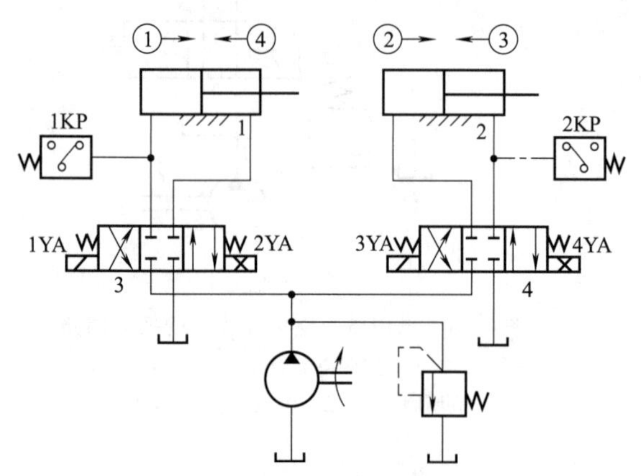

图 11-7　压力继电器控制的顺序回路

1，2—液压油缸；3，4—换向阀

这种回路适用于液压油缸数目不多、负载变化不大和可靠性要求不太高的场合。当运动部件卡住或压力脉动变化较大时，误动作不可避免。

2. 行程控制的顺序回路

行程控制顺序回路是利用运动部件到达一定位置时会发出信号来控制液压油缸顺序动作的回路。

图 11-8 所示为行程阀控制的顺序回路。在图 11-8 所示位置时，两个液压油缸的活塞均退至左端点，换向阀 3 左位接通，液压油缸 1 的活塞先向右运动，同时活塞杆的挡块压下行程阀 4 后，液压油缸 2 左腔进油，活塞向右运动。当换向阀 3 断电复位后，液压油缸 1 的活塞先退回，其挡块离开行程阀 4 后，液压油缸 2 的活塞向左退回。这种回路动作可靠，但要改变动作顺序难。

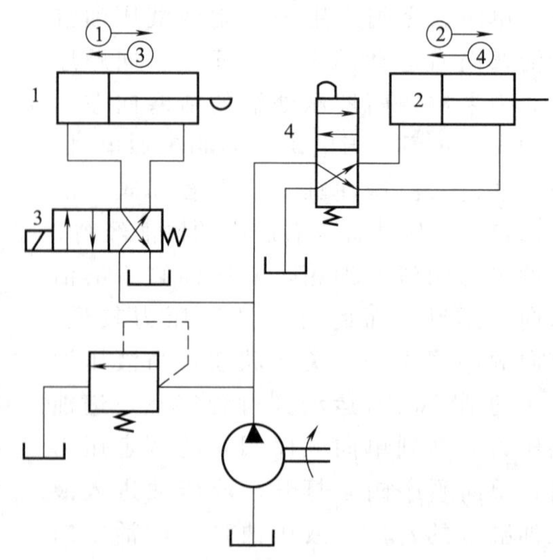

图 11-8　行程阀控制的顺序回路

1，2—液压油缸；3—换向阀；4—行程阀

图 11-9 所示为电气行程开关控制的顺序回路。当电磁铁 1YA 通电时，液压油缸 1 的活塞向右运动；当液压油缸 1 的挡块随活塞

右行到行程终点并触动电气行程开关 2S 时，电磁铁 2YA 通电，液压油缸 2 的活塞向右运动；当液压油缸 2 的挡块随活塞右行至行程终点并触动电气行程开关 3S 时，电磁铁 1YA 断电，换向阀开始换向，液压油缸 1 的活塞向左运动；当液压油缸 1 的挡块触动电气行程开关 1S 时，电磁铁 2YA 断电，换向阀换向，液压油缸 2 的活塞向左运动。这种顺序动作回路的可靠性取决于电气行程开关和电磁换向阀的质量，变更液压油缸的动作行程和顺序都比较方便，且可利用电气互锁来保证动作顺序的可靠性。

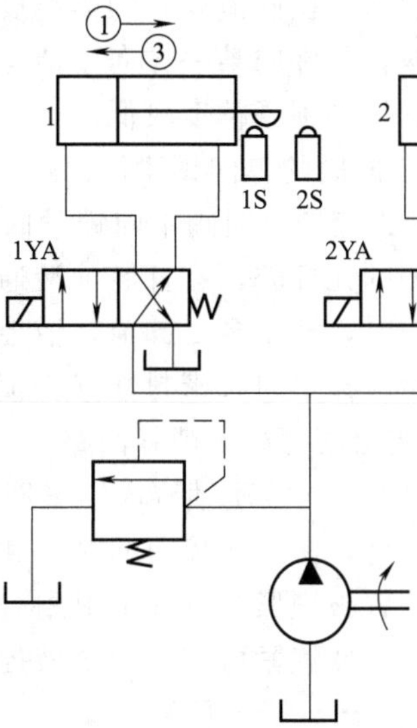

图 11-9 电气行程开关控制的顺序回路
1,2—液压油缸

三、锁紧回路

某些液压设备，在工作中要求工作部件能在任意位置停留，以及在此位置停止工作时，具有防止在受力的情况下发生移动的功能，这些要求可以采用锁紧回路实现。常用的锁紧回路有以下几种。

1. 采用单向阀的锁紧回路

图 11-10 所示为单向阀锁紧的回路。当液压泵 1 停止工作后，在外力作用下，液压油缸 3 活塞只能向右运动，向左则被单向阀 2 锁紧。这种锁紧回路一般只能单向锁紧，锁紧精度受单向阀泄漏量的影响，精度不高。

2. 采用换向阀的锁紧回路

图 11-11 所示为换向阀锁紧回路。在这种回路中，三位四通电磁换向阀 2 电磁铁 1YA

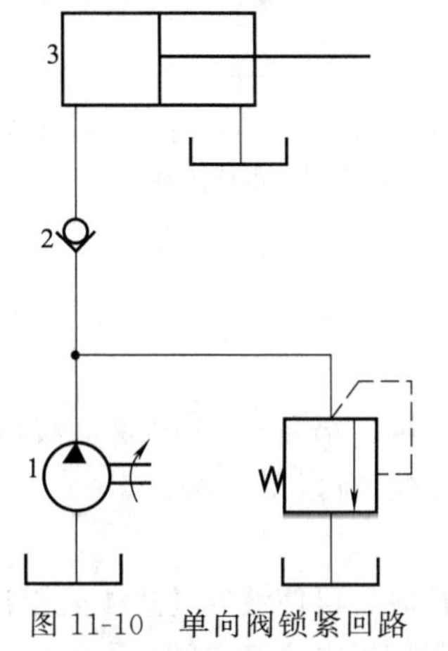

图 11-10 单向阀锁紧回路
1—液压泵；2—单向阀；3—液压油缸

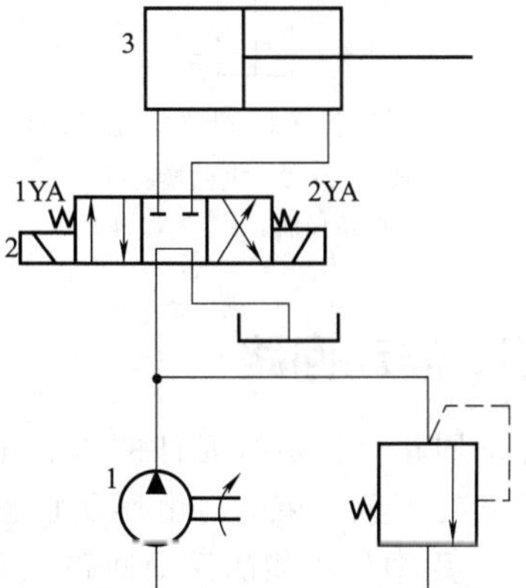

图 11-11 换向阀锁紧回路
1—液压泵；2—换向阀；3—液压油缸

通电，左位工作时，液压油经过其左位进入液压油缸 3 的无杆腔，有杆腔油液通过电磁换向阀左位流回油箱，活塞向右运动；当电磁换向阀 2 的电磁铁 2YA 通电时，液压油经过其右位进入液压油缸 3 的有杆腔，无杆腔油液通过电磁换向阀右位流回油箱，推动活塞向左运动。在活塞运动过程中，当其达到预定位置时，电磁换向阀 2 断电回到中位，将液压油缸的进、出油口同时封闭。这样，无论外力作用方向向左还是向右，活塞均不会发生位移，从而实现双向锁紧，但由于换向泄漏，锁紧精度不高。另外，如果利用换向阀将进、出油口之一封闭，可以实现执行元件向某一方向不能运动的单向锁紧。采用换向阀锁紧的回路，其优点是回路简单方便，但是锁紧精度较低。

3. 采用液控单向阀的单向锁紧回路

图 11-12 所示为液控单向阀单向锁紧回路。在图 11-12 所示位置时，液压泵输出的液压油进入液压油缸 4 的无杆腔，有杆腔油液通过液控单向阀流回油箱，活塞下行。当电磁换向阀 2 通电右位工作时，液压泵 1 卸荷，液控单向阀 3 关闭，从而使活塞被锁紧不能下行。该锁紧回路的优点是液控单向阀密封性好，锁紧可靠，不会因工作部件的自重导致活塞下滑。

4. 采用双向液压锁的双向锁紧回路

图 11-13 所示为双向液压锁双向锁紧回路。在图 11-13 所示位置时，电磁换向阀 2 处于中位，液压泵 1 卸荷，两个液控单向阀 3 和 4 均关闭，因此活塞被双向锁住。该回路的优点是活塞可在任意位置被锁紧。在工程机械液压系统中常用此类锁紧回路对执行元件进行锁紧。在锁紧时，为了使锁紧可靠，两个液控单向阀的控制油口均需通油箱。

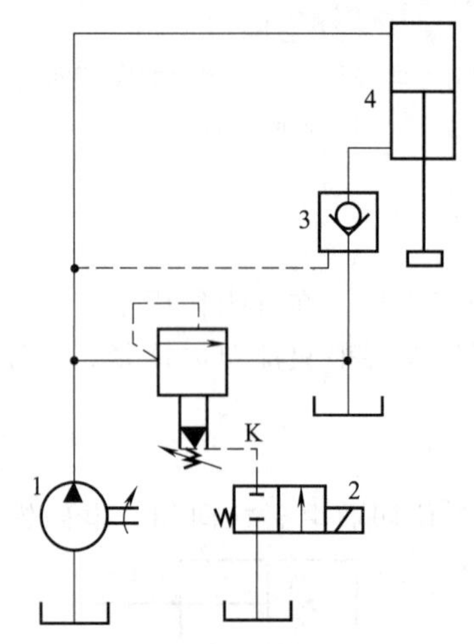

图 11-12　液控单向阀单向锁紧回路

1—液压泵；2—电磁换向阀；
3—液控单向阀；4—液压油缸

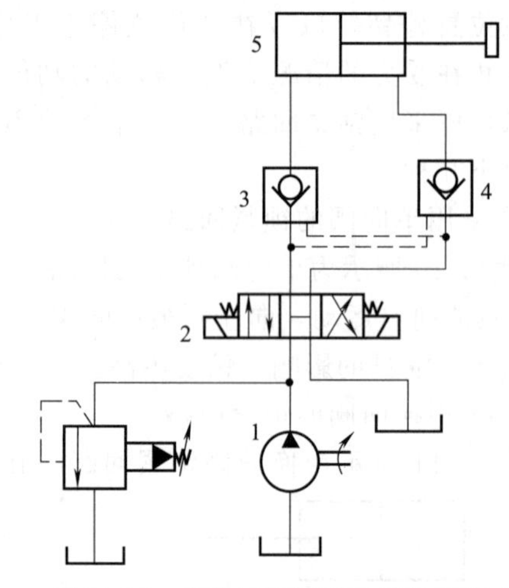

图 11-13　双向液压锁双向锁紧回路

1—液压泵；2—电磁换向阀；
3，4—液控单向阀；5—液压油缸

四、浮动回路

浮动回路是把执行元件的进、出油路连通或同时接通油箱，借助于自重或负载的惯性力，使其处于无约束的自由浮动状态。实现浮动回路常用的方法有以下两种。

1. 利用中位机能的浮动回路

如图 11-14 所示，当 H 型的三位四通电磁换向阀 3 处于中位时，可使液压马达 4 处于浮动状态，同时使液压泵 1 卸载。该回路还可采用 Y 型中位机能的三位四通电磁换向阀。

2. 利用二位二通换向阀的浮动回路

图 11-15 所示为利用二位二通电磁换向阀使液压马达浮动的回路，该回路常用于液压吊车。当二位二通电磁换向阀 4 通电接通马达 5 进、出油口时，利用吊钩自重，吊钩快速下降实现“钩”；当二位二通电磁换向阀 4 断电将液压马达两侧管路断开，吊钩起吊。当液压马达作液压泵运行时，可经单向阀自油箱自吸补油。

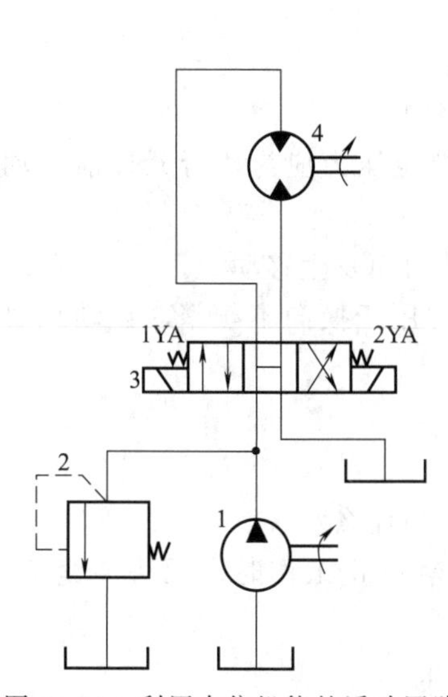

图 11-14　利用中位机能的浮动回路

1—液压泵；2—溢流阀；
3—电磁换向阀；4—液压马达

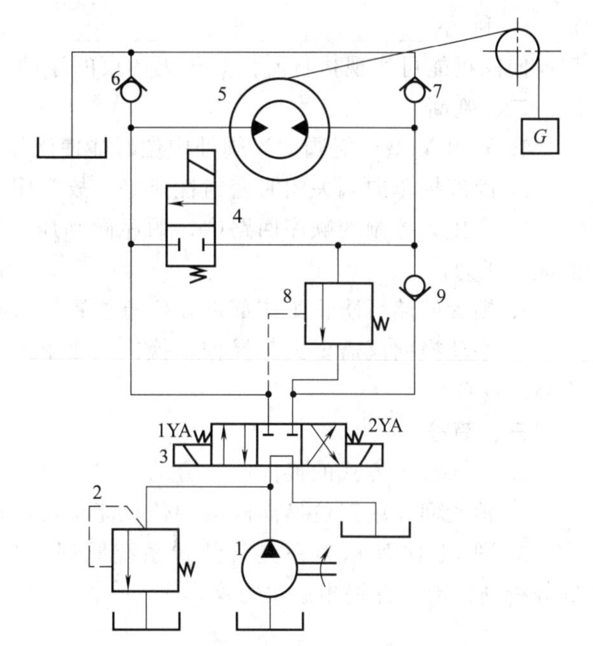

图 11-15　利用二位二通换向阀的浮动回路

1—液压泵；2—溢流阀；3,4—电磁换向阀；
5—液压马达；6,7,9—单向阀；8—安全阀

校企链接

沃尔沃挖掘机的执行元件根据工作需求的不同，采用了不同的换向阀组成换向回路，各执行元件的换向阀见表 11-1。

表 11-1　各执行元件的换向阀

执行元件	换　向　阀	执行元件	换　向　阀
动臂液压油缸		斗杆液压油缸	
铲斗液压油缸		回转马达	
行走马达			

单元习题

一、填空

1. 顺序回路的功用在于使几个执行元件严格按预定顺序动作，按控制方式不同，分为________控制和________控制。

2. 压力控制的顺序回路就是利用________作为信号，常用________阀和________来控制液压执行元件的顺序动作。

3. 利用________型或________型换向阀机能可将执行元件锁紧在任意位置上。

4. 远控平衡阀的锁紧回路具有________和________的双重作用。

5. 利用______________型、______________型、______________型或______________型换向阀机能可实现执行元件处于无约束的浮动状态。

二、判断

1. 采用 Y 型机能阀，当阀处中位时能使液压油缸闭锁。 (　　)

2. 因液控单向阀关闭时密封性能好，故常用在锁紧回路中。 (　　)

3. 在压力控制的顺序回路中，顺序阀和压力继电器的调定压力应为执行元件前一动作的最高压力。 (　　)

4. 锁紧回路可防止工作部件在任意位置停留时，因受外力而发生移动。 (　　)

5. 手动换向阀需要人工操作，换向精度和平稳性高，常用于换向不频繁、自动化要求不高的场合。 (　　)

三、简答

1. 不同操纵方式的换向阀组合的换向回路各有什么特点？

2. 锁紧回路中三位换向阀的中位机能是否可任意选择？为什么？

3. 图 11-16 所示为一夹紧装置系统原理，当液压泵突然停止工作时，无法夹紧工件。试分析其原因，并提出解决方案。

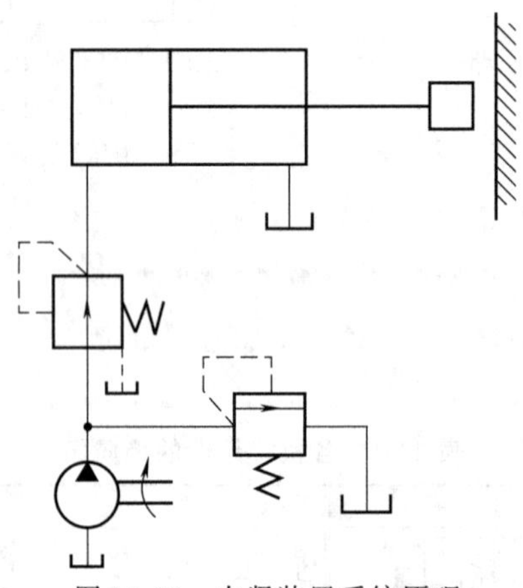

图 11-16　夹紧装置系统原理

4. 在图 11-17 所示的换向回路中，行程开关 1、2 用以切换电磁阀 3，阀 4 为延时阀。试说明该回路的工作过程，并指出液压油缸在哪一时段可作短时间的停留。

5. 试说明图 11-18 所示换向回路的工作情况。

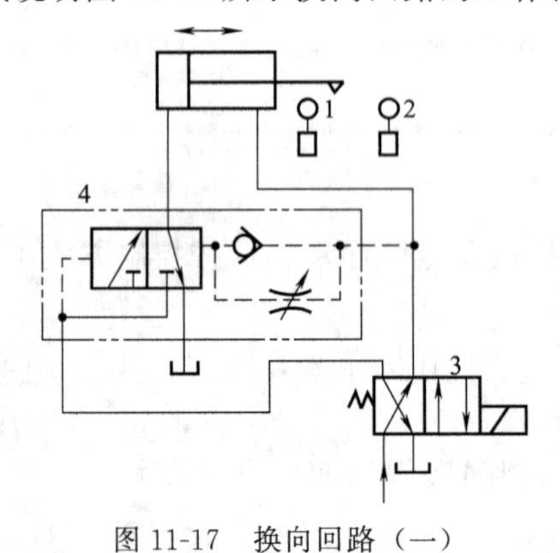

图 11-17　换向回路（一）

1,2—行程开关；3—电磁阀；4—延时阀

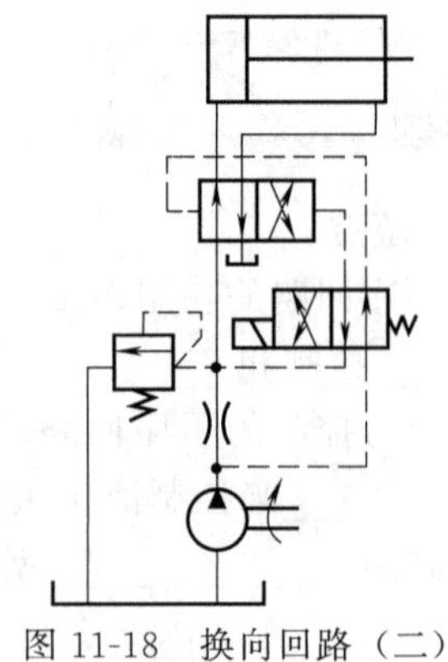

图 11-18　换向回路（二）

模块四　典型工程机械液压回路

模块案例

液压系统根据工作的需要可采用电液联合控制或手动控制；系统可以使用单泵或多泵供油。

液压系统可设计成开式系统或闭式系统。开式系统是指液压泵从油箱吸油，输出油经换向阀进入执行元件，执行元件回油流入油箱，即系统内油通过油箱开式循环。开式系统结构简单，油循环大，散热条件好，油液中的杂质能得到沉淀；但油箱体积大，空气易溶于油液中。闭式系统是指液压泵的进油管直接与执行元件的回油管相连，油液在系统中封闭循环。为了补偿系统油液的泄漏损失，需附设一个小型补油泵。闭式系统结构紧凑，空气不易渗入，工作较平稳，多采用变量泵调速，效率较高；但散热条件差，油液污染物不能及时排除。

当用一台液压泵向一组执行元件供油时，前一个执行元件的回油即为后一个执行元件的进油的液压系统为串联系统。串联系统的特点是当液压泵向各执行元件供油时，只要液压泵出口压力足够，便可实现各执行元件的复合动作。但由于各执行元件的压力是叠加的，所以克服外载荷的能力将随执行元件数量的增加而降低。当一台液压泵向一组执行元件供油时，各执行元件的进油经过换向阀直接和液压泵的供油路相通，而执行元件另一腔的回油又经过换向阀与总回油路相通的液压系统为并联系统。并联系统的特点是当液压泵的流量不变且并联系统中的执行元件载荷相同时，各执行元件的速度相等（在各支路阻力损失相等和执行元件结构尺寸相等的情况下），载荷不等时，则载荷小的先动作，载荷大的后动作。

工程机械的装置不同，工作原理不同，采用的液压系统也会不同。不同的工程机械会采用开式系统还是闭式系统？串联系统还是并联系统？如何准确分析各种工程机械的液压回路呢？

模块目标

知识目标	能力目标
熟练掌握阅读液压回路图的方法	能够利用阅读液压回路图的方法分析液压回路图
熟练掌握液压元件在液压回路中的作用	能够正确分析液压元件的作用及工作原理
熟练掌握起重机、装载机、挖掘机等的液压回路工作原理	能够正确分析起重机、装载机、挖掘机等液压回路图

单元十二　汽车起重机液压系统

单元导入

图 3 所示的汽车起重机的作业部分包括变幅机构、伸缩机构、起升机构、回转机构和支腿机构。起重机作业时，依靠支腿装置架起整车，使汽车轮胎离开地面不受力，并可调节整车的水平度。汽车行驶时需收起支腿。回转机构使吊臂能够实现 360°任意回转，且在任何位置能够锁定停止。伸缩机构使吊臂在一定尺寸范围内可调并能够定位，用以改变吊臂的工作长度。变幅机构使吊臂在一定角度范围内可调，用以改变吊臂的倾角。起升机构使重物在起吊范围内升降，并在任意位置负重停止。在汽车起重机上采用液压起重技术，使其承载能力大，可在有冲击、振动和环境较差的条件下工作。液压起重机作业机构的所有动作都是在液压驱动下完成的。那么液压系统怎样才能保证起重机准确地实现这些动作呢?

一、汽车起重机液压系统简介

汽车起重机的主要工作任务是起吊和转运货物，每个工作机构需要完成的动作较为简单，位置精度要求较低，因此汽车起重机的液压系统以手动操纵为主。

液压系统的执行元件要完成的动作主要包括起升、伸缩、变幅、回转及支腿伸出和缩回动作，而保证起重作业的安全也是至关重要的问题。因此对起重机的液压系统有以下要求。

① 能够实现车身液压支撑与调平。

② 支腿在起重作业中和行驶过程中都要可靠锁紧，以防止在起重作业中出现软腿现象和在行驶过程中自行下落。另外，在起重作业中要防止出现对支腿的误操作。

③ 吊臂能够伸缩、变幅、升降重物及回转。

④ 起升机构能够调速且微调性能好，以适应安装就位作业的需要。

⑤ 起升机构、变幅机构和动臂伸缩机构要求能够实现下降限速、定位锁紧的要求。

QY-8 型汽车起重机液压系统如图 12-1 所示，液压系统中的动力元件液压泵为定量泵，其动力由汽车发动机通过底盘变速箱上的取力箱提供。由于发动机的转速可以通过油门调节控制，因此液压泵输出的流量可以在一定范围内通过控制汽车油门开度的大小来调节，从而实现无级调速。

执行元件为两对支腿液压油缸、一对稳定器液压油缸、吊臂液压油缸、一对变幅液压油缸、回转马达、起升马达和一对制动器液压油缸。

该起重机液压系统的油路分为工作油路和支腿油路两部分。工作油路的四联多路阀控制吊臂变幅、伸缩、升降及回转。支腿油路的串联多路阀控制支腿液压油缸和稳定器液压油缸。两组多路阀的各阀之间均为串联，各手动控制阀都采用 M 型中位机能。两部分油路由换向阀 3 控制，不能同时工作。

支腿油路中的双向液压锁一方面保证支腿在起重作业中可靠锁紧，防止发生软腿现象；另一方面防止汽车在行驶过程中支腿自行下落。此外，当支腿油路管路爆裂时，双向液压锁能使支腿依然保持不动。

平衡阀分别控制吊臂伸缩、变幅、起升马达的工作平稳及单向锁紧。同时，如果工作回路油管爆裂，平衡阀可保证动臂不会下落。

系统的压力由溢流阀 4 和 12 调定。溢流阀 4 控制支腿油路免于过载，溢流阀 12 控制工作油路免于过载。两安全阀分别装于两个多路阀组中。

整个液压系统除液压泵、过滤器及前、后支腿和稳定机构外，其余工作机构都在平台上部，因此也称工作油路为上车油路，支腿油路为下车油路。上部和下部的油路通过中心回转接头相连。

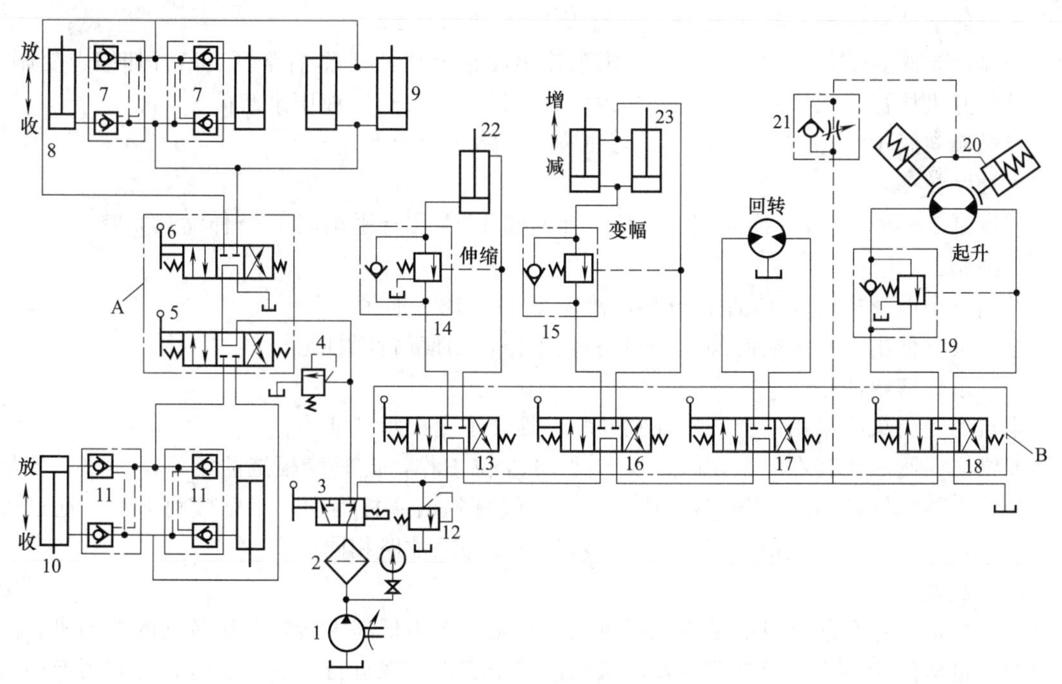

图 12-1　QY-8 型汽车起重机液压系统

1—液压泵；2—滤清器；3—二位三通手动换向阀；4,12—溢流阀；5,6,13,16,17,18—手动换向阀；7,11—液压锁；8—后支腿缸；9—锁紧缸；10—前支腿缸；14,15,19—平衡阀；20—制动缸；21—单向节流阀；22—伸缩缸；23—变幅缸

二、汽车起重机液压系统

QY-8 型汽车起重机的液压系统为开式、单泵、定量系统。

1. 各回路的工作原理

(1) 支腿收放油路

车身液压支撑、调平和稳定由支腿油路实现。汽车起重机每条支腿配有一个液压油缸。两条前支腿由换向阀 5 控制其收放，两条后支腿则由换向阀 6 控制。

操纵换向阀 3 使其左位工作，换向阀 5、6 右位工作，此时油液流动路线如下。

进油路：

液压泵 1→滤清器 2→换向阀 3 左位→换向阀 5 右位→液压锁 11→前支腿缸 10 大腔前支腿缸 10 小腔→液压锁 11→换向阀 6 右位→{锁紧缸 9 大腔；液压锁 7→后支腿缸 8 大腔}

回油路：

锁紧缸 9 小腔
后支腿缸 8 小腔 } →换向阀 6 右位→油箱

这时前、后支腿缸活塞杆伸出，支腿支撑车身。锁紧缸活塞杆伸出，推动挡块使车体与后桥形成刚性连接稳定车身。

同时操纵换向阀 5、6，因进入前、后支腿缸的流量不同，前、后支腿的动作速度快慢不一，另有场地不平等因素，可分别单独操纵换向阀 5、6，使前、后支腿分别单独动作，将车身调平。

（2）吊臂伸缩油路

吊臂伸缩油路主要有换向阀 13、平衡阀 14 及伸缩缸 22。

操纵换向阀 3 使其右位工作时，液压泵输出的油液供给工作油路。当吊臂伸缩、变幅、回转及起升机构都不工作时，油液经 B 组多路阀后流回油箱，液压泵卸荷。

操纵换向阀 13 使其左位工作，此时油液流动路线为如下。

进油路：

液压泵 1→滤清器 2→换向阀 3 右位→换向阀 13 左位→平衡阀 14→伸缩缸大腔

回油路：

伸缩缸小腔→换向阀 13 左位→换向阀 16、17、18→油箱

这时吊臂伸出。操纵换向阀 13 使其右位工作，则使吊臂收回。

（3）吊臂变幅油路

本机的变幅机构采用两个液压油缸并联，提高了变幅承载能力。

操纵换向阀 3 使其右位工作时，换向阀 16 左位工作，此时变幅缸的活塞杆伸出，使吊臂倾角增大；操纵换向阀 16 使其右位工作，变幅缸的活塞杆缩回，吊臂倾角减小。通过改变吊臂倾角，实现吊臂变幅。其要求及油路与吊臂伸缩油路相同。

（4）起升油路

起升机构是汽车起重机的主要执行机构，它是一个由低速大转矩马达带动的卷扬机。

起升机构的调速主要通过调节发动机的油门来实现。在进行安装作业时，可利用换向阀的节流调速来得到比较低的升降速度。

由于液压马达中采用了间隙密封，起升回路中的平衡阀可以限制重物的下降速度但无法锁紧。因此设置了制动缸 20，其控制油压与起升油路联动。起升油路通常被置于串联油路的最后端，只有起升机构工作时制动控制回路才能建立起压力使制动器松开，保证了起升作业的安全。制动回路中的单向节流阀 21 使制动器迅速制动，缓慢松开制动。因此，当吊重停在半空中再次起升时，可避免液压马达因重力载荷的作用而瞬时反转。

当起升重物时，操纵换向阀 18 使其左位工作，液压泵输出的油液经平衡阀 19 中的单向阀进入起升马达，同时经节流阀进入制动缸，从而解除制动，使液压马达旋转。重物下降时，换向阀 18 右位工作，马达反转，回油经过平衡阀 19 中的液控顺序阀流回油箱。

停止起升作业时，换向阀 18 位于中位，制动缸的制动瓦在弹簧作用下使液压马达制动。

（5）回转油路

回转机构采用液压马达通过减速器驱动回转支撑。由于回转速度较低，一般为 1～3r/min，回转惯性小，没有设置缓冲装置和制动装置。操纵换向阀 17 即可使液压马达带动回转工作台正转、反转或停止。

2. QY-8 型汽车起重机液压系统的特点

QY-8 型汽车起重机液压系统主要有以下特点。

① 由于重物下降及吊臂收缩、变幅时，负载与液压力方向相同，会导致执行元件失控，因此在其油路上设置平衡阀，将锁紧与限速的功能用一个元件来完成。

② 因工况作业的随机性大，且动作频繁，所以大多采用手动弹簧复位的多路换向阀来控制各动作。

③ QY-8 型汽车起重机为小型起重机，没有设置缓冲补油回路，使系统结构简单、造价低廉。

④ 起升机构利用发动机油门和换向阀进行调速，没有设置有级调速，同样也是为了降低造价。

⑤ 系统采用了锁紧回路和常闭式制动器，不仅满足了工作要求，还提高了安全性。

⑥ 工作油路中的四个换向阀串联，使吊臂伸缩、变幅、回转和起升机构可任意组合同时动作，从而提高工作效率。

⑦ 系统中换向阀串联，使油液循环路线比较长，压力损失比较大。

单元习题

1. QY-8 起重机液压系统由几个回路构成？
2. 起重机的承重是依靠支腿缸，怎样可以防止出现软腿现象？
3. 在 QY-8 起重机液压回路中，支腿和工作装置可以同时动作吗？
4. 分析起重机的液压回路，怎样保证将货物吊装到任意位置？
5. 分析起重机回路的特点。

单元十三　ZL50型装载机液压系统

单元导入

装载机主要用来装卸成堆散料，液压系统能实现工作装置铲装、提升、保持和倾卸等动作，所以可以进行铲掘、平地、起重、牵引等多种作业，在建筑、筑路、矿山和水利建设中广泛使用。其作业周期短，动作要求灵活，而这一特点就决定了它转向频繁。同时，随着装载机日趋大型化，完全依靠人力转向是非常困难的，甚至是无法实现的。目前轮式装载机的转向系统基本上和工作装置一样都采取液压驱动。那装载机的液压系统如何保证转向和工作装置的工作呢？

一、装载机液压系统简介

装载机对液压转向系统有以下要求。

① 要实现工作装置铲装、提升、保持和倾卸等动作，要求动臂具有较快的升降速度和良好的低速微调性能，要求具有稳定的转向速度，以便司机方便地掌握操作技术。

② 要求装载机转向灵敏、平稳，具有故障保护措施和安全保护措施。

ZL50型装载机液压系统如图13-1所示，动力元件B、C为两个并联的CB-G型齿轮泵，A为CB-46型齿轮泵。其中，齿轮泵A是工作主泵，B是辅助泵，C是转向泵。执行元件是一对动臂液压油缸、一对转斗液压油缸、一对转向液压油缸。

ZL50型装载机液压系统分为转向系统和工作装置系统。工作装置系统又分为动臂液压油缸工作回路和转斗液压油缸工作回路。溢流阀4为转向系统的安全阀，调定压力为10MPa；溢流阀8为工作装置系统的安全阀，调定压力为15MPa。

二、ZL50型装载机液压系统

ZL50型装载机的液压系统为开式系统。

1. 转向系统

装载机铰接车架的转向由转向液压油缸工作回路实现。装载机要求具有稳定的转向速度，而执行元件的速度取决于供油流量，所以要求进入转向液压油缸的流量稳定。但是，定量泵的流量是随着发动机转速的变化而变化的。发动机在高速时，转向流量过大，将出现转向速度过快的现象；发动机在低速时，转向流量较小，使转向沉重，转向速度缓慢，容易发生事故。

双泵单路稳流阀5能从辅助泵向转向油路补入转向泵所减少的流量，以保证转向流量的稳定。如图13-1所示，双泵单路稳流阀5由单向阀、节流阀和液控换向阀组合而成。节流阀节流前后的压差与通过节流阀的流量有关。通过节流阀的流量越大，节流前后的压差越大。当发动机在低速时，转向泵和辅助泵流量较小，油液通过两个节流孔产生的压差较小，不足以克服阀芯右端的弹簧力，阀芯位于最右端，液控换向阀处于右位工作状态，转向泵和辅助泵的流量全部进入转向油路；随着发动机转速的升高，通过两个节流孔的流量增加，使两个节流孔所产生的压差增大，克服弹簧力，使阀芯位于中间位置，液控换向阀中位接通，此时辅助泵的流量分为两部分，分别进入转向油路和工作油路；发动机在高速时，转向泵的流量达到最大，两个节流孔所产生的压差进一步增大，使阀芯移动到左端极限位置，液控换向阀处于左位工作状态，辅助泵的流量全部流向工作油路。因此，双泵单路稳流阀5可以保证在发动机任何转速下转向流量的稳定。

装载机的转向由方向盘操作伺服阀来实现，同时还设置有转向油缸锁紧阀。当伺服阀处于中位时，转向泵卸荷，锁紧阀切断转向油缸的油路。当伺服阀位于左位或右位时，转向油路建立了压力，打开锁紧阀，液压油进入转向油缸，使车架相对偏转，完成转向。

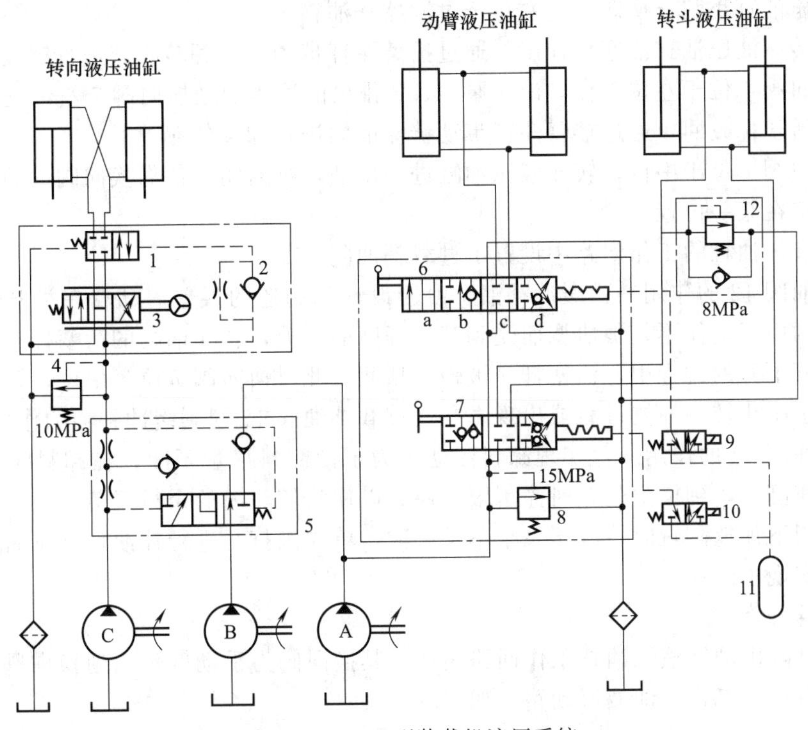

图13-1　ZL50型装载机液压系统

1—锁紧阀；2—单向节流阀；3—转向随动阀；4,8—溢流阀；5—双泵单路稳流阀；6—动臂换向阀；7—转斗换向阀；9,10—电磁换向阀；11—蓄能器；12—过载补油阀

装载机转向时，前车架上的反馈杆随着前、后车架的相对偏转而通过齿轮齿条传动使伺服阀的阀体同向移动，逐渐关闭阀口，停止动作。方向盘停在某一旋转角度时，转向油缸也停在相应的位置上，装载机沿着相应的转向半径运动。只有继续转动方向盘，再次打开伺服阀才能改变转向半径。因此，前、后车架相对转角始终追随着方向盘的角度。

伺服阀的采用使转向灵敏，还可防止换向时系统压力瞬间升高。当伺服阀处于中位时，能够防止装载机直线行驶时转向油缸在外载荷的作用下窜动出现“蛇形”现象，还能防止液压冲击造成的管路损坏而使装载机跑偏。

当转向泵和辅助泵出现故障或者管路发生破损时，锁紧阀在弹簧作用下自动关闭油路，使转向油缸封闭，从而保证装载机不摆头。

为了改善转向性能，锁紧阀的控制油路中设置了单向节流阀。其作用是使锁紧阀快开慢锁。快开的目的是使转向反应迅速、灵敏；慢锁的目的是减少液压冲击，使转向平稳。

2. 工作装置系统

根据装载机作业要求，液压系统应完成下述工作循环：铲斗翻转收起(铲装)→动臂提升锁紧(转运)→铲斗前倾(卸载)→动臂下降。

(1) 铲斗翻转收起与前倾

铲斗的翻转收起与前倾由转斗液压油缸工作回路实现，其换向阀为手动三位六通换向阀7。操纵换向阀7位于右位工作，油液流动路线如下。

进油路：

液压泵A、B→换向阀7右位→转斗液压油缸大腔

回油路：

转斗液压油缸小腔→换向阀7右位→过滤器→油箱

此时，转斗液压油缸活塞杆伸出，通过摇臂斗杆带动铲斗翻转收起进行铲装作业。

操纵换向阀7位于左位工作，液压泵A、B排出的液压油经换向阀7左位进入转斗液压油缸小腔，活塞杆收回，通过摇臂斗杆带动铲斗前倾进行卸载作业。

操纵换向阀7位于中位，转斗液压油缸进、出油口被封闭，依靠换向阀的锁紧作用使铲斗停留并固定在某一位置。

在转斗液压油缸的工作回路中设置了过载补油阀12。

过载补油阀12的作用一：缓冲补油。由于设计和制造的误差，动臂在举升过程中，转斗的连杆机构由于动作不是很协调而受到某种程度的干涉，转斗油缸的活塞杆有被拉出的趋势；而在动臂下降的过程中，活塞杆又被强行顶回。此时换向阀7位于中位，转斗油缸的油路不通。为了防止转斗油缸过载或出现真空，过载补油阀12起到缓冲补油的作用。

过载补油阀12的作用二：实现卸料浮动。为了使卸料尽量干净，在卸料时应让铲斗靠自重自由快速翻转，到极限位置时撞击限位块，以便将铲斗内的余料振落。当铲斗越过铰支点在重力作用下加速翻转时，液压泵来不及供油，单向阀打开进行补油，铲斗油缸小腔也与油箱相通，实现了浮动。

(2) 动臂升降

动臂的升降由动臂液压油缸工作回路实现，其换向阀为手动四位六通换向阀6。操纵换向阀6位于右一位工作，油液流动路线如下。

进油路：

液压泵A、B→换向阀6右一位→动臂液压油缸大腔

回油路：

动臂液压油缸小腔→换向阀6右一位→过滤器→油箱

此时，动臂液压油缸活塞杆伸出，推动动臂上升。

动臂提升至转运位置时，操纵换向阀6位于右二位工作，动臂油缸进、出油口被封闭，使动臂固定以便转运。此时工作泵卸荷。

铲斗前倾卸载后，操纵换向阀6位于左二位工作，油液流动路线如下。

进油路：

液压泵A、B→换向阀6左二位→动臂液压油缸小腔

回油路：

动臂液压油缸大腔→换向阀 6 左二位→过滤器→油箱

此时，动臂液压油缸活塞杆收回，带动动臂下降。

操纵换向阀 6 位于左一位工作，则工作泵卸荷，动臂油缸处于浮动状态，以便在坚硬的地面上铲取物料或者进行铲推作业，此时工作装置能随地面起伏状况自由浮动。此外，还能实现空斗快随下降，并且在发动机熄火的情况下也能降下铲斗。

采用三泵系统和双泵单路稳流阀，不仅保证了转向流量的稳定，而且在发动机高速时工作泵和辅助泵并联供油，可使装载机动臂实现快速升降。

控制换向阀 6 阀口开度的大小进行节流调速，并通过加速踏板的配合，可实现动臂升降的低速微调。

工作装置油路的换向阀 6 和换向阀 7 配有单向阀，防止工作装置在工作中发生"点头"现象。

在液压回路中，工作装置油路的换向阀 6 和换向阀 7 的连通方式为串并联。这种连接方式具有互锁功能，可以防止误操作。转斗换向阀 7 离开中位即切断动臂换向阀 6 的油路。要使动臂液压油缸动作必须使转斗换向阀 7 回复中位。因此，动臂与铲斗不能进行复合动作，各液压油缸推力较大。

装载机作业时，司机只需要操作一根操纵杆即可适应各种作业方式，特别是采用配合铲掘法作业的需要。操作时，左手握着方向盘，右手先把动臂换向阀 6 推至举升位置，扳动转斗换向阀操作杆即可实现转斗操作；转斗阀杆回到中位，则举升动臂；反复扳动转斗阀杆，即可实现转斗和提升的交替动作，工作装置能产生"鱼尾式"摆动的协调动作，减少作业的阻力，提高生产率。

(3) 自动限位和复位装置

为了提高生产率，减少能量损失，应避免油缸活塞杆伸缩到极限位置时造成安全阀频繁打开溢流。为此，系统设置有自动限位和复位装置，以实现工作中铲斗自动放平和动臂举升自动限位动作。在动臂后铰点处和转斗液压油缸处装有自动复位行程开关。当动臂举升至最高位置或铲斗随动臂下降到与停机面正好水平的位置时，行程开关碰到触点，电磁阀 9 或 10 通电动作，蓄能器内的压缩空气推动换向阀回到中位，油缸停止动作。当行程开关离开触点时，电磁阀回位，换向阀内的压缩空气从放气孔排出。自动限位和复位装置使安全阀很少发生溢流，大大降低了能量损失。

单元习题

1. ZL50 装载机液压系统怎样保证转向油路流量的稳定？

2. ZL50 装载机转向油路中锁紧阀的作用是什么？锁紧阀的控制油路中单向节流阀的作用是什么？

3. 工作装置换向阀的油路连接形式是什么？具有什么特点？

4. 转斗液压油缸油路中为什么要设置过载补油阀？

5. 简单分析 ZL50 装载机的液压系统。

单元十四　沃尔沃 EC55B 挖掘机液压系统

单元导入

小型挖掘机通用性高，利用面广，可在市区住宅区的建筑物旁、道路旁等狭窄场所进行小型土方工程和铺设小孔径管道工程等施工，逐步成为城市施工中具有代表性的施工机械。小型液压挖掘机带有多种可换工作装置，以达到一机多用的目的，在农业土方工程、果园、庭院建设等领域都可使用。小型挖掘机的工作装置多，液压系统是如何实现多个装置复合动作的供油呢？

一、EC55B 挖掘机系统简介

小型挖掘机的液压系统可以实现动臂的升降等动作。小型挖掘机对液压系统有以下要求：工作装置动作灵敏，操作方便；效率高；行走灵活，可控性强；能实现行走和斗杆收回等复合动作。

EC55B 挖掘机液压系统的动力元件液压泵组由四台液压泵组成，其中先导泵 P4 为齿轮泵，工作压力为 3.3MPa；工作泵 P1 和 P2 为轴向柱塞泵，工作压力为 21MPa，工作泵 P3 为齿轮泵，工作压力为 21MPa。执行元件主要包括动臂液压油缸、斗杆液压油缸、铲斗液压油缸、推土铲液压油缸、动臂偏置液压油缸（选装）、回转马达和行走马达。

EC55B 挖掘机的控制元件包括先导控制手柄和主控制阀。

图 14-1　EC55B 挖掘机主控制阀

先导控制手柄包括左操作手柄（控制斗杆和回转动作）、右操作手柄（控制动臂和铲斗动作）、推土铲操作手柄（控制推土铲的升降）及控制行走的行走手柄等。

EC55B 主控制阀如图 14-1 所示。主控阀主要包括回转控制阀、推土铲控制阀、动臂偏置控制阀、合流阀、斗杆控制 1 阀、动臂控制 2 阀、左行走控制阀、右行走控制阀、动臂控制 1 阀、铲斗控制阀和斗杆控制 2 阀。

二、EC55B 挖掘机液压系统

图 14-2 所示为沃尔沃 EC55B 挖掘机液压系统，为开式系统。

1. 先导系统

为了防止误操作，挖掘机有安全操作杆，当挖掘机停止工作时，操作杆垂直放置，此时安全电磁阀 A1 下位工作，先导系统无液压油，整机无动作。

当上车扳动安全操纵杆至水平位置时，电磁阀 A1 上位工作，P4 泵中的先导油液经过电磁阀 A1 到达液压阀块 41 的 A1 油口，然后通过 41-A1′、41-A2′、41-A3′和 41-A3 分别进入左操作手柄 11、右操作手柄 17、推土铲操作手柄 12 和行走装置锁紧缸 42 为先导系统供油。

2. 动臂升降

(1) 动臂举升

操作右操作手柄 17，来自先导阀的次级先导液压油流向油口 a3 和 b6。到主控制阀先导液压油口 a3 的先导液压油向上移动动臂控制阀 1，动臂控制阀 1 处于下位；到主控制阀先导液压油口 b6 的先导液压油向下移动动臂控制阀 2，动臂控制阀 2 处于上位。油液流动路线如下。

进油路：

液压泵 P1→动臂控制阀 1 下位→动臂保持阀 40→动臂液压油缸 4 大腔

液压泵 P2→动臂控制阀 2 上位→动臂保持阀 40→动臂液压油缸 4 大腔

回油路：

动臂液压油缸 4 小腔→动臂控制阀 1 下位→过滤器→油箱

此时 P1 和 P2 泵合流，活塞杆伸出，提升动臂。

(2) 动臂下降

操作右操作手柄 17，来自先导阀的次级先导液压油流向油口 b3 和 Pi2。到动臂保持阀 40 的单向阀的先导液压油经 Pi2 推动单向球阀，使截流的压力油通过泄油管 Dr 卸掉，动臂保持阀 40 打开；到主控制阀先导液压油口 b3 的先导液压油向下移动动臂控制阀 1，动臂控制阀 1 处于上位工作。油液流动路线如下。

进油路：

液压泵 P1→动臂控制阀 1 上位→动臂液压油缸 4 小腔

回油路：

动臂液压油缸 4 大腔→动臂保持阀 40→动臂控制阀 1 上位→过滤器→油箱

此时活塞杆收回，动臂下降。

3. 斗杆收回和伸出

(1) 斗杆收回

操作左操作手柄 11，来自先导阀的次级先导液压油流向油口 b1 和 b7。到主控制阀先导液压油口 b1 的先导液压油向下移动斗杆控制阀 2，斗杆控制阀 2 处于上位工作；到主控制阀先导液压油口 b7 的先导液压油向下移动斗杆控制阀 1，斗杆控制阀 1 处于上位工作。油液流动路线如下。

进油路：

液压泵 P1→斗杆控制阀 2 上位→斗杆液压油缸 5 大腔

液压泵 P2→斗杆控制阀 1 上位→斗杆液压油缸 5 大腔

回油路：

斗杆液压油缸 5 小腔→斗杆控制阀 1 上位→过滤器→油箱

此时斗杆液压油缸 5 活塞杆侧的回油流经斗杆控制阀 1，单向阀 20 和斗杆控制阀 1 中的小孔限制了回油，斗杆控制阀 1 内部的单向阀满足条件后实现再生功能，使斗杆回收时的操作可以平稳进行。

（2）斗杆伸出

操作左操作手柄11，来自先导阀的次级先导液压油流向油口a1和a7。到主控制阀先导液压油口a1的先导液压油向上移动斗杆控制阀2，斗杆控制阀2处于下位工作；到主控制阀先导液压油口a7的先导液压油向上移动斗杆控制阀1，斗杆控制阀1处于下位工作。油液流动路线如下。

进油路：

液压泵P1→斗杆控制2阀下位→单向阀20→斗杆液压油缸5小腔

液压泵P2→斗杆控制1阀下位→斗杆液压油缸5小腔

回油路：

斗杆液压油缸5大腔→斗杆控制1阀下位→过滤器→油箱

此时斗杆液压油缸收回，斗杆伸出。

4. 铲斗翻入和翻出

（1）铲斗翻入

操作右操作手柄17，来自先导阀的次级先导液压油流向油口b2。到主控制阀先导液压油口b2的先导液压油向下移动铲斗控制阀，铲斗控制阀处于上位工作。油液流动路线如下。

进油路：

液压泵P1→铲斗控制阀上位→铲斗液压油缸6大腔

回油路：

铲斗液压油缸6小腔→铲斗控制阀上位→过滤器→油箱

此时铲斗液压油缸伸出，铲斗翻入。

（2）铲斗翻出

操作右操作手柄17，来自先导阀的次级先导液压油流向油口a2。到主控制阀先导液压油口a2的先导液压油向上移动铲斗控制阀，铲斗控制阀处于下位工作。油液流动路线如下。

进油路：

液压泵P1→铲斗控制阀下位→铲斗液压油缸6小腔

回油路：

铲斗液压油缸6大腔→铲斗控制阀下位→过滤器→油箱

此时铲斗液压油缸收回，铲斗翻出。

5. 回转

（1）向右旋转

操作左操作手柄11，来自先导阀的次级先导液压油流向油口a10。到主控制阀先导液压油口a10的先导液压油向上移动回转控制阀，回转控制阀处于下位工作。油液流动路线如下。

进油路：

液压泵P3→回转控制阀下位→回转马达A

回油路：

回转马达B→回转控制阀下位→过滤器→油箱

此时上车架顺时针旋转。

（2）向左旋转

操作左操作手柄11，来自先导阀的次级先导液压油流向油口b10。到主控制阀先导液压油口b10的先导液压油向下移动回转控制阀，回转控制阀上位工作。油液流动路线如下。

进油路：

液压泵 P3→回转控制阀上位→回转马达 B

回油路：

回转马达 A→回转控制阀上位→过滤器→油箱

此时上车架逆时针旋转。

6. 动臂偏置（选装）

(1) 向左转动

操作动臂偏置踏板向左时，动臂偏置控制阀向上移动，动臂偏置控制阀下位工作。油液流动路线如下。

进油路：

液压泵 P3→动臂偏置控制阀下位→动臂偏置液压油缸 7 大腔

回油路：

动臂偏置液压油缸 7 小腔→动臂偏置控制阀下位→过滤器→油箱

此时动臂偏置液压油缸活塞杆伸出，向左旋转挖掘装置。

(2) 向右转动

操作动臂偏置踏板向右时，动臂偏置控制阀向下移动，动臂偏置控制阀上位工作。油液流动路线如下。

进油路：

液压泵 P3→动臂偏置控制阀上位→动臂偏置液压油缸 7 小腔

回油路：

动臂偏置液压油缸 7 大腔→动臂偏置控制阀上位→过滤器→油箱

此时动臂偏置液压油缸活塞杆收回，向右旋转挖掘装置。

7. 行走

(1) 直线前进（后退）

操作行走踏板或操作杆，连接到滑阀的连杆机构向上（下）移动行走滑阀，行走控制阀下（上）位工作。液流动路线如下。

进油路：

液压泵 P1→右行走控制阀下（上）位→右行走马达 8

液压泵 P2→左行走控制阀下（上）位→左行走马达 8

回油路：

右行走马达 8→右行走控制阀下（上）位→过滤器→油箱

左行走马达 8→左行走控制阀下（上）位→过滤器→油箱

此时挖掘机前进（后退）。

(2) 左（右）行走

操作行走踏板或操作杆，机械连杆结构拉动左（右）行走马达的滑阀移动，液压泵 P2 (P1) 的液压油通过左（右）行走控制阀驱动左（右）行走马达转动，实现挖掘机的左（右）行走，也就是右（左）转向。

8. 推土铲升降

(1) 推土铲下降

操作推土铲操作手柄 12，来自先导阀的次级先导液压油流向油口 b9，到主控制阀先导液压油口 b9 的先导液压油向下移动推土铲控制阀，推土铲控制阀上位工作。油液流动路线如下。

进油路：

液压泵 P3→推土铲控制阀上位→双向液压锁 22→推土铲液压油缸 9 大腔

回油路：

推土铲液压油缸 9 小腔→双向液压锁 22→推土铲控制阀上位→过滤器→油箱

此时推土铲油缸伸出，伸展边杆，降低推土铲。

（2）推土铲上升

操作推土铲操作手柄 12，来自先导阀的次级先导液压油流向油口 a9，到主控制阀先导液压油口 a9 的先导液压油向上移动推土铲控制阀，推土铲控制阀下位工作。油液流动路线如下。

进油路：

液压泵 P3→推土铲控制阀下位→双向液压锁 22→推土铲油缸 9 小腔

回油路：

推土铲油缸 9 大腔→双向液压锁 22→推土铲控制阀下位→过滤器→油箱

此时推土铲油缸收回，提升推土铲。

9. 直行和斗杆收回

同时操作左操作手柄和行走踏板或操作杆时，完成复合动作。此时 P1 和 P2 泵的油液全部供给行走马达，P3 泵的油液供给斗杆液压油缸。

操作行走踏板或操作杆，连接到滑阀的连杆机构向上移动行走控制阀，行走控制阀处于下位工作，挖掘机前进。油液流动路线如下。

进油路：

液压泵 P1→右行走控制阀下位→右行走马达 8

液压泵 P2→左行走控制阀下位→左行走马达 8

回油路：

右行走马达 8→右行走控制阀下位→过滤器→油箱

左行走马达 8→左行走控制阀下位→过滤器→油箱

操作左操作手柄 11，来自先导阀的次级先导液压油流向油口 b1 和 b7。到主控制阀先导液压油口 b1 的先导液压油向下移动斗杆控制阀 2，斗杆控制阀 2 处于上位工作；到主控制阀先导液压油口 b7 的先导液压油向下移动斗杆控制阀 1，斗杆控制阀 1 处于上位工作。来自 P1 和 P2 泵的油液无法供应到斗杆油缸，但因为斗杆控制阀和行走控制阀阻断了先导系统的回油通道，端口 Pi1 的压力增加，合流阀芯向上移动，合流阀 32 处于下位工作，油液流动路线如下。

进油路：

液压泵 P3→合流阀 32 下位→斗杆控制阀 1 上位＋斗杆控制阀 2 上位→斗杆液压油缸 5 大腔

回油路：

斗杆液压油缸 5 小腔→斗杆控制阀 1 上位→过滤器→油箱

单元习题

1. 简述 EC55B 挖掘机的主要元件及作用。
2. 分析动臂升降的原理。
3. 合流阀打开的条件是什么？

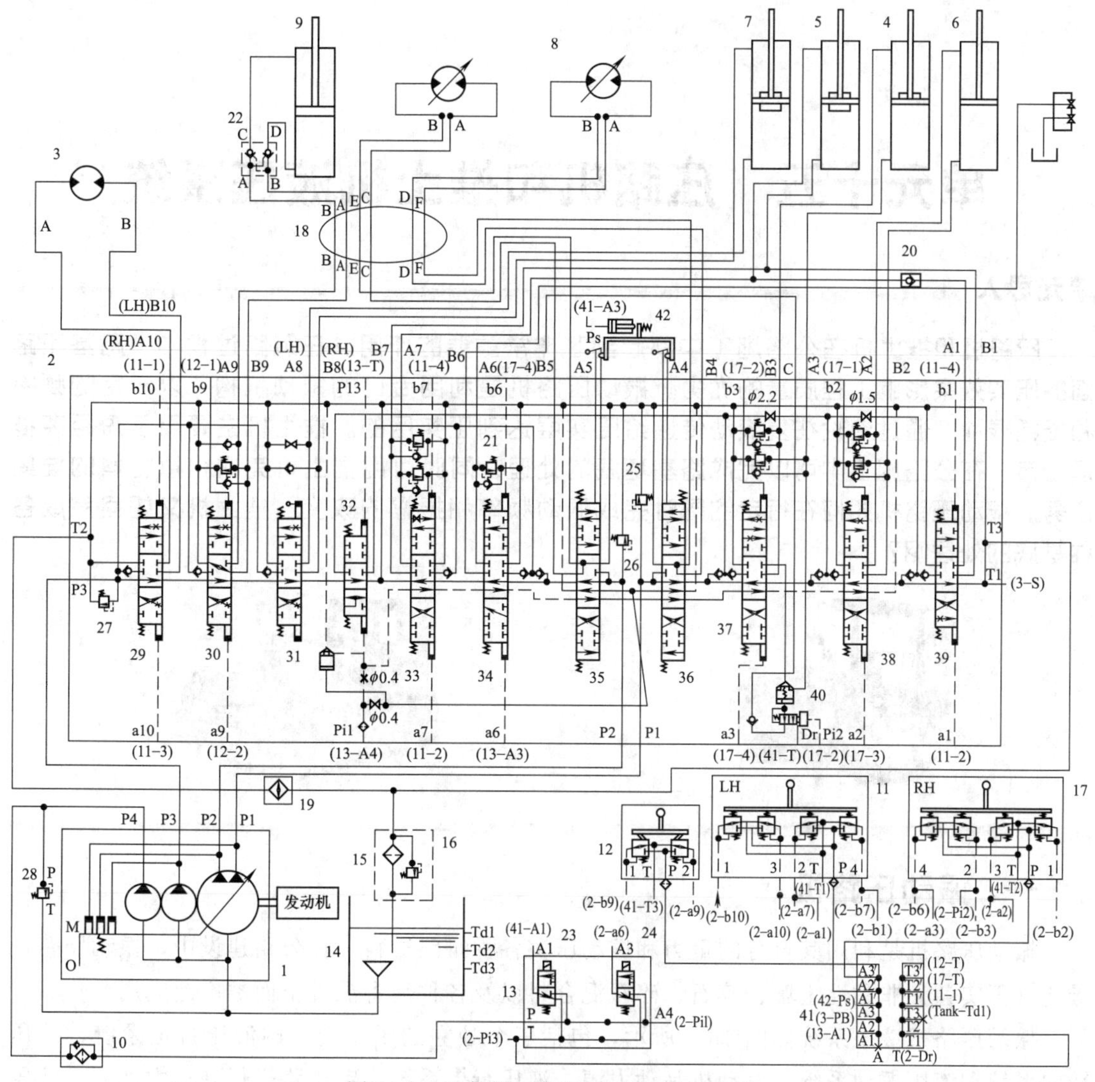

图 14-2　沃尔沃 EC55B 挖掘机液压系统

1—主泵；2—主控制阀；3—回转马达；4—动臂液压油缸；5—斗杆液压油缸；6—铲斗液压油缸；7—动臂偏置液压油缸；8—行走马达；9—推土铲液压油缸；10,15—滤清器；11—左操作手柄；12—推土铲操作手柄；13—电磁阀组；14—油箱；16—旁通阀；17—右操作手柄；18—中央回转接头；19—液压油冷却器；20—单向阀；21—过载溢流阀；22—双向液压锁；23—安全电磁阀；24—液压破碎锤电磁阀；25,26,27,28—溢流阀；29—回转控制阀；30—推土铲控制阀；31—动臂偏置控制阀；32—合流阀；33—斗杆控制阀 1；34—动臂控制阀 2；35—左行走控制阀；36—右行走控制阀；37—动臂控制阀 1；38—铲斗控制阀；39—斗杆控制阀 2；40—动臂保持阀；41—液压阀块；42—行走装置锁紧缸

4．简述动臂保持阀的作用及工作原理。

5．分析直行和斗杆收回的工作原理。

单元十五　压路机和推土机液压系统

单元导入

压路机和推土机在公路施工中都起到了非常重要的作用。在筑路过程中，路基和路面的压实效果影响工程质量的优劣。振动压路机是利用专门的振动机构，以一定的频率和振幅振动，通过滚轮往复滚动传递给压实层达到压实目的。推土机主要用于短距离推运土方，在公路施工中可以完成路基基底的处理，同时可用推土机完成松散材料的堆集任务。振动压路机如何在行走的同时完成振动频率和振幅的改变？推土机又如何完成各种基底的处理呢？

一、振动压路机

振动压路机是利用其自身的重力和振动压实各种筑路材料。在公路建设中，振动压路机最适宜压实各种非黏性土壤、碎石、碎石混合料以及各种沥青混凝土而被广泛应用。

振动压路机液压系统如图 15-1 所示，包括三个独立的子系统，即液压行走系统、液压转向系统和液压振动系统。发动机是动力源，液压行走系统决定压路机行驶动力性能，液压振动系统和振动轮决定压实能力。

1. 液压行走系统

液压行走系统是由双向变量斜盘式柱塞泵 P1 和轴向柱塞马达 2 组成的闭式系统。液压马达经一级减速器、驱动桥和轮边行星减速器驱动车轮行走。柱塞泵 P1 通过手动伺服阀 7 改变斜盘倾角和倾斜方向，从而改变其输出的高压油液的流量和流向，实现容积调速。手动伺服阀 7 的控制油源由补油泵 P4 供给，同时补油泵还可以经单向阀 8 向主油路的回油管路补油。溢流阀 9 为补油泵的安全阀。在液压泵的吸油管上装有滤油精度为 10μm 的滤油器和真空表。主油路的压力由溢流阀 3 调定。液动换向阀 4 始终将回油管路与溢流阀 5 接通，使部分回油冲洗液压马达后流回油箱，在一定程度上对主油路进行散热并排出污染物。

当压路机正常工作时，二位二通转阀 6 处于关闭状态切断进油管路和回油管路；当压路机在某种情况下需要拖行时，打开转阀使马达的两边油路接通，马达可以自由转动。

2. 液压转向系统

压路机转向机构与轮式装载机相似，为铰接转向。液压转向系统由齿轮泵 P2、全液压转向器10、转向油缸11等组成。压路机转向时，方向盘带动转向器中的随动阀，使转向器根据方向盘转过的角度向转向油缸输出相应的流量，通过转向油缸推动前框架绕铰销转动而实现转向。

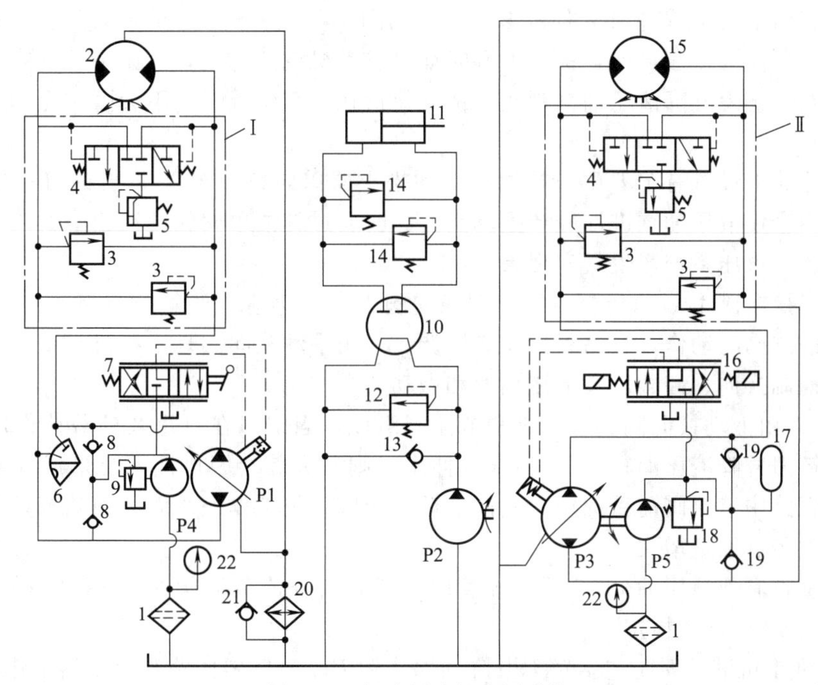

图15-1　振动压路机液压系统

1—精滤器；2,15—液压马达；3,5,9,12,18—溢流阀；4—液动换向阀；6—转阀；7—手动伺服阀；8,13,19,21—单向阀；10—全液压转向器；11—转向油缸；14—缓冲阀；16—电磁伺服阀；17—蓄能器；20—冷却器；22—真空表

3. 液压振动系统

振动液压系统是由变量泵P2和叶片式马达15组成的闭式系统。液压马达带动振动轮内具有偏心质量块的振动轴转动。变量泵P2的流量大小和油液流动方向由电磁伺服阀16控制。改变电磁伺服阀的工作位置时，可改变变量泵的流量和油液流动方向，使振动轴得到不同的转速和转向。当振动轴转速不同时，可通过改变振动轴上偏心质量块的位置，实现低频高振幅和高频低振幅两种工作功能，以满足不同的振实要求。

主油路中阀组Ⅱ的作用和行走系统相同。在振动系统的补油油路中还设有蓄能器17，以补充瞬间的液压泵流量不足，保持压力稳定，使振动和起振平稳。

二、推土机

推土机是一种自行式铲土运输机械，在建筑、筑路、采矿、水利、农业、国防建设方面与石方工程中被广泛应用。可进行铲挖、运土、填平、平地、松土等作业。推土机工作装置——铲刀和松土器的运动较为简单，要求液压系统能实现铲刀升降和松土器升降作业。

D355A推土机液压系统如图15-2所示。其主要动力元件为液压泵2，执行元件有铲刀升降液压油缸15、铲刀垂直倾斜液压油缸17、松土器升降液压油缸16、松土器倾斜液压油缸21。松土器齿杆调整固定液压油缸22和电磁换向阀24的动力源来自变速器。

系统的工作压力由安全阀3调节控制。安全阀11与滤油器10并联，当回油中杂质堵塞滤油器时回油压力增高，阀 11 被打开，油液直接通过阀 11 流回油箱。为了防止松土器因外载荷过大而损坏液压元件，在其油路中设置过载溢流阀 8，当压力超过其调定值时过载溢流阀开启使系统卸荷。

在进油管路上设置有进油单向阀 4、5、6，用以保证在任何工况下压力油不倒流，避免作业装置意外反向动作。例如，铲刀上升时如果发动机突然熄火，液压泵 2 则停止供油，此时单向进油阀使铲刀升降液压油缸锁止，铲刀保持在一定位置上，不会因重力作用突然下落而造成事故。

在回油管路上设置有铲刀单向补油阀 7 和松土器单向补油阀 18。当铲刀和松土器下落时因重力作用会使液压油缸进油腔产生真空，此时通过补油单向阀使油箱中的油液进入液压油缸，从而防止液压系统产生气穴现象。

铲刀升降换向阀 12、松土器升降倾斜换向阀 13、铲刀垂直倾斜换向阀 14 串联连接，可使几个液压油缸同时动作，且易保持动作协调。采用手动换向阀是工程机械中最普通的控制方式，它能控制换向、卸载以及节流调速和微动。

快堕阀 19 由液动换向阀、单向阀和节流阀组成。当铲刀在自重及外载荷作用下超速下降时，牵引铲刀升降液压油缸 15 的活塞杆伸出，则其大腔会因供油不足形成局部真空，此时大腔进油管路中节流阀前后的压力差使液动换向阀下位工作，小腔的回油打开单向阀回流到大腔，使大腔进油量增大。

在铲刀垂直倾斜液压油缸 17 的进油管路上设置有溢流节流阀 20，用以调节其进油量，保持液压油缸 17 的压力恒定。

D355A 推土机液压系统包括铲刀升降回路、铲刀垂直倾斜回路和松土器工作回路。

1. 铲刀升降回路

推土机铲刀的升降由手动换向阀 12 控制。铲刀上升时，操纵换向阀 12 使其左位工作，液压泵输出的液压油经进油单向阀 4 和手动换向阀 12 的左位，进入液压油缸 15 的小腔，大腔回油，活塞杆缩回使铲刀上升。

铲刀下降时，操纵换向阀 12 使其中右位工作，液压泵输出的液压油经手动换向阀 12 的中右位进入液压油缸 15 的大腔，小腔回油，通过快堕阀 19 使活塞杆快速伸出，推动铲刀快速下降。

换向阀 12 处于中位时，铲刀液压油缸进、出油口被封闭，铲刀依靠换向阀的锁紧作用停留固定在某一位置。

换向阀 12 处于右位时，铲刀液压油缸大、小腔油口连通，铲刀液压油缸活塞处于浮动状态，铲刀自由支地，随地形高低浮动推土作业，便于推土机仿形推土或倒行平整地面作业。

2. 铲刀垂直倾斜回路

当推土机推挖冻硬土或者硬土层时，可使铲刀垂直倾斜减小推土角，以便于作业。操纵换向阀 14 使其左位工作，液压泵输出的液压油经换向阀 12、换向阀 13、进油单向阀 6、溢流节流阀 20 及换向阀 14 的左位进入铲刀垂直倾斜液压油缸 17 大腔，小腔回油，则液压油缸 17 活塞杆伸出，带动铲刀垂直倾斜。换向阀 14 右位工作时，铲刀向相反方向倾斜。

3. 松土器工作回路

松土器工作回路用以实现松土器作业。当推土机推挖坚硬的土层或破碎需要返修的路面时，操纵换向阀 13 使其左位工作，液压泵输出的液压油经换向阀 12、换向阀 13 左位和转换阀 25 左位进入松土器升降液压油缸 16 的大腔。液压油缸 16 的活塞杆伸出，松土器插入

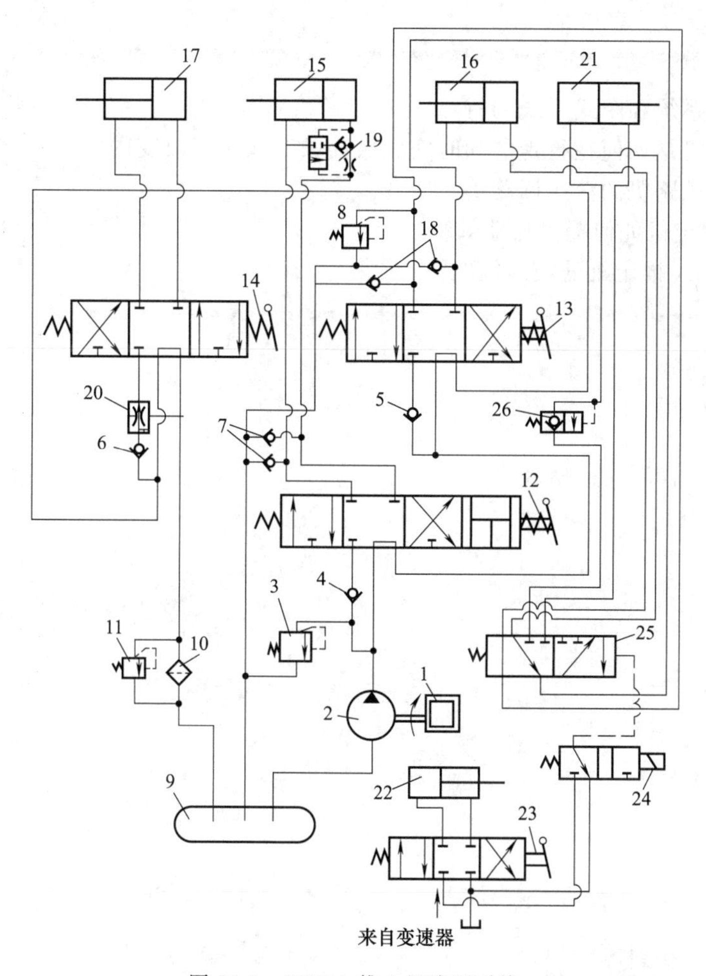

图 15-2　D355A 推土机液压系统

1—柴油机；2—液压泵；3—安全阀；4,5,6—进油单向阀；7—铲刀单向补油阀；8—过载溢流阀；9—油箱；10—滤油器；11—滤油器安全阀；12,23—铲刀升降换向阀；13—松土器升降倾斜换向阀；14—铲刀垂直倾斜换向阀；15—铲刀升降液压油缸；16—松土器升降液压油缸；17—铲刀垂直倾斜液压油缸；18—松土器单向补油阀；19—快堕阀；20—溢流节流阀；21—松土器倾斜液压油缸；22—松土器齿杆调整固定液压油缸；24—电磁换向阀；25—转换阀；26—两位两通液动阀

土层和推土铲刀配合作业，便于进行硬土层的剥离以及破碎冻土。

液动转换阀 25 由电磁换向阀 24 控制。电磁铁通电时，电磁换向阀 24 右位工作，来自变速器的液压油经换向阀 24 的右位，将转换阀 25 的阀芯推到左端，转换阀 25 右位工作，其工作油口与松土器倾斜液压油缸 21 相连接。此时，液压泵输出的液压油经换向阀 12、换向阀 13 左位、转换阀 25 右位及阀 26，进入液压油缸 21 的大腔，其小腔回油，活塞杆伸出。通过松土器倾斜液压油缸 21 活塞杆的伸缩，可微量调整松土角，以提高作业效率。换向阀 13 处于右位时，可实现松土器升降液压油缸 16 或松土器倾斜液压油缸 21 的反向动作。换向阀 13 处于中位时，松土器停留并固定在某一位置。

当配备单齿松土器时，松土齿杆高度的调整也可通过液压操纵实现。它是通过齿杆和齿架固定销上装设的松土器齿杆调整固定液压油缸 22 来实现的。通过操作换向阀 23 可改变齿杆高度。

单元习题

1. 简述开式系统和闭式系统的特点。
2. 振动压路机是如何在行走的同时完成振动频率和振幅改变的?
3. 分析振动压路机的液压回路。
4. D355A 推土机如何提高作业效率?
5. 分析 D355A 推土机的液压回路。

模块五　液压系统的安装使用及维护

模块案例

工程机械常年露天作业，工作条件恶劣，经受风吹、日晒、雨淋，受自然条件的影响较大。液压系统是工程机械的重要组成部分，也是最容易出现故障的系统之一，如何能够充分保障和发挥这些机械的工作效能，减少故障发生次数，延长液压元件的使用寿命呢？当工程机械液压系统出现故障时，怎样能快速排除故障呢？

工程机械液压系统工作性能的保持以及其使用寿命在很大程度上取决于系统的正确安装调试、正确使用与及时维护，因此必须重视液压系统的安装使用与维护问题，掌握安装使用维护技术，使其能长期安全、高效地工作。若其出现故障，依据故障的现象，利用经验和一定的诊断技术，准确、快速地诊断出故障原因及其所在部位，并能够及时排除故障，对加快工程进度、减少经济损失有十分重要的意义。

模块目标

知识目标	能力目标
熟练掌握正确安装与调试液压系统的要点及注意事项	能够正确安装与调试液压系统
熟练掌握设备日常管理和维护的内容	能够正确管理和维护设备
了解液压系统的常见故障现象	能够根据故障现象进行故障诊断并排除故障

单元十六 液压系统的安装与调试

单元导入

液压系统工作性能的保持以及其使用寿命在很大程度上取决于系统的正确安装调试、正确使用与及时维护，因此必须重视液压系统的安装使用与维护问题，掌握安装使用维护技术，使其能长期安全、高效地工作。那么该如何正确地安装与调试液压系统呢？

工程机械工作环境较差，常年露天作业，经受风吹、日晒、雨淋，受环境或自然条件的影响较大，要使一台液压装置正常工作并有足够的使用寿命，必须正确地安装和调试，合理地使用和维护，才能防止系统出现故障。

一、液压系统的安装

液压系统的安装，就是用油管、接头或者液压集成块将系统的各元件或单元连接起来组成回路。液压系统安装是否安全可靠、整齐合理，对液压系统的工作性能有很大的影响，因此必须重视，认真做好各项工作。

1. 安装准备

安装前必须熟悉相关技术资料，全面地了解机械各部分的组成和作用，为液压系统的安装做好技术准备。

同时还要准备好适用的通用工具和专用工具。在安装前，待装配的液压元件必须经过严格清洗，去除有害于工作液的防锈剂和一切污物。允许用煤油、汽油以及与液压系统同牌号的液压油清洗。清洗后的元件不能用易脱落纤维的棉、麻、化纤织品擦拭，也不能用“皮老虎”鼓风，必要时允许用清洁、干燥的压缩空气吹干零件。对清洗好暂不装配的零件应妥善保存。装配时不得漏装、错装，严禁硬装、硬拧，必要时可使用木锤、铜锤或橡胶锤敲打。已装配好的液压件的进、出油口要用塑料塞堵住，以防脏物侵入。液压元件和油管各油口所有的堵头、塑料塞子等在安装过程中逐步拆除，而不要先行卸掉，防止污物从油口进入液压元件内部。

2. 液压元件的安装

（1）液压泵的安装

液压泵安装不当会引起振动和噪声，影响其工作性能，降低其使用寿命，为此液压泵安装时应注意以下事项。

① 液压泵的安装位置，应以方便使用与维修为准。

② 泵的支座或法兰和电机应有共同的安装基础。基础、法兰或支座都必须有足够的刚度。在底座下面及法兰和支架之间装上橡胶隔振垫，以降低噪声。

③ 液压泵一般不允许承受径向负载，因此常用电机直接通过弹性联轴器来传动。安装联轴器时，不要用力敲打液压泵轴，以免损伤液压泵的转子。

④ 液压泵及其传动部件要求有较高的同轴度，即使使用挠性联轴器，安装时也要尽量

同轴。一般情况，必须保证同轴度在0.1mm以下，倾斜角不得大于1°，以避免增加泵轴的额外负载并引起噪声。

⑤ 液压泵的进、出油口和旋转方向，一般在液压泵上均有标明，不得接反。

⑥ 要拧紧进、出油口管接头连接螺钉，保证进、出油口密封装置可靠，以免引起吸空、漏油，影响泵的工作性能。

⑦ 对于安装在油箱上的自吸泵，通常泵中心至油箱液面的距离应小于500mm；个别无自吸能力的泵则需另设辅助泵供油；对于安装在油箱下面或旁边的泵，为了便于检修，吸入管道上应安装截止阀。

⑧ 在齿轮泵和叶片泵的吸入管道上可装粗过滤器，但在柱塞泵的吸入口一般不装过滤器。

（2）液压油缸的安装

液压油缸的安装应牢固可靠，配管连接不得有松弛现象，缸的安装面与活塞的滑动面应保持足够的平行度和垂直度。安装液压油缸应注意以下事项。

① 对于脚座固定式的移动缸的中心轴线应与负载作用力的中线同轴，以避免引起侧向力，导致密封件或活塞杆的磨损或损坏。对移动物体的液压油缸安装时，应使缸与移动物体在导轨面上的运动方向保持平行，其平行度误差一般不大于0.05mm/m。

② 用底座安装时，前端底座必须用定位螺钉或定位销，后端底座则用较松的螺孔，以允许液压油缸受热时，缸筒能伸缩。底座安装平面尽可能与液压油缸轴线平行；如果液压油缸的轴线较高，离开支承面较大时，底座螺钉及底座应能承受倾覆力矩的作用。

③ 大直径、行程在2～2.5m以上的大行程液压油缸，在安装时必须安装活塞杆的导向支承环和缸筒本身的中间支座，以防活塞杆和缸筒的挠曲，否则，轻则会产生缸体与活塞杆、活塞杆与导向套之间的间隙不均匀，造成滑动面不均匀磨损和拉伤，使液压油缸出现内泄或外泄，重则使液压油缸不能正常运动。

④ 在行程大和工作油温高的场合。液压油缸的一端必须保持浮动，以防止热膨胀的影响。

⑤ 密封圈不宜装得太紧，特别是U形密封圈，阻力特别大，如装得太紧，不但使液压元件不好装配，而且容易引起密封圈损坏。

⑥ 安装液压油缸缸体的密封压盖螺钉，其拧紧程度以保证活塞在全行程上移动灵活，无阻滞和轻重不均匀的现象为宜。螺钉拧得过紧会增加阻力，加速磨损；过松会引起漏油。

⑦ 有排气阀或排气螺塞的液压油缸，必须将排气阀或排气螺塞安装在最高点，以便排除空气。

（3）液压控制阀的安装

液压控制阀在安装时应注意各阀类元件油口的方位，各油口的位置不能接反和接错。为了避免空气进入阀内，连接处应保证密封良好，同时各油口处的密封圈在安装后应有一定的预压缩量以防泄漏；固定螺钉应对角逐次均匀拧紧，最后使元件的安装平面与底板或集成块安装平面全部接触。液压控制阀安装时还应注意以下事项。

① 如果阀类的安装位置无特殊规定，应安装在方便使用、维修的位置；一般方向控制阀应保持轴线水平安装。

② 用法兰安装的阀件，螺钉不宜拧得过紧，因为有时过紧反而会造成密封不良。必须拧紧而又不能满足密封要求时，应更换密封件的形式或材料。

③ 有些阀件为了制造、安装方便，往往开有相同作用的两个孔，安装后不用的一个要

堵死。

④ 需要调整的阀类，通常按顺时针方向旋转增加流量或压力，逆时针方向旋转减少流量或压力。

⑤ 在安装时，若有些阀件及连接件购置不到，允许用通过流量超过其额定流量40%的液压阀件代用。

（4）辅助元件的安装

液压系统的辅助元件包括油管、管接头、滤油器、蓄能器、冷却和加热器、密封装置以及压力表、压力表开关等。辅助元件在液压系统中虽是起辅助作用的，但在安装时也丝毫不容忽视，否则也会造成液压系统不能正常工作。

① 管路的安装　管路的选择是否合理，安装是否正确，清洗是否干净，对系统的工作性能将有很大的影响。

a. 安装前，首先要根据系统的压力、流量以及工作介质、使用环境和元件与管接头的要求，合理选择管路的口径、壁厚和材质，同时要求管道必须有足够的强度，内壁光滑、清洁、无砂、无锈蚀等缺陷。

b. 安装前要彻底清理管道内的粉尘及杂物，保持油管畅通无阻。

c. 连接油管时要充分注意密封，防止漏油，尤其注意接头及焊接处的密封情况。

d. 油管管路应尽量平行布置，减少交叉，力求最短，弯曲最少，平行及交叉的管道间距应至少在10mm以上，并考虑到能自由拆装。

e. 吸油管安装时应尽量短，弯曲少，管径不能太细，防止吸油阻力太大，产生过大压力损失、延时、振动、吸空、汽蚀现象等；吸油管应连接紧密，不得漏气，以免泵在工作时吸进空气，导致系统产生噪声，以致无法吸油，因此最好在泵的吸油口处采用密封胶与吸油管相连；对于泵的吸程高度，各种泵的要求有所不同，但一般不超过0.5m。

f. 执行机构的主回油管应伸到油箱油面以下，防止油飞溅混入气泡；溢流阀的回油管不允许和泵的进油口直接连通，避免油温上升过快，同时回油管应切出朝向油箱壁的45°斜口。

g. 压力油管的安装位置尽量靠近设备和基础，同时又要便于支管的连接和检修。为了防止压力油管振动，应将管路安装在牢固的地方，在振动的地方要加阻尼来消振，或将弹性材料（如硬橡胶）做的衬垫装在管夹上，使管路与金属件不直接接触。

h. 安装软管时避免急转弯，要有一定的弯曲半径，长度应有一定的余量，不允许有扭曲现象，不应与其他管路接触，且应远离热源或者安装隔热板。软管过长或承受急剧振动的情况下宜用夹子夹牢，但在高压下使用的软管应尽量少用夹子，因软管受压变形，在夹子处会产生摩擦能量损失。

i. 配管时还应考虑管路的整齐美观以及安装、使用和维护工作的方便性。此外，还要对选好的管路外观和内部腐蚀情况进行检查，如果发现管路内外侧有明显腐蚀或变色、管路被切割、壁内有小孔、管路表面凹陷严重等情况不能再使用。特别是长期存放的管件，如果内部腐蚀严重，还应用酸清洗干净，再检查其耐用度，合格后才能进行安装。

j. 全部管路应分为两次安装，即：预安装→耐压试验→拆散→酸洗→正式安装→循环冲洗→组成系统。要先准确下料和弯制进行配管试装，合适后将油管拆下，用温度为50℃左右的10%～20%的稀盐酸溶液清洗30～40min，取出后再用40℃左右的苏打水中和，最后用温水清洗，干燥，涂油，转入正式安装。全部管路安装后，必须对油路、油箱进行清洗，使之能进行正常的工作循环。

② 其他元件的安装　辅助元件安装主要注意下述几点事项。

a. 安装前应用煤油进行清洗、检查。

b. 应严格按照设计要求的位置进行安装，并注意整齐、美观。

c. 在符合设计要求的情况下，尽可能考虑使用、维修方便。如蓄能器应安装在易用气瓶充气的地方，过滤器应尽量安装在易于拆卸、检查的位置等。

d. 油箱应仔细清洗，用压缩空气干燥后，再用煤油检查焊缝质量。

3. 装配中液压系统的清洗

清洗是减少液压系统故障的重要措施。一般情况下，新元件出厂时都已清洗检验过，安装时，只需对检修、加工装配的部位进行清洗。

液压系统的清洗分为一次清洗和二次清洗。

（1）一次清洗——分解清洗

一次清洗是在预安装（试装配管）后将管道及元件全部拆下解体清洗。一次清洗的主要要求是把金属毛刺及粉末、砂粒、灰尘、油渍、漆涂料、氧化皮、棉纱及胶粒等污物全部清洗干净，否则不能正式安装。

一次清洗合格后，才能正式安装进行二次清洗。

（2）二次清洗——系统冲洗

二次清洗是在正式安装连成清洗回路后进行的系统内部循环清洗。二次清洗的目的是把正式安装后管道残存的污物（如砂粒、金属粉末）及不同品质的清洗油和防锈油等冲洗干净。

二次清洗的步骤和方法如下。

① 清洗准备

a. 选择清洗油：当系统管路、油箱较干净时，可选用与工作油液相同黏度的清洗油；如系统内不干净，可选用黏度稍低的清洗油清洗。清洗油应与系统工作介质、所有密封件的材质相容。清洗油用量通常为油箱标准油量的60%～70%，在注入清洗油前要把油箱清洗干净。

b. 安装过滤器：在清洗回路中，进油口安装50～100mm的粗过滤器，回油口安装10～50mm的精过滤器。

c. 加热装置的准备：热油能使系统内附着物容易游离脱落，一般需加热至50～60℃，故应准备加热装置。

② 第二次清洗　清洗前先把溢流阀进油管路断开，液压油缸进、出口隔开，在主油路上连成临时回路。较复杂的液压系统可以分解成几个部分清洗。

a. 应使液压泵间歇运转：为使清洗效果好，应使液压泵转转停停。在清洗过程中应用木锤轻轻敲击油管数次，以促使污物尽快脱落，管路的弯曲和焊接部位要多锤击，但不可用力过猛，以防损坏油管，锤击时间占清洗时间的15%。

b. 开始时粗滤，冲洗一段时间后逐步改用网眼细的过滤器，进行分次过滤。开始时每隔半小时拆开过滤器清理一次，然后视情况逐步改用网眼细的过滤器并延长清理时间间隔，一般整车液压系统的清洗时间为8h。

c. 确保清洗液流动为紊流状态：为了有效地清洗，清洗液流动必须为紊流状态，即保证雷诺数在4000以上才能确保清洗效果好。否则，清洗液应增加流量，升高温度，降低黏度。小流量室温下清洗，一般效果较差。

d. 排净清洗油：清洗终了应将清洗油排除干净，包括泵、阀、管路及油冷却器内存油，可松开管路排油后并用压缩空气吹扫，或加入工作油液带走清洗油。

清洗时间根据系统的复杂程度、污染程度、过滤精度要求等确定。

二次清洗结束后，泵应在油液温度降低后停止运转，以免外界湿气引起锈蚀。油箱内的清洗油应全部清除干净，不得有清洗油残留在油箱内。同时按前述清洗方法将油箱再洗一次。经检查二次清洗符合要求后，方可转入试车程序。

二、液压系统的调试

调试工作对于液压机械能否按设计要求正常工作，发挥最大功效起着决定性的作用。如果调试不当或有误，可能使液压机械长期在非理想状态下运行，甚至在错误技术条件下运行，液压机械就会频发故障。不管是新制造的液压机械，还是大修过的液压机械，在安装合格后，都必须进行认真调试，使其运转正常，才能投入生产使用。

1. 液压系统调试的目的

正确调试液压系统，使其在正常运转状态下能够满足生产工艺对设备提出的各项要求，并达到设计的最大生产能力。具体来说，调试应达到以下目的。

① 检查发现设计、制造、安装中存在的不足与缺陷，并及时修改纠正。

② 调节液压系统中的各元件、回路在液压系统中的各种参数以及它们之间的相互匹配、连接顺序等，主要是检查回路的漏油和耐压情况。

③ 测定系统的功率损失和油温升高是否有碍于设备的正常运转，否则采取措施加以解决。

④ 检验力（力矩）、速度和行程的可调性以及操纵方面的可靠性，否则应予校正。

⑤ 调试各种液压信号、电信号以及仪表的灵敏度、准确度、可靠性等，保证系统的安全可靠。

⑥ 专家带队进行调试，可以培训工程技术人员和操作、维修技术工人。

⑦ 液压系统的调试应有书面记载，经过校准手续，纳入设备技术档案，作为日后诊断排除液压系统故障的参考资料，也是该设备投产使用和维修保养的原始技术依据。

2. 调试前的准备工作

（1）技术准备

液压系统调试前，应熟悉被调试设备。仔细阅读设备使用说明书等技术资料，全面了解被调试设备的用途、性能、结构、原理、操作方法等，明确机、电、液、气等方面的联系，熟悉液压元件在设备上的安装位置、作用、性能、结构原理及调整方法，所要调整的元件的操作方法和调节旋钮的旋向等。在考虑上述内容的基础上确定具体的调试内容、步骤及调试方法，准备好调试工具、仪表和补接测试管路，制定安全技术措施，以避免人身安全和设备事故的发生。

（2）检查

调试前做好必要的检查，可避免许多故障的发生。

① 各个液压元件的安装及其管道连接是否正确、牢固可靠。例如，各阀的进油口及回油口是否搞错，液压泵的入口、出口和旋转方向与泵上标明的是否相符合等。

② 防止切屑、冷却液、磨粒、灰尘及其他杂质落入油箱，各个液压部件的防护装置是否具备和完好可靠。

③ 油箱中的油液牌号及液面高度是否符合要求。向液压泵内注入液压油，并用手转动液压泵，按指定转向旋转，使泵内充满液压油，避免液压泵启动时因缺少润滑油而烧伤或咬死。

④ 系统中各液压部件、管道和管接头位置是否便于安装、调节、检查和修理；观察用的压力表等仪表是否安装在便于观察的地方；各控制手柄是否在关闭或卸荷位置。

待各处按要求调整好后，方可进行调试。

3. 调试内容

液压系统调试的主要内容有单项调试、空载调试和负载调试等。

（1）单项调试

主要包括各元件、各回路职能、系统压力调试和流量（速度）调试，这些调试和整个系统的调试一般穿插进行，不能截然分开。

① 系统压力调试　如果系统中有分支油路，则压力调试应从主溢流阀开始，然后再顺序调整各分支油路的压力控制阀，调定后锁紧。

系统压力调试应注意下面几个问题。

a. 溢流阀的调定压力一般比最大负载时的工作压力大10％～15％。

b. 调节双联泵的卸荷阀，应使其比快速行程所需要的实际压力大15％～20％。

c. 液压泵的卸荷压力一般应控制在0.2～0.3MPa以下，为了运动平稳性而在回路里增设的背压阀背压一般控制在0.3～0.5MPa。

d. 调整每个分支油路中的减压阀，使其出口的压力达到规定值，并观察压力是否稳定。

e. 调整顺序阀，使其调定压力比先动作的执行机构的工作压力大0.5～0.8MPa。

f. 系统中蓄能器的压力调定值应和它所控制的执行机构工作压力值一致。

② 系统流量调试　流量的调试也就是对执行机构的速度进行调试，使之达到设计要求。

a. 马达转速的调试：调试之前，应先把马达和工作机构脱开，空载调试。先点动，再从低速到高速逐步调试，注意检查马达壳体温升和噪声是否正常。空载正常后，再和工作机构连接，从低速到高速负载调试，特别注意观察低速时有无爬行现象，如有则要检查润滑、排气或其他装置是否存在干扰。

b. 液压油缸的速度调试：速度调试应在正常油压和油温下进行，并按顺序逐个回路进行调试，在调试某个回路时，其余回路应处于关闭状态。调试之前应调好各个有相对运动的配合副之间的运动间隙，并打开液压油缸的排气阀，以排除缸内空气。如果没有排气阀，应适当放松回油腔的管接头，使液压油缸来回运动数次，见到油液从螺纹连接处溢出后再拧紧。调速过程中应同时调整缓冲装置，以保证运动机构运动安全平稳。调试完毕后再调试各液压油缸的行程位置、动作顺序、安全锁紧装置，各指标都达到设计要求后才能进行试运转。

（2）空载调试

空载调试是指在不带负载运转的条件下，全面检查液压系统的各液压元件，各种辅助装置和系统内各回路的工作是否正常，工作循环或各种动作的自动换接是否符合要求。空载调试的方法与步骤如下。

① 间歇启动液压泵，使整个系统得到充分润滑，使泵在卸荷状态下运转（如将开停阀放在“停止”位置；或溢流阀旋松；或M型换向阀处于中位等），检查液压泵卸荷压力的大小是否在允许的数值内，观察泵的运转是否正常，有无异常噪声，检查油箱中的液面是否有泡沫，液面高度是否在规定的范围内等。一般运转开始要点动三至五次，每次点动时间可逐渐延长，直到使液压泵在额定转速下运转。

② 使系统在无负载状况下运转。首先使运动部件停止运动（如用挡铁顶死液压油缸或将液压马达输出轴固定或用其他方法使运动部件停止），调节溢流阀，使其达到规定压力值，并检查在调节过程中有无异常现象：其次在无负载状态下使液压油缸以最大行程多次往复运动或使马达转动，打开系统的排气阀，排除积存的空气；检查安全防护装置（如安全阀、压力继电器等）工作的正确性和可靠性，从压力表上观察各油路的压力，并调整安全防护装置的压力值在规定范围内；检查各元件及管道有无泄漏等。空载运行一段时间后，再次检查油

箱液面高度，防止由于油液进入管道、阀及液压油缸等部件而造成的由于液面过低而引起的过滤网外露、机构润滑不充分而发出噪声等现象，适当补充油液。对于液压机构和管道容量较大而油箱偏小的机械设备，这个问题特别要引起重视。

③ 与电器配合，调整自动工作循环或动作循环，检查各动作的协调和顺序是否正确，检查启动、换向和速度换接时运动的平稳性，不应有爬行、跳动和冲击现象。

④ 系统运行一段时间后（一般为 30min），检查系统油液温升是否在规定范围内（一般为 35～60℃）。

空载调试后，便可进行负载调试。

（3）负载调试

负载调试的目的主要是检验系统能否按设计要求在预定的负载下正常工作，并检查在负载状态下系统的噪声、振动、油液的温升，检查各运动换接时是否平稳，有无冲击、跳动、爬行等现象。

① 负载调试应分段加载，不要一次达到试验压力，每加载一次，必须检查一次。运转时间一般不少于 4h，分别测出有关资料并进行记录。这样可以避免出现设备损坏或人员的安全事故。

② 调试压力为常压的 2 倍或为最大工作压力的 1.5 倍；在冲击大或压力变化剧烈的回路中，其调试压力应大于尖峰压力；对于橡胶软管，在 2～3 倍的常压下应无异常，在 3～5 倍的常压下应不破坏。

③ 在向液压系统供液时，应将系统有关的放气阀打开，待其空气排除干净后，方可关闭（当有油液从阀中喷出时，确认空气已排除干净），同时将节流阀打开。

④ 液压系统若出现不正常响声时，应立即停止调试，彻底检查。待查出原因并消除响声后，再进行调试。

⑤ 在进行调试过程中，应采取必要的安全措施。

校企链接

如图 16-1 所示，液压系统安装及调试注意事项还包括如下内容。

① 减少油液的泄漏：油品在水中和沉淀物中的降解速度会减慢，1L 油可以污染上百万升的水。

② 油品接触对健康的危害：吸入或摄取油品是危险的，油品会导致眼睛或黏膜损伤。在进行维修保养工作之前，关闭发动机，释放系统压力。

③ 与油品接触后的治疗：与液压油的接触后，必须联系医生，寻求帮助。油进入眼睛会产生灼痛，必须用大量的清水清洗眼部。

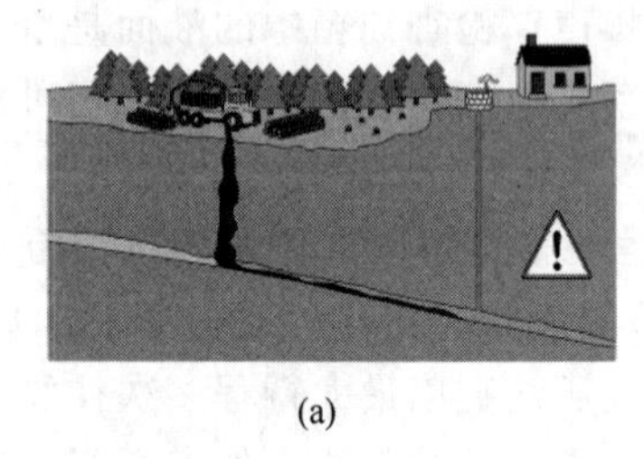
(a)

(b)

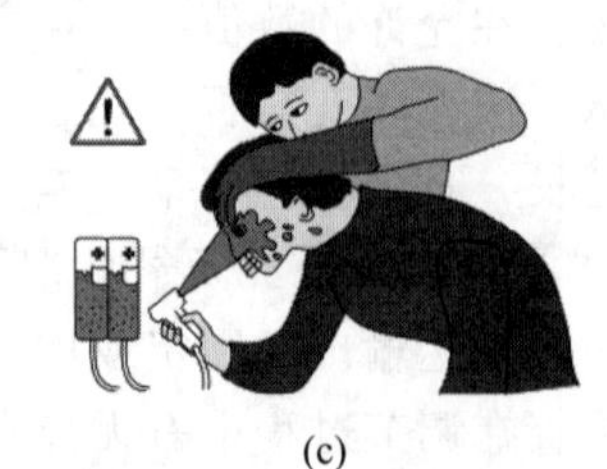
(c)

图 16-1　液压系统安装及使用注意事项

单元习题

一、填空

1. 液压系统调试的主要内容有__________、__________和__________等。

2. 液压系统允许用__________、____________和________________清洗。

3. 液压系统使用过程中应注意四方面的问题：____________；____________；____________和____________。

4. 对于安装在油箱的自吸泵，通常泵中心至油箱的距离应小于__________；对于安装在油箱下面或旁边的泵，为了便于检修，吸入管道上应安装__________。

5. 一般整车液压系统的清洗时间为__________。

6. 清洗液流动必须成为紊流状态，即保证雷诺数在__________以上才能确保清洗效果好。

7. 清洗完成后泵、阀、管路及油冷却器内的存油排除后用__________吹扫，或加入__________带走清洗油。

8. 清洗油温需加热至__________℃。

二、判断

1. 有排气阀或排气螺塞的液压油缸，无需将排气阀或排气螺塞安装在最高点就可以排除空气。（　　）

2. 有些阀件为了制造、安装方便，往往开有相同作用的两个孔，安装后不用的一个要堵死。（　　）

3. 需要调整的阀类，通常按逆时针方向旋转增加流量或压力，顺时针方向旋转减少流量或压力。（　　）

4. 向液压泵内注入液压油，并用手转动液压泵，按指定转向旋转，使泵内充满液压油，避免液压泵启动时因缺少润滑油而烧伤或咬死。（　　）

5. 液压马达在调试之前，应先把马达和工作机构脱开，空载调试。先点动，再从低速到高速逐步调试，注意检查马达壳体温升和噪声是否正常。（　　）

6. 清洗油用量通常为油箱标准油量的80%～90%，在注入清洗油前要把油箱清洗干净。（　　）

7. 在清洗回路中，进油口安装10～50μm的粗过滤器，回油口安装50～100μm的精过滤器。（　　）

8. 液压系统清洗时，为使清洗效果好，应使液压泵持续运转。（　　）

9. 液压系统清洗时，为促使污物尽快脱落，应用木锤轻轻敲击油管数次，管路的弯曲和焊接部位要多锤击。（　　）

10. 液压系统清洗时，必须选用与工作油液相同黏度的清洗油。（　　）

三、选择

1. 液压泵的卸荷压力一般应控制在（　　）。

A. 0.2～0.3MPa　　B. 0.3～0.5MPa　　C. 0.5～0.8MPa　　D. 0.02～0.03MPa

2. 液压油缸试运转前需要进行的调试有（　　）。

A. 行程位置　　B. 动作顺序　　C. 安全锁紧装置　　D. 缓冲效果

3. 液压系统空载调试的内容有（　　）。

A. 泵的检查　　B. 系统无负载调试　　C. 系统有负载调试　　D. 油液温度检查

4. 负载调试压力为最大工作压力的（　　）倍。

A. 2　　B. 1.5　　C. 1　　D. 3

5. 顺序阀的调定压力比先动作的执行机构的工作压力大（　　）。

A. 0.2～0.3MPa　　B. 0.3～0.5MPa

C. 0.5～0.8MPa　　D. 0.02～0.03MPa

四、简答

1. 液压系统安装时有哪些注意事项？

2. 为什么要进行液压系统调试？

3. 液压系统的调试有哪些？

单元十七　液压设备的管理维护

单元导入

很多液压机械常年露天作业，工作条件恶劣，经受风吹、日晒、雨淋，受自然条件的影响较大。为了充分保障和发挥这些机械的工作效能，减少故障发生次数，延长使用寿命，就必须加强对机械的维护保养。

液压系统的维护主要分为日常维护和定期维护。

一、液压系统的日常维护

日常维护是指液压机械的操作人员每天在机械使用前、使用中及使用后对机械进行的例行检查。在使用中通过充分的日常维护和检查，就能够根据一些异常现象及早地发现和排除一些可能产生的故障，以达到尽量减少故障发生的目的。

日常维护的主要内容是检查泵启动前、启动后以及停止运转前的状态，通常是用眼看、耳听以及手摸等比较简单的方法进行。日常检查的具体内容如图 17-1 所示。

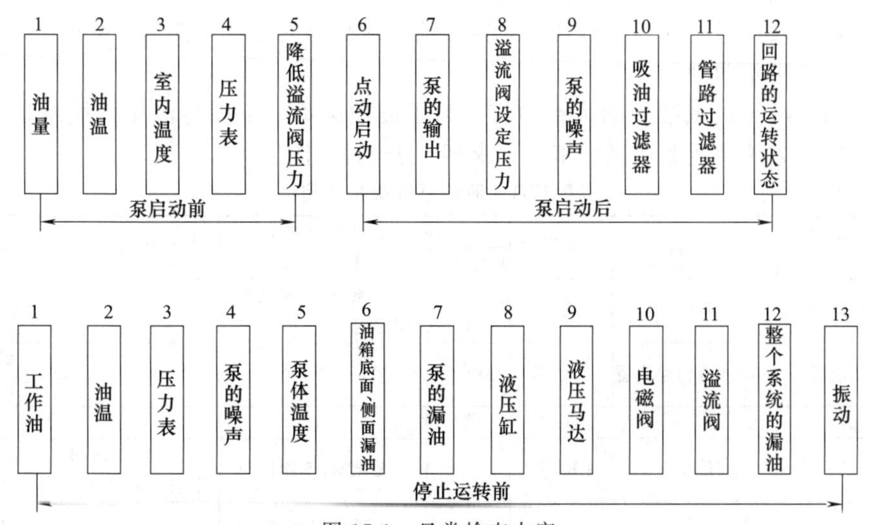

图 17-1　日常检查内容

1. 泵启动前的检查

工作之前首先要进行外观检查。外观检查主要是对油管连接情况的检查。液压工程机械上软管接头的松动往往就是机械发生故障的第一个症状，如果发现软管和管道的接头因松动而产生少量泄漏时应立即将接头旋紧。有时在油管接头的四周积存着许多污物，再加上液压系统的外观看上去比较复杂，因此少量的泄漏往往不被人们注意到，然而这种少量的泄漏现象却往往就是系统发生故障的先兆，所以对于在密封处积存的污物必须经常清理和检查。

在泵启动前要注意油箱是否注满油，油量要加至油箱上限指示标记，同时要检查油质，查看有无气泡、变色或发出恶臭等现象。油液白浊是混入空气所造成的，应查清原因及时排除；油液发黑或发臭是氧化变质的结果，必须更换。另外，在启动前要使溢流阀处于卸荷位置，并检查压力表是否正常。

2. 泵启动后的检查

泵在启动时用开开停停的方法进行启动（液压泵不允许突然启动连续运转），重复几次使油温上升，装置运转灵活后再进入正常运转。在启动过程中如泵无油液排出，应立即停机检修。未发现异常，方可投入正式运行。当泵启动后，机械运行时要注意以下几个方面。

① 要经常进行噪声和振动源的检查。噪声通常来自液压泵，当液压泵吸入空气或磨损时，都会出现较大的噪声。振动则应检查有关管道、控制阀、液压油缸或液压马达的状况，还应检查它们的固定螺栓和支承部位有无松动。

② 经常检查液压机械的油温情况。一般液压系统的油温在35～60℃范围内比较合适，绝对避免油温过高。若油温异常升高，应进行检查。

③ 在使用液压机械时，若遇到液压泵排量不足、噪声过大等，均应检查过滤器是否堵塞。

在系统稳定工作时，除随时注意油量、油温、压力等问题外，还要检查执行元件、控制元件的工作情况，注意整个系统漏油和振动。系统使用一段时间后，如机能不良或产生异常现象，用外部调整的办法不能排除时，可进行分解修理或更换配件。

二、液压系统的定期维护

液压系统定期维护的内容包括：详细检查日常维护的内容，检查各种液压元件，拆开清洗过滤器，检查液压系统的性能以及对规定必须定期维修的部件认真加以维护。定期检查一般分为三个月或半年两种。

前面介绍了液压机械维护的大致内容，为了简便起见，下面将液压机械维护的具体项目、周期、检查方法及所要达到的基本要求列于表17-1中。

表17-1 液压系统维护项目

检查元件	检查项目	检查方法	检查周期	检查状态		维护所达到的基本要求	修理(更换)基准	备注
				运转	停止			
液压油	油量	按油面计量	1次/月		√	在规定的油面范围之内		低温时测量
	油温	温度计或恒温装置	1次/月	√		60℃以下		在油液中间层测量
	清洁度		1次/月		√			
液压泵	联轴器	分解检查	1次/年	√	√	无异响，不能松动	泵轴与驱动装置同轴	
	异响	耳听或噪声计检查	1次/3月	√		各种泵有区别，通常7MPa时75dB，14MPa时90dB	当噪声较大时修理或更换	与液压油混入空气、过滤器堵塞以及溢流阀振动有关
	吸油阻力	真空表(装在泵吸入管处)	1次/月	√		正常运转时在127mmHg(1mmHg=133.322Pa)以下	当阻力较大时检查过滤器和液压油	与液压油混入空气、过滤器堵塞以及溢流阀振动有关
	压力	压力表	1次/3月	√		保持规定压力	当压力剧烈变化或不能保持时要修理	注意压力表的共振

续表

检查元件	检查项目	检查方法	检查周期	检查状态		维护所达到的基本要求	修理(更换)基准	备　注
				运转	停止			
液压泵	泵壳温度	手摸	1次/年	√			温度急剧上升时要检修	与液压油混入空气、过滤器堵塞以及溢流阀振动有关
	外泄漏	眼看手摸	1次/3月	√			更换密封件	注意密封件的老化
	混入空气	在泵轴密封处或吸入管处注油试一试	1次/3月	√	√	完全不能吸入空气		
	螺钉松动	拧紧	1次/3月		√			振动大的机械容易松动，要特别注意
吸油过滤器	杂质附着情况	取出观察	1次/3月		√	表面不能有杂质，不能有破坏部分	当附着的杂质较多时要换油	
压力表(真空表)	压力(真空)测量	用标准表测量	1次/年	√	√	误差在最小刻度的1/2以内	误差大或损坏时更换	
温度计	温度测量	用标准表测量	1次/年		√		误差大或损坏时更换	
溢流阀	压力调整	压力表，由最低压力调至最高压力	1次/3月		√	压力保持稳定，并能调整，波动小	压力变化大或不能保持时，更换内部零件	与泵和其他阀有关
流量阀	流量调整	检查设定位置，或执行元件速度	1次/年	√		按设计说明	动作不良时修理	
电磁阀	绝缘状况	用500V兆欧表测量	1次/年	√	√	与地线之间的绝缘电阻在10MΩ以上		
	工作声音	耳听	1次/日	√		不能有异响		
	电压测量	用电压表测量工作时的最低和最高电压	1次/3月	√		在额定电压的允许范围内(±15%)	电压变化时，检查电气设备	电压过高或过低，会烧坏电磁线圈
	螺钉松动	接线柱、壳体紧固螺钉松动、脱落检查	1次/3月		√	各部位均不能松动	脱落的螺钉要装上	螺钉松动也会造成线圈烧损或动作不良
	动作状况	根据压力表、温度计(线圈部分)及执行元件来检测	1次/3月	√		检查换向状况，线圈的温度在70℃以下	动作不良时，更换内部损坏零件	当超过额定流量或换向频率高时，会造成动作不良
	内泄漏	测量自液压油缸口加压时，回油口处的泄漏量	1次/年			按制造厂标准	滑动表面应无划伤，配合间隙过大时应更换零件	内泄漏过大，容易产生动作不良

续表

检查元件	检查项目	检查方法	检查周期	检查状态		维护所达到的基本要求	修理(更换)基准	备　注
				运转	停止			
卸荷阀	设定值及动作状况	检查设定值及动作状况	1次/3月	√		按型号来检查动作情况	根据检查情况更换零件	当流量超过额定值时,会产生不良动作
顺序阀	设定值及动作状况	检查设定值及动作状况	1次/3月	√		按型号来检查动作情况	根据检查情况更换零件	当流量超过额定值时,会产生不良动作
减压阀	设定值及动作状况	检查设定值及动作状况	1次/3月	√		按型号来检查动作情况	根据检查情况更换零件	当流量超过额定值时,会产生不良动作
手动换向阀	换向状况	手动换向,看执行元件动作情况	1次/3月	√		控制杆部分不能漏油	漏油时更换密封圈	
单向阀	内泄漏		1次/年	√	√	应无内泄漏	漏油时修理	
压力继电器	绝缘状况	用500V兆欧表测量	1次/年	√	√	与地线之间的绝缘电阻在10MΩ以上		
	动作状况	用压力表测量	1次/3月	√		检查在设定压力下的动作情况		
液压油缸	动作状况	按设计要求检查动作的平稳性	1次/3月	√		按设计要求	动作不良(密封老化、卡死)修理	与泵、溢流阀有关
	外泄漏	眼看、手摸、听滴声	1次/3月	√		活塞杆处及整个外部均不能有泄漏	安装不良(不同轴)引起的较多,换密封	
	内泄漏	在回油管外测内泄漏	1次/3月	√		根据型号及动作状态确定	若密封老化引起内泄漏,换密封	
液压马达	动作情况	眼看、压力表、转速表	1次/3月	√		动作要平稳	动作不良时修理	
	异响	耳听	1次/3月	√		不能有异响	多为定子坏,叶片及弹簧破损或磨损引起,更换零件	若压力或流量超过额定值,也会产生异常声音
蓄能器	空气封入压力	用带压力表的空气封入装置测量	1次/3月	√		应保持所规定的压力		当液体压力为0Pa时,应为系统最低动作压力的60%～70%
油箱	漏油	眼看	1次/3月	√	√	不能泄漏	油箱打开时,一定要检查	
	回油管螺栓松动	拧紧	1次/年	√		不能松动		回油管松动或脱落油面上会有气泡
油冷却器	漏水	将油箱和冷却器中的油排除干净,通水后,从排油口观察	1次/年	√		不能漏水	若油箱内混入大量水分,修理	若油中混有水分,油变白浊

续表

检查元件	检查项目	检查方法	检查周期	检查状态		维护所达到的基本要求	修理(更换)基准	备　注
				运转	停止			
配管类	漏油	眼看、手摸	1次/年	√		不能漏油(尤其管接头部分)	修理(更换密封件)	管接头接合面接合要可靠
	振动	眼看、手摸	1次/3月	√		换向时,油管不能振动	压力油产生振动时,检查液压回路	
	油管支承架	眼看、手摸	1次/年	√		各安装部位不能松动或脱落		
软管	外部损伤	眼看、手摸	1次/3月	√		不能损伤	有损伤时更换	有损伤时,可用乙烯管套在软管上
	漏油			√		不能漏油		
	扭曲			√		不能扭曲		

校企链接

沃尔沃挖掘机液压系统维护保养内容如下。

1. 一级技术保养（累计工作100h或每月进行一次）

① 完成例保项目。

② 检查履带或轮胎的使用情况是否正常。检查回转马达的工作情况并进行润滑。

③ 进行整机清洗，清除油污、泥土等，并应按各机型说明书要求对有关的润滑点进行润滑。累计工作200h后除应完成以上工作外，还应进行下列各项内容。

a. 回转滚盘齿轮、轴承和中心回转接头等加注润滑脂。

b. 履带张紧装置和有关配合处加注润滑脂。并视情况调整张紧装置。

c. 检查分配阀操纵杆的滑动情况。

d. 全面清洗润滑油的粗、精过滤器。清洗液压泵入口滤网。

e. 对操纵手柄活动部分、滑动轴承、计时表等添加机油。

f. 清扫制动油缸，检查活塞盖。检查制动气压及制动间隙衬里和滚筒的磨损情况。

2. 二级技术保养（累计工作600h或半年进行一次）

① 完成一级技术保养全部项目。

② 检查清洗或更换液压油过滤器。

③ 检查液压系统中安全阀、溢油阀等的工作压力，应按说明书要求进行调整。

④ 按照原厂说明书润滑周期的要求，分别对转向系统、行走系统、回转机构和工作装置等进行润滑或更换润滑油。

⑤ 累计工作2400h进行液压油抽样检验，发现变质、污染或污物积聚过快的要更换全部液压油，清洗全部滤网。

单元习题

一、填空

1. 日常维护是指液压机械的操作人员每天在机械________、________及________对机械进行的例行检查。

2. 通常是用__________、__________以及__________等比较简单的方法进行日常维护。
3. 液压系统的维护主要分为__________维护和__________维护。
4. 在系统稳定工作时，应随时注意__________、__________、__________等问题。
5. 定期检查一般分为__________或__________两种。

二、选择

1. 液压泵的检查项目有（　　）。
A. 异响　B. 吸油阻力　C. 泵壳温度　D. 外泄漏
2. 电磁阀的检查项目包括（　　）。
A. 绝缘状况　B. 工作声音　C. 电压测量　D. 内泄漏
3. 液压油缸的检查项目包括（　　）。
A. 动作状况　B. 异响　C. 外泄漏　D. 内泄漏
4. 泵启动前的检查项目包括（　　）。
A. 泵的噪声　B. 液压油量　C. 降低溢流阀压力　D. 吸油过滤器
5. 泵停止运转前的状态检查包括（　　）。
A. 泵体温度　B. 电磁阀　C. 振动　D. 吸油过滤器

三、简答

1. 简述液压泵启动前的检查项目。
2. 简述液压泵启动后的检查项目。
3. 简述液压系统的定期维护。

单元十八　液压系统的常见故障及排除

单元导入

液压系统是工程机械的重要组成部分，也是最容易出现故障的系统之一，若其出现故障时，能在现场准确、快速地诊断出故障原因及其所在部位，并能及时排除，对加快工程进度、减少经济损失有十分重要的意义。

一、认识液压故障

工程机械为了正常运转、可靠工作，它的液压系统必须满足许多性能要求：液压油缸的推力、速度及其调节范围，液压马达的转向、转矩、转速及其调节范围等技术性能；运转平稳性、噪声、效率、油温等运转品质。如果液压系统在实际工作中，能完全满足这些性能要求，整个设备将正常、可靠地工作；如果出现了某些不正常情况，而不能完全满足这些要求，即液压系统出现了故障。

1. 液压故障分类

液压系统的故障是错综复杂、隐蔽难测的，所以其分类方法也是多种多样的。下面介绍几种常用的分类方法。

（1）按液压故障的现象分类

① 压力故障。常见的有：压力上不去，压力不稳定，压力调节控制失灵，液压冲击，压力损失大等。

② 动作故障。常见的有：不能动作，速度达不到要求，换向动作迟缓，爬行等。

③ 振动和噪声。

④ 油温过高。

⑤ 泄漏。

⑥ 油液污染。

（2）按液压故障发生的时间分类

① 早发性故障　这是由于液压系统的设计，液压元件的设计、制造、装配及液压系统的安装调试等方面存在问题而引起的。如新购买的液压机械严重泄漏和噪声大等故障，一般通过重新检验测试和重新安装、调试是可以解决的。如果是设计上的不合理或液压元件制造上存在问题，就必须改进设计，更换液压元件才能解决。

② 突发性故障　这是由于各种不利因素和偶然的外界影响因素共同作用的结果。如液压阀卡死不能换向；液压油缸油管破裂等。这种故障具有偶然性和突发性，一般与使用时间无关，因而难以预测，但它一般不影响液压机械的寿命，容易排除。

③ 渐发性故障　这是由于各种液压元件和液压油各项技术参数的劣化过程逐渐发展而形成的。劣化过程主要包括磨损、腐蚀、疲劳、老化、污染等因素。这种故障的特点是其发生概率与使用时间有关，它只是在元件的有效寿命的后期才明显地表现出来。渐发性故障一

旦发生，则说明该液压机械或机械的部分元件已经老化了。例如，液压油缸、液压泵、液压马达的磨损造成的内泄漏逐渐增大，当达到某一内泄漏量时，故障就明显地表现出来了；密封件的老化随时间而加剧，当达到有效寿命期时就失去了密封作用，导致系统严重泄漏；液压元件中的压力弹簧的疲劳随时间而加剧，当达到疲劳极限时，液压元件就失去了控制作用；液压油的变质随时间加剧等。由于这种故障具有逐渐发展的性质，所以这种故障通常是可以预测的。

(3) 按液压故障发生的原因分类

① 人为性故障　液压系统由于使用不合格的液压元件或违反了装配工艺、使用技术条件和操作规程；或安装、使用不合理和维护保养不当，使液压机械过早地丧失了应有的功能，这种故障称为人为性故障。

② 自然性故障　液压机械在其使用和保存期内，由于正常的不可抗拒的自然因素的影响而引起的故障都属于自然性故障。例如，正常情况下的磨损、腐蚀、老化等损坏形式都属于这一故障范围。这类故障一般都在预防维修中，按期更换寿命终结的元件即可排除故障。

2. 工程机械液压系统故障的特点

(1) 故障的多样性

液压系统同一故障引起的原因可能有多个，而且这些原因常常是互相交织在一起、互相影响的。例如，系统压力达不到要求，其产生原因可能是泵引起的，也可能是溢流阀引起的，也可能是两者同时作用的结果。此外，油的黏度是否合适，以及系统的泄漏都可能引起系统压力的不足。

液压系统中往往同一原因，但因其程度的不同，系统结构的不同以及与它配合的机械结构的不同，所引起的故障现象是多种多样的。例如，同样是系统吸入空气，会引起不同的故障，特别严重时会使泵吸不进油，较轻时会引起流量、压力的波动，同时产生轻重不同的噪声，有时还会引起机械部件运动过程中的爬行。

(2) 故障的复杂性

液压设备出现的故障是多种多样的，而且在大多数情况下是几个故障同时出现的。例如，系统的压力不稳定，经常与振动噪声同时出现；而系统压力达不到要求经常又和动作故障联系在一起；甚至机械、电气部分的弊病也会与液压系统的故障交织在一起，使故障变得复杂。

(3) 故障的隐蔽性

液压系统是依靠密闭在管道内并具有一定压力的油液来进行工作的，系统所采用的元件内部结构及工作状况不能从外表进行直接观察。因此，液压系统的故障具有隐蔽性，不如机械传动系统故障那样直观、容易发现。

(4) 故障的偶然性与必然性

液压系统中的故障有时是偶然发生的，有时是必然发生的。故障偶然发生的情况如：油液中的污物偶然卡死溢流阀或换向阀的阀芯，使系统偶然失压或不能换向；电网电压的偶然变化，使电磁铁吸合不正常而引起电磁阀不能正常工作。这些故障不是经常发生的，也没有一定的规律。故障必然发生的情况是指那些经常发生的，并具有一定规律的原因引起的故障。如油液黏度低引起的系统泄漏，液压泵内部间隙大，内泄漏增加导致泵的容积效率下降等。

(5) 故障的难于分析判断和易于处理性

由于液压系统故障具有上述特点，所以当系统出现故障后，要想很快确定故障的部件及其产生的原因是非常困难的，必须对故障进行认真检查、分析、判断，才能找出故障的部位及其产生原因。但是一旦找出原因后，往往处理和排除比较容易，有的甚至经过清洗即可。

3. 液压系统故障对工程机械工作的影响

液压系统出现故障，会给工程机械及其工作带来以下不良影响。

① 影响设备正常工作，降低设备的工作效率，严重时可能使设备无法正常工作。

② 使设备运转的经济性降低。

③ 使设备的使用寿命大大缩短，甚至引起设备的损坏，严重时可能引起重大设备、人身安全事故。

④ 使工人的操作条件恶化。

4. 液压故障规律

研究液压机械故障规律对制定维修方案，以至建立更加科学的维修体系都是十分有利的。液压机械故障率随时间的变化规律，大多如图 18-1 所示，该曲线常被称作浴盆曲线，液压设备的故障率随时间的变化大致可分为三个阶段：早期故障期、偶发故障期和耗损故障期。

(1) 早期故障期

液压机械处于早期故障期，开始故障率很高，但随时间的推移，故障率迅速下降，早期故障期又称磨合期。此段时间的长短，因产品、系统的设计与制造质量不同有所不同。此期间发生的故障，主要是由设计、制造上的缺陷所致，或是使用环境不当所造成。

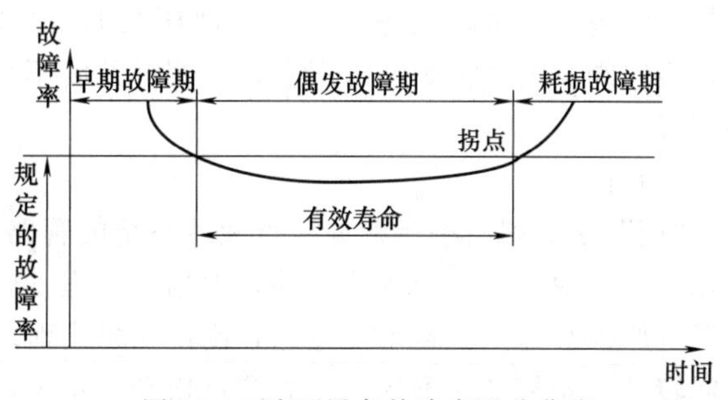

图 18-1　液压设备故障率浴盆曲线

(2) 偶发故障期

液压机械进入偶发故障期，故障率大致处于稳定状态，趋于定值。在此期间，故障发生是随机的。在偶发故障期内，液压机械的故障率最低，而且稳定。因此可以说，这是机械的最佳状态期或称正常工作期，这个区段也称为有效寿命。

(3) 耗损故障期

在液压机械使用的后期，故障率开始上升。这是由于机械零部件的磨损、疲劳、老化、腐蚀等造成的，如果在拐点即耗损故障期开始时进行大修，可以有效地降低故障率。

液压机械故障率浴盆曲线变化的三个阶段，真实地反映出机械从磨合、调试、正常工作到大修或报废故障率变化的规律，加强机械的日常管理与维护保养，可以延长偶发故障期。另外，准确地找出拐点，可避免过剩修理或修理范围扩大，以获得最佳投资效益。

5. 液压故障现场诊断方法

经验诊断法是现场诊断液压系统故障的主要方法。经验诊断法，即为维修人员利用已掌握的理论知识和积累的经验，结合本机实际，运用“问、看、听、摸、试”的方法，快速诊断出故障所在部位和原因的一种方法。具体如下。

(1) 问

“问”就是向驾驶员了解故障机器的情况，对故障产生时机器的状态、声音等都要进行详尽了解。获得这些信息后，即可基本确定该液压系统所出现故障的特点。一般来说，突发性故障，大多是因液压油过脏或弹簧折断造成阀封闭不严引起的；渐发性故障，则多数是因元件磨损严重或橡胶密封件、管路老化而引起的。

如挖掘机开始工作时正常，但工作一段时间后出现动作变慢并伴随着噪声和油温升高（油温表指示数大于75℃）的现象时，在排除非油量不足、高温环境下长时间大负荷作业、冷却器散热片污垢太多和风扇皮带打滑等原因外，则可能是泵或阀内漏造成的。

（2）看

“看”就是通过眼睛查看液压系统的工作情况。如油箱内的油量是否充足，有无气泡和变色现象（机器的噪声、振动和爬行等常与油液中有大量空气有关）；密封部位和管接头等处的漏油情况；压力表和油温表在工作中指示值的变化；故障部位有无损伤、有无连接件脱落和固定件松动的现象。当出现液压油外漏的故障时，在排除紧固螺栓松动的情况后，在更换可能已严重磨损或损坏的油封前，还应检查其压力是否超限。安装油封时，应检验油封型号和质量，并做到准确装配。

（3）听

“听”就是用耳朵检查液压系统有无异常响声。正常的机器运转声响有一定的节奏，并保持稳定，熟悉和掌握这些规律，就能准确地判断出液压系统是否工作正常；同时根据节奏的变化情况，以及不正常声响产生的部位，就可确定故障发生的部位和损伤程度。如高音刺耳的啸叫声，通常是吸进了空气；液压泵的“喳喳”或“咯咯”声，往往是泵轴或轴承损坏；换向阀发出“哧哧”的声音，是阀杆开度不足；粗沉的“嗒嗒”声，可能是过载阀过载的声音。

（4）摸

“摸”就是利用手指触觉检查液压系统的管路或元件是否发生振动、冲击和油温升高等故障。如用手触摸泵壳或液压件，根据冷热程度就可判断出液压系统是否有异常温升，并判明温升原因及部位。若泵壳过热，则说明泵内泄严重或吸进了空气。若感觉振动异常，可能是回转部件安装平衡不好、紧固螺钉松动或系统内有气体等造成的。

（5）试

“试”就是操作一下机器液压系统的执行元件，从其工作情况判定故障的部位和原因。有时，驾驶员对机器故障的因果关系陈述不清，致使故障断困难，这时进行必要的现场操作是很有必要的。

① 全面试　根据液压系统的设计功能，逐个进行实验，以确定故障是在分支油路还是在主油路。如全机动作失灵或无力，则应首先检查先导操纵压力是否正常，离合器是否打滑，发动机动力是否足够，液压油油量是否充足，液压泵进口的密封情况及油泵的完好情况。如一台挖掘机的故障现象仅表现为动臂自动下降，则故障原因可能在换向阀、过载阀或液压油缸的油路之中，与液压泵及主安全阀无关。

② 交换试　当液压系统中仅出现某一回路故障或某一功能丧失时，可与相同（或相关）功能的油路交换，以进一步确定故障部位。如挖掘机有两个相互独立的工作回路，每一个回路都有自己的一些元件，当一个回路发生故障时，可通过交换高压油管使另一泵与这个回路接通，若故障仍然存在，则说明故障不在泵上，应检查该回路的其他元件；否则，说明故障在泵上。又如一挖掘机的行走装置，当出现一边能行走，另一边不能行走或自动跑偏的故障时，可将两侧马达的油管对调，以判定故障部位是在马达上还是在换向阀内。

③ 对换试　若现场无检测仪器或被查元件比较精密而不宜拆开时常使用这种方法，可换上其他同型号机器上元件进行检查，通过比较对换元件前后的工作现象，快速地诊断出该元件是否有故障。如一台CAT320C挖掘机在工作不到500h时，工作装置液压系统无力，

当时现场无检测仪器，根据经验初步判断主安全阀有故障，可是现场解体主安全阀，发现先导针阀锥面并无明显的磨损和伤痕，故将另一台同型号的CAT 320C挖掘机上的主安全阀与该安全阀进行了对换，试机后故障排除。这种对换诊断法简单易行，但需判断准确。

④ 调整试　对系统的溢流阀或换向阀进行调整，比较其调整前后机器工况的变化来诊断故障。当对液压系统的压力进行调整时，若其压力（压力表指示值）达不到规定值或上升后又降了下来，则表示系统内漏严重。

⑤ 断路试　将系统的某一油管拆下（或松开接头），观察出油的情况，以检查故障到底出现在哪一段油路上。

当液压系统出现问题时能找出引起系统故障真正的原因，更多的工作是从平时的日常点检开始，注重机械检查和维修工作的细节，在故障早期就将引起故障的各种因素消除，通过对检查和维修工作的不断改进，确保设备发挥更大的效益，实现机械事故为零的目标。同时故障的诊断与排除不是一朝一夕就能做到的事，维修人员应做好故障诊断的记录，将发生故障的现象、原因和排除方法汇集起来，并在实际工作中不断地积累、完善。

二、工程机械液压系统故障诊断

说明书是任何一台机械必备的指导性文件。说明书内标明了该台机械的结构组成、性能及主要参数；各部件的作用及相互之间的关系；机械的组装顺序及组装步骤；机械使用时应注意的事项以及出现故障时的原因分析和处理方法等。所以，随机所带的说明书应妥善保管。有关技术人员和机械操作人员在使用前应认真阅读，仔细领会，了解机械的结构和工作原理，掌握其操作步骤和注意事项。当机械出现故障时，能够分析故障产生的原因、产生的部位以及处理的方法和步骤。

当液压系统发生故障时要根据不同机型的特点，充分利用机械自身的监控系统，具体问题具体分析。在诊断时应遵循由外到内、由易到难、由简单到复杂的原则进行。工程机械液压系统故障诊断的顺序是：资料查询（工程机械使用说明书及运行、维修记录等）→了解故障发生前后的机械工作情况→外部检查→试车观察（故障现象、车上仪表）→内部系统检查（参照系统原理图）→仪器检查系统参数（压力、流量、温度等）→逻辑分析判断→调整、拆检、修理→试车→故障总结记录。工程机械液压系统的故障有许多种，如遇较复杂的综合故障，应仔细分析故障现象，列出可能的原因逐一排除。表18-1列出了液压系统常见故障与排除方法。

表18-1　液压系统常见故障与排除方法

故障现象	产生原因	排除方法
系统没压力或压力上不去	① 溢流阀开启，由于阀芯被卡住，不能关闭，阻尼孔堵塞，阀芯与阀座配合不好或弹簧失效 ② 其他控制阀阀芯由于故障卡住，引起卸荷 ③ 液压元件磨损严重或密封损坏，造成内、外泄漏 ④ 液位过低，吸油管堵塞或油温过高 ⑤ 液压泵转向错误、转速过低或动力不足	① 研磨阀芯与阀体，清洗阻尼孔，更换弹簧 ② 找出故障部位，清洗或研磨，使阀芯在阀体内运动灵活 ③ 检查液压泵、阀及管路各连接处的密封性，修理或更换零件和密封 ④ 加油，清洗吸油管或冷却系统 ⑤ 检查动力源
系统流量不足	① 油箱液位过低，油液黏度大，过滤器堵塞引起吸油阻力增大 ② 液压泵转向错误，转速过低或空转磨损严重，性能下降 ③ 回油管在液位以上，有空气进入 ④ 蓄能器漏气，压力及流量供应不足 ⑤ 其他液压元件及密封件损坏引起泄漏 ⑥ 控制阀动作不灵活	① 检查液位，补油，更换黏度适宜的液压油，清洗或更换过滤器，保证吸油管通径 ② 检查原动机、液压泵及液压泵变量机构，必要时更换液压泵 ③ 检查管路连接及密封是否正确、可靠 ④ 检查蓄能器性能与压力 ⑤ 修理或更换 ⑥ 调整或更换

续表

故障现象	产生原因	排除方法
泄漏	① 接头松动，密封件老化或损坏 ② 系统压力调得太高，使密封面处漏油 ③ 阀内产生内泄漏	① 拧紧接头，更换密封件 ② 适当降低系统压力，或更换密封形式 ③ 研磨阀体孔，重新制造滑阀
系统过热	① 冷却器通过能力小或出现故障 ② 液位过低或黏度不合适 ③ 油箱容量小或散热性差 ④ 压力调整不当，长期在高压下工作 ⑤ 油管过细、过长，弯曲太多造成压力损失增大，引起发热 ⑥ 系统由于泄漏、机械摩擦造成功率损失过大 ⑦ 环境温度高	① 排除故障或更换冷却器 ② 加油或换黏度合适的油液 ③ 增加油箱容量，增设冷却装置 ④ 调整溢流阀压力至规定值或改进回路 ⑤ 改进油管规格及油管路 ⑥ 检查泄漏，改善密封，提高运动部件加工精度、装配精度和润滑条件 ⑦ 尽量减小环境温度对系统的影响
振动和噪声	① 液压油：油液不足，吸油管浸入液面深度不够，油液黏度过大，过滤器堵塞 ② 液压泵：泵的吸油口密封不严吸入空气，液压泵安装位置过高，吸油阻力大，齿轮齿形精度不够，叶片卡死断裂，柱塞卡死移动不灵活，泵内零件磨损使间隙过大 ③ 控制阀：阻尼孔堵塞，阀芯与阀座配合间隙过大，阀移动不灵活 ④ 管道：管道细长，没有固定装置而互相碰击，吸油管与回油管太近 ⑤ 机械：液压泵与驱动装置联轴器不同轴或松动，运动部件停止时有冲击，换向缺少阻尼	① 加油至标记，吸油管浸到油箱 2/3 高度处，更换合适黏度的液压油，清洗过滤器 ② 拧紧进油口螺母，吸油管口至液压泵入口高度要小于 500mm，保证吸油管的直径，修复或更换损坏零件 ③ 清洗阻尼孔，修理阀芯与阀座间隙，更换弹簧或清除阀体内脏物 ④ 增设固定装置，扩大管道间距离及吸油管和回油管的距离 ⑤ 保持液压泵与驱动装置同轴度不大于误差 0.1mm，采用弹性联轴器，紧固螺钉，修复阻尼或缓冲装置，使换向平稳无冲击
液压冲击	① 液流换向时产生的冲击 ② 工作压力太高 ③ 背压阀压力调得太低或出现故障 ④ 液压油缸端部没有缓冲装置 ⑤ 系统中有大量的空气	① 减少制动锥斜角或增加制动锥长度，修复节流缓冲装置 ② 调整压力至规定值 ③ 适当调高背压阀压力或排除故障 ④ 增设缓冲装置或背压阀 ⑤ 排除空气

校企链接

液压故障诊断维修常用仪器见表 18-2。

表 18-2　液压故障诊断维修常用仪器

名　　称	图　　片	作　　用
压力表		用于故障诊断时，测量液压部件或液压系统在各种操作动作时产生的压力
真空泵		用于故障维修时，抽空液压系统内的空气，形成负压，使液压油不能流出

单元习题

一、填空

1．按液压故障的现象分为__________、__________、振动和噪声、__________、__________和__________。

2．按液压故障发生的时间分为__________、__________和__________。

3．按液压故障发生的原因分为__________和__________。

4．液压设备的故障率随时间的变化大致可分为三个阶段：__________、__________和__________。

5．经验诊断法是维修人员根据理论知识和积累的经验，结合本机实际，运用"______、______、______、______、______"的方法，快速诊断出故障所在部位和原因的一种方法。

二、判断

1．液压系统突发性故障主要是由于磨损、腐蚀、疲劳、老化和污染等因素造成的。（　）

2．液压系统的故障原因必须进行认真检查、分析、判断，但是一旦找出原因后，往往处理和排除却比较容易，有的甚至经过清洗即可。（　）

3．液压机械在早期故障期内的故障率最低，而且稳定。（　）

4．对换法指换上其他同型号机器上元件进行检查，通过比较对换元件前后的工作现象，快速地诊断出该元件是否有故障。该方法应用于液压元件不宜拆开时。（　）

5．液压泵转向错误，转速过低可造成系统流量不足。（　）

三、选择

1．液压系统特点的故障具有（　　）。

A．多样性　　B．复杂性　　C．隐蔽性　　D．必然性

2．（　　）不能造成动作缓慢故障并伴随噪声和油温过高的出现。

A．油量不足　　B．长时间大负荷工作

C．泵或阀内泄漏　　D．工作压力过高

3．"试"就是通过操作机器来判断故障的部位和原因，下列属于液压"试"方法的有（　　）。

A．全面试　　B．短路试　　C．交换试　　D．断路试

4．液压冲击产生的原因有（　　）。

A．液流换向时产生的冲击　　B．工作压力太高

C．液压油缸端部没有缓冲装置　　D．系统中有大量的空气

5．液压故障诊断的原则有（　　）。

A．由上到下　　B．由易到难　　C．由简单到复杂　　D．由外到内

四、简答

1．简述液压系统故障的规律。

2．简述液压系统故障现场诊断方法。

3．简述液压系统故障诊断的顺序。

4．液压系统过热的原因有哪些？

5．液压系统振动和噪声的来源有哪些？

附录 常用液压元件图形符号（摘自GB/T 786.1—2009）

附表1 基本符号、管路及连接图形符号

名称	符号	名称	符号
工作管路		组合元件框线	
控制管路		带单向阀快换接头(断开状态)	
连接管路		不带单向阀快换接头(断开状态)	
交叉管路		三通路旋转接头	1 2 3 1 2 3
软管管路			

附表2 控制机构和控制方法图形符号

名称	符号	名称	符号
带有分离把手和定位销的控制机构		双作用电磁铁控制	
带有定位装置的推或拉控制机构		单作用电磁铁控制(动作背离阀芯,连续控制)	
手动锁定控制机构		单作用电磁铁控制(动作指向阀芯,连续控制)	
单向滚轮杠杆机械控制		双作用电磁铁控制,连续控制	
步进电动机控制机构	M	电气操纵的带外部供油的液压先导控制机构	
单作用电磁铁控制(动作背离阀芯)		电气操纵的气动先导控制	
单作用电磁铁控制(动作指向阀芯)			

附表3 泵、马达和缸图形符号

名称	符号	名称	符号
变量泵		单作用液压缸	
双向流动单向旋转变量液压泵		双作用液压缸	
双向变量液压泵-马达		柱塞缸	
摆动马达		单作用伸缩缸	
定量液压泵-马达		双作用伸缩缸	

附表 4　控制元件图形符号

名　　称	符　　号	名　　称	符　　号
直动型溢流阀	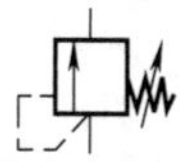	单向阀	
顺序阀	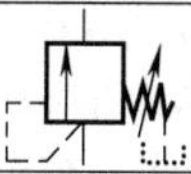	带复位弹簧的单向阀(常闭)	
先导型顺序阀	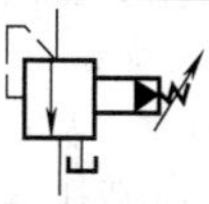	先导式液控单向阀	
单向顺序阀	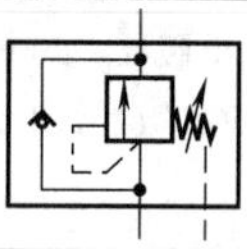	双单向阀	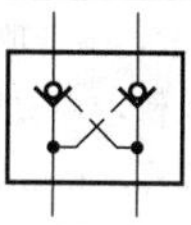
直动式减压阀	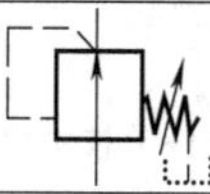	或门型梭阀	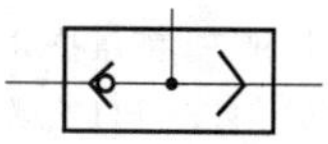
先导式减压阀	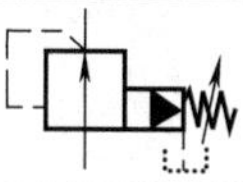	二位二通换向阀	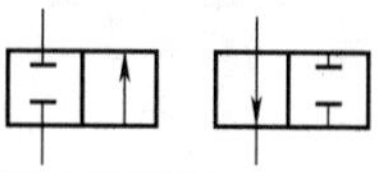
不可调节流阀		二位三通换向阀	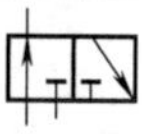
可调节流阀		二位四通换向阀	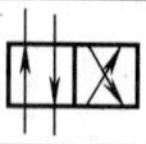
可调单向节流阀		二位五通换向阀	
调速阀		三位四通换向阀	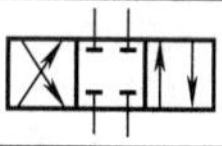
分流阀	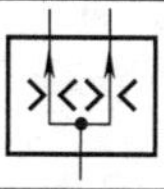	三位五通换向阀	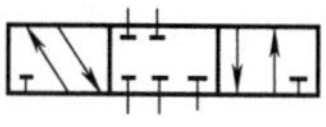
集流阀	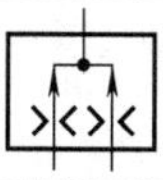		

附表 5　辅助元件图形符号

名　　称	符　　号	名　　称	符　　号
过滤器		加热器	
压力计		温度调节器	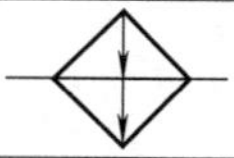
流量计	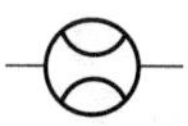	囊式蓄能器	
冷却器		活塞式蓄能器	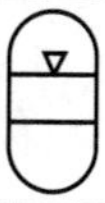

参考文献

［1］ 邱国庆. 液压技术与应用［M］. 北京：人民邮电出版社，2008.

［2］ 石望远. 液压与气动传动［M］. 北京：国防工业出版社，2009.

［3］ 苏沛群. 液压与气动技术［M］. 成都：电子科技大学出版社，2008.

［4］ 张铁，司癸卯. 工程建设机械液压系统分析与故障诊断［M］. 东营：石油大学出版社，2001.

［5］ 朱烈舜. 公路工程机械液压与液力传动［M］. 北京：人民交通出版社，2007.

［6］ 唐银启. 工程机械液压与液力技术［M］. 北京：人民交通出版社，2003.

［7］ 颜荣庆，李自光，贺尚红. 现代工程机械液压与液力系统［M］. 北京：人民交通出版社，2001.

［8］ 李新德. 液压系统故障诊断与维修技术手册［M］. 北京：中国电力出版社，2009.

［9］ 杨占敏，王智明，张春秋等. 轮式装载机［M］. 北京：化学工业出版社，2005.

［10］ 王积伟，章宏甲，黄谊. 液压与气压传动［M］. 北京：机械工业出版社，2005.

［11］ 马春峰. 液压与气压技术［M］. 北京：人民邮电出版社，2007.

［12］ 邓乐. 液压传动［M］. 北京：北京邮电大学出版社，2010.

［13］ 张利平. 液压技术培训读本［M］. 北京：机械工业出版社，2010.

［14］ 章信才. 进口挖掘机液压系统结构原理与维修［M］. 沈阳：辽宁科学技术出版社，2008.